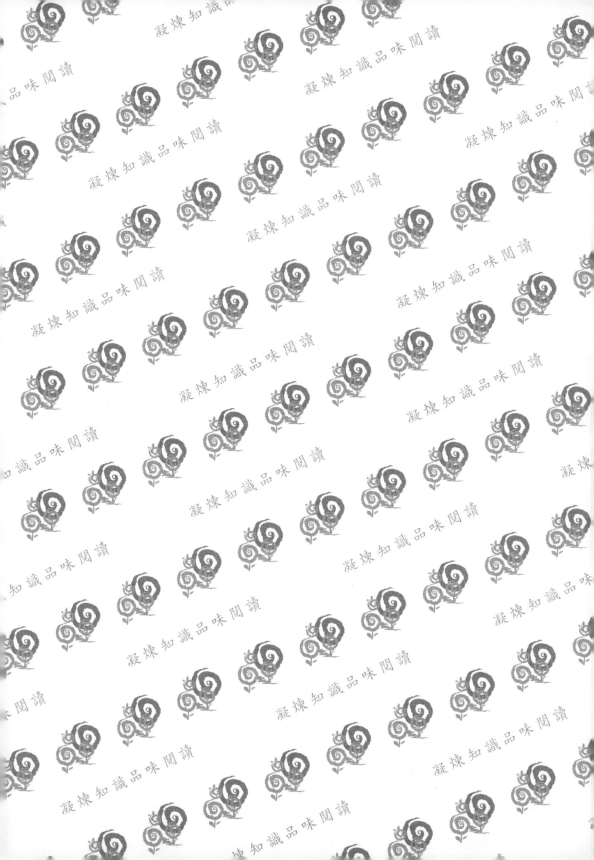

區塊鏈

技術與應用

華為區塊鏈技術開發團隊　編著

陳恭教授　審定

五南圖書出版公司 印行

揭開區塊鏈的神祕面紗

2009 年，區塊鏈伴隨著比特幣系統誕生。經過比特幣類加密虛擬貨幣的「瘋狂」和區塊鏈技術在諸如金融、供應鏈、政務等行業的應用，人們不斷感受到這種新技術的魔力，同時區塊鏈也成為技術創新的流行語。區塊鏈是當下最受人關注的方向之一，卻又讓人充滿了霧裡看花的感覺。可以說，區塊鏈這個名詞雖然已經被大家熟悉，但人們對於區塊鏈到底是什麼卻又充滿了疑惑。究其原因，一方面，區塊鏈是一種新技術，處於發展初期，而且區塊鏈技術、生態、工具和應用正在快速發展和演進，每個人的關注點不同，導致一千個人心中有一千個「哈姆雷特」；另一方面，區塊鏈宣傳推廣的不同主體，出於商業或理念的差異，從各自的角度宣揚區塊鏈應用和所帶來的價值，不同行業的從業者從不同的角度僅看到區塊鏈的「冰山一角」，甚至很多人對區塊鏈的理解僅止步於比特幣類加密虛擬貨幣。

每個人對區塊鏈可能都有著不同的理解，我們可以從兩方面來看待這種情況：一方面，區塊鏈技術從業者正盡力讓每個人的理解趨於一致；另一方面，存在不同的理解很正常，也很有益，因為這種多樣化的觀點碰撞恰恰是創新靈感的泉源。但一個不爭的共識就是，區塊鏈正在從理論的探索，逐漸走向落實，並快速發展壯大。區塊鏈作為一種新技術，具備透明可信、防篡改、可追溯、去中心化／多中心等各種應用都十分需要的特性，應用已由金融領域延伸到供應鏈管理、政務服務、能源、版權存證、物聯網等多個領域，滿足了相互不信任的多個參與者建立分散式信任的需求，實現了低成本、高效率的多方共同。隨著區塊鏈從金融領域向其他各領域的深入，區塊鏈技術逐步步入「區塊鏈＋」的時代，可以預見「區塊鏈＋」將像「網際網路＋」一樣為各行業注入新的活力。未來，隨著各種應用對「可信」要求的增強，區塊鏈的這些特性逐步成為各應用系統的「標配」，區塊鏈技術也將逐步深入到諸如作業系統、資料庫、雲端平臺等基礎軟體中。

　　區塊鏈技術正在快速發展，在過去 10 年間已經歷了以加密虛擬貨幣爲標誌的「區塊鏈 1.0」和以智能合約爲標誌的「區塊鏈 2.0」，目前進入了建立跨組織互信的「區塊鏈 3.0」應用階段，與各種技術的結合正在加速，在各傳統行業的產業價值也逐漸突顯。比如，區塊鏈與雲端計算結合提供區塊鏈雲端服務，極大降低了區塊鏈的部署成本和技術門檻，讓政府、企業等使用者能夠快速上手區塊鏈，並透過實際落實應用感受區塊鏈帶來的價值。

　　近年來各國政府機構、國際貨幣基金組織以及標準、開源組織和產業聯盟等紛紛投入區塊鏈產業技術推動、標準聯合和應用落實推進的大潮中。隨著區塊鏈的產業價值逐漸明晰確定，區塊鏈迅速引發了一場全球參與競逐的「軍備」大賽。同時從技術發展來看，區塊鏈與人工智慧、量子資訊、行動通訊、物聯網等技術正在成爲新一代訊息技術的基石，其建構的可信機制，將有可能改變目前社會的商業模式，從而引發新一輪的技術創新和產業變革。

　　那麼，區塊鏈到底是什麼？有什麼價值？它對我們有什麼影響以及如何使用這種新技術？它的未來將走向何方？這些都是值得我們思考的問題。在此之際，很欣喜能看到這樣一本系統講解區塊鏈技術、應用情境和未來發展前景的圖書出版。作者來自華爲區塊鏈技術開發團隊，有豐富的技術創新和應用推廣經驗。本書從區塊鏈誕生與發展的角度開篇，然後介紹了區塊鏈的核心技術，接下來透過實際案例闡述了區塊鏈如何與各行業相結合解決關鍵問題，最後進一步展望了區塊鏈的未來發展趨勢。希望廣大讀者透過閱讀此書，能夠很好地瞭解區塊鏈的本質，理解其更深層次的內在邏輯，感受區塊鏈技術在經濟與社會等各個領域的顯著作用和重要影響。

　　區塊鏈作爲一項新技術，雖然在應用方面暫時面臨一些尚待解決的問題與挑戰，但這也是新技術發展過程中的正常情況。恰恰是因爲這些問題與挑戰的存在，才促進了技術的不斷發展與成熟。另外，區塊鏈的落實，不只是技術問題，還涉及法律、經濟等多方面的因素，需要各界仁人志士共同推動，給予區塊鏈技術更多的包容與關愛，讓區塊鏈這項新技術有更多成長的沃土與空間，使它能夠孕育出更美麗的花朵。對於區塊鏈的未來，我們充滿期待。

　　「長風破浪會有時，直掛雲端帆濟滄海」，相信區塊鏈在未來能夠更好地將「可信」數字世界帶入每個人、每個家庭、每個組織，建構萬物互聯的「可信」智慧世界。

華為雲端 BU CTO

張宇昕

用發展的眼光看待區塊鏈技術

　　用發展的眼光看待區塊鏈技術網際網路技術的出現極大加快了資訊傳遞的速度，降低了人類社會的資訊傳遞成本，也深刻地改變了人們的生產方式、生活方式，並已經滲透到各方面。目前網際網路只是資訊傳遞者，即為資訊網際網路，它並不關心人與人之間的合作模式和信任建構方法。而區塊鏈在資訊網際網路的基礎上建構了一種新的可信的大規模合作方式，以解決數字經濟發展的信任問題，被譽為下一代網際網路的重要特徵，因此區塊鏈被寄予眾多期望。李克強總理在寫給 2017 中國國際大數據產業博覽會的賀信中表示：「目前新一輪科技革命和產業變革席捲全球，大數據、雲端計算、物聯網、人工智慧、區塊鏈等新技術不斷涌現，數字經濟正深刻地改變著人類的生產和生活方式，作為經濟增長新動能的作用日益凸顯。」

　　2008 年底，一個化名中本聰的神祕人士（也可能是一個組織）在網路上發表了後來被稱為「比特幣白皮書」的論文，兩個月後發布並開源了比特幣系統，區塊鏈的序幕就此拉開。近十年間湧現出數千種加密虛擬貨幣，也催生出不計其數的 ICO 案例。當然，最值得人們關注的還是區塊鏈技術的發展演進。它脫胎於比特幣，但卻以一種獨立的姿態茁壯成長。區塊鏈作為雜湊演算法、數位簽名、點對點傳輸、共識機制等多種已有技術的整合組合創新，具有抗抵賴、防篡改、可追溯、安全可信等「神奇」特性，「巧妙」地解決了多方可信共同問題，正在廣泛應用於金融、供應鏈、政務等領域。用資料庫做個對比，以資料庫為核心的訊息系統解決了組織內的資訊管理問題，以區塊鏈為核心的訊息系統實現了組織間的可信數據管理、共享及高效合作，是對當前訊息系統的有效補充。

　　區塊鏈技術經常被冠以「顛覆性」技術的名號，這種名號為區塊鏈技術的發展帶來了備受關注的光環，促進了區塊鏈技術的發展，也同時帶來了一定的壓力、

誤解甚至質疑。目前區塊鏈技術正處於初級且快速發展階段，回首雲端計算的發展歷程，2010 年雲端計算的概念和目前被大家廣爲接受的雲端計算概念已經極大不同。我們不可能直接跳到最終理想的終點，發展過程中應用驅動的中間態技術累積演進必不可少，需要業界仁人志士的共同努力，積極踏實地投入區塊鏈基礎技術研究及服務實體經濟的應用推進中。另外，區塊鏈應用的推進較普通應用難度大，尤其是因爲區塊鏈應用涉及多個參與方，原本單個組織要建構一個訊息系統就要經過內部激烈的討論，多個參與方共同討論建構一個新的合作機制和系統的難度可想而知。雖然推進難度不小，但是我們已經看到了很多成功的價值案例。越是顛覆性的東西推廣起來阻力越大，而一旦迸發將勢不可當。我們要用發展的眼光看待區塊鏈技術，堅信基於區塊鏈技術所建構的新的合作方式能夠助力實體經濟往更深層次發展。

我很高興看到本書是基於華爲公司在區塊鏈技術應用實行方面的經驗，從使用者的視角，用通俗的語言介紹了區塊鏈技術的基本原理、服務實體經濟的應用情境，並以華爲公有雲端區塊鏈服務 BCS 爲例做了詳實介紹，其中部分情境已經獲得商用並取得良好收益。希望讀者能夠透過本書客觀地理解區塊鏈技術的價值，深入瞭解區塊鏈技術本質以及區塊鏈如何巧妙地與應用情境相結合。

用發展的眼光看待區塊鏈技術及應用，未來已來，將至已至。

用戰略的眼光看待區塊鏈技術及應用，以變革的姿態迎接未來，決勝未來。

華爲 Fellow[1]

胡子昂

---

[1] Fellow：代表華爲公司專業技術人員重大成就的最高稱號。

前 言

　　以比特幣為代表的加密虛擬貨幣是區塊鏈的應用之一。區塊鏈不等於比特幣，區塊鏈作為一種革新的技術，已經被應用於許多領域，包括金融、政務服務、供應鏈、版權和專利、能源、物聯網等。未來，與區塊鏈技術接觸的群體將會越來越多，對區塊鏈技術進行更加深入的瞭解與探究將是很多領域的創新創業中不可或缺的一環。

　　區塊鏈技術現已孕育出了大量的創業公司，而同時許多大公司也展開了對區塊鏈技術的探究與布局。華為公司作為高新科技的領軍者之一，對區塊鏈技術已經投入了大量的研究，擁有了豐富的實行經驗。我們創作本書的目的，一方面，目前提到區塊鏈，有人會將其與比特幣或各類加密虛擬貨幣畫等號，我們希望藉助本書消除讀者的這種誤解，使讀者能夠明白比特幣或各類加密虛擬貨幣只是區塊鏈的一種應用；另一方面，我們希望將長期以來在區塊鏈技術的知識累積，以及對區塊鏈在各領域應用的實行和思考，分享給廣大的讀者。我們希望不瞭解區塊鏈的讀者能夠透過本書對區塊鏈有一個系統而詳盡的認識，而對區塊鏈有所瞭解的讀者能夠透過本書獲得新的啟發與感悟。

關於本書

　　本書的目標讀者是所有想充分了解區塊鏈技術和應用的人。本書既包含區塊鏈的基礎知識，又有對區塊鏈的應用情境以及發展趨勢的探究，可以幫助非專業開發人員對區塊鏈做系統瞭解。同時，本書也有對一些技術細節和演算法的討論，並以華為雲端區塊鏈服務為示範平臺介紹了區塊鏈應用實行的過程，期望幫助區塊鏈開發人員更加快速、深入地投入區塊鏈的開發工作當中。

　　華為區塊鏈技術開發團隊是由教授、博士、留學歸國人員、華為海外研究所科研人員和技術骨幹等組成的一支高水準技術研究團隊，在區塊鏈相關的領域，如分散式系統、演算法、密碼學、網路、數據管理等，都有豐富經驗，平均從事相關業

務經驗超過 6 年；成功推動了多個政務、金融、供應鏈、存證等應用落實，擔任可信區塊鏈推進計畫 BaaS 組組長，積極參加中國電腦學會 CCF 區塊鏈專業委員會、ITU-T 等行業、學術和標準組織。本書是由曹朝博士主持的華為區塊鏈技術開發團隊合作完成的，作者包括（排名不分先後）：曹朝、蔡春瑜、陳黎君、丁健、郭凱、韓士澤、黃東潤、金釗、雷宇寧、李保松、李繼忠、厲丹陽、劉奇、劉勛、劉元章、劉再耀、羅玉龍、馬新建、潘義峰、檀景輝、姚序明、王磊、張秦濤、張小軍、張煜、張子怡、周萌萌。

本書的內容

本書系統詳實地講解了區塊鏈技術的各個方面，主體內容包括三大部分：區塊鏈演進及技術介紹、區塊鏈的應用、區塊鏈未來的價值和發展趨勢探究。

本書對區塊鏈基礎知識的介紹從區塊鏈的鼻祖——比特幣開始，然後介紹區塊鏈的技術基礎，比如共識演算法和智能合約，並由此說明它的特性，比如透明性和不可篡改性。本書還透過介紹區塊鏈的發展歷程以及區塊鏈的不同型別，使讀者對區塊鏈整體有基本瞭解。

介紹完基礎知識以後，本書對區塊鏈的價值和應用情境做了進一步的討論，主要分析了金融、供應鏈、政務服務、存證與版權、能源五大行業的業務情境、現狀及關鍵、區塊鏈解決方案和價值。最後總結了判斷某個領域能否應用區塊鏈技術的五個準則，這部分內容對於創業創新和投資決策都有一定的借鑑意義。書中還以華為雲端區塊鏈服務為例，展示了如何使用區塊鏈服務快速開發區塊鏈應用，為感興趣的開發人員提供參考。

本書還收集了業界對於區塊鏈的不同觀點，以及關於區塊鏈的一些常見問題，並對幾個常見的區塊鏈平臺做了簡單的介紹，同時對區塊鏈未來可能的應用領域、產生的價值及發展趨勢進行了展望。

本書雖然系統地從各個方面闡述了區塊鏈的各種知識，但各個章節之間相對獨立，便於讀者查閱參考。對某些章節已經比較瞭解的讀者，可以直接跳到感興趣的章節進行閱讀。我們相信本書能夠使讀者以一種最有效率的方式充分地瞭解區塊鏈。

勘誤和支援

　　由於編寫時間倉促，編寫人員水準有限，書中內容出現疏漏在所難免。如果讀者發現任何問題和不足，還請不吝指正。如果對本書內容有任何的疑問，也歡迎透過出版社聯繫我們。我們將十分感謝讀者的回饋，並會及時對本書內容作出勘誤和修改。

致謝

　　本書是由華爲區塊鏈技術開發團隊完成的，大家在繁忙的開發工作中抽出時間編寫書稿，感謝大家的辛苦付出，同時感謝徐直軍、李英濤、鄭葉來、龔體、胡子昂、廖振欽、杜娟、黃津、金雪鋒、楊開封、樊薇萱、萬漢陽、陳威、饒爭光、俞岳、鄭文欽和宋承朝，以及華爲公司其他主管對我們寫作的大力支援。感謝邢紫月與出版社的大量溝通，促成了本書的快速出版。還要感謝雷宇寧和韓士澤承擔了全書的審閱工作，給出大量有價值的建議。最後，感謝我們每一位家人的支援陪伴，我們的工作因爲有了家人的支援和期待才變得更有意義。

　　　　　　　　　　　　　　　　　　　　　　　　　　華爲區塊鏈技術開發團隊

CONTENTS

第一部分　區塊鏈技術

第1章　瘋狂的比特幣及其原理機制

第2章　區塊鏈技術原理

目　錄

CONTENTS

第二部分　區塊鏈應用

第6章　區塊鏈應用的價值和情境

第7章　金融應用案例

目 錄

CONTENTS

目　錄

第三部分　區塊鏈未來

第14章　區塊鏈的價值及前景

第15章　區塊鏈的其他聲音 ················ 265

CONTENTS

第一部分

區塊鏈技術

區塊鏈技術來源於比特幣，也因為比特幣的瘋狂而備受矚目。區塊鏈技術發展到現在，無論是在技術上的深度與廣度，還是在應用情境上的寬度，均取得了較大突破。雖然比特幣類加密虛擬貨幣在區塊鏈領域依然備受關注，但是百花齊放的區塊鏈應用，尤其是大量企業級區塊鏈應用的出現正在催熟區塊鏈技術，區塊鏈技術正處於快速發展演化期，未來會擁有一個更大的可以施展拳腳的舞台。

瘋狂的比特幣及其原理機制

1.1 ┃ 比特幣的誕生

　　2008 年 11 月，一位化名為中本聰（Satoshi Nakamoto）的人，在密碼學論壇 metzdowd.com 發表的一篇名為 *Bitcoin: A Peer to Peer Electronic Cash System*（《比特幣：一種點對點的電子現金系統》）的論文中首先提出了比特幣。2009 年 1 月 3 日，中本聰發布了比特幣系統並挖掘出第一個區塊，被稱為「創世區塊」，最初的 50 個比特幣宣告問世。同時有趣的是，中本聰在創世區塊中帶上了一句話以證明這個區塊挖出於 2009 年 1 月 3 日，這句話就是圖 1.1 中的《泰晤士報》2009 年 1 月 3 日的頭版新聞標題──*Chancellor on brink of second bailout for banks*（《財政大臣正處於第二次救助銀行之際》）。圖 1.2 是創世區塊的原始二進位數據及其 ASCII 碼文字表示，可以看到其中所攜帶的標題資訊，在圖中已用方框圈出。

圖1.1　《泰晤士報》2009年1月3日的頭版

圖片來源：https://dollarvigilante.com/blog/tag/satoshi birthda

```
00000000  01 00 00 00 00 00 00 00  00 00 00 00 00 00 00 00  ................
00000010  00 00 00 00 00 00 00 00  00 00 00 00 00 00 00 00  ................
00000020  00 00 00 00 3B A3 ED FD  7A 7B 12 B2 7A C7 2C 3E  ....;£íýz{.²zÇ,>
00000030  67 76 8F 61 7F C8 1B C3  88 8A 51 32 3A 9F B8 AA  gv.a.È.Ã^ŠQ2:Ÿ.ª
00000040  4B 1E 5E 4A 29 AB 5F 49  FF FF 00 1D 1D AC 2B 7C  K.^J)«_Iÿÿ...¬+|
00000050  01 01 00 00 00 01 00 00  00 00 00 00 00 00 00 00  ................
00000060  00 00 00 00 00 00 00 00  00 00 00 00 00 00 00 00  ................
00000070  00 00 00 00 00 00 FF FF  FF FF 4D 04 FF FF 00 1D  ......ÿÿÿÿM.ÿÿ..
00000080  01 04 45 54 68 65 20 54  69 6D 65 73 20 30 33 2F  ..EThe Times 03/
00000090  4A 61 6E 2F 32 30 30 39  20 43 68 61 6E 63 65 6C  Jan/2009 Chancel
000000A0  6C 6F 72 20 6F 6E 20 62  72 69 6E 6B 20 6F 66 20  lor on brink of
000000B0  73 65 63 6F 6E 64 20 62  61 69 6C 6F 75 74 20 66  second bailout f
000000C0  6F 72 20 62 61 6E 6B 73  FF FF FF FF 01 00 F2 05  or banksÿÿÿÿ..ò.
000000D0  2A 01 00 00 00 43 41 04  67 8A FD B0 FE 55 48 27  *....CA.gŠý°þUH'
000000E0  19 67 F1 A6 71 30 B7 10  5C D6 A8 28 E0 39 09 A6  .gñ¦q0·.\Ö¨(à9.¦
000000F0  79 62 E0 EA 1F 61 DE B6  49 F6 BC 3F 4C EF 38 C4  ybàê.aÞ¶Iö¼?Lï8Ä
00000100  F3 55 04 E5 1E C1 12 DE  5C 38 4D F7 BA 0B 8D 57  óU.å.Á.Þ\8M÷º..W
00000110  8A 4C 70 2B 6B F1 1D 5F  AC 00 00 00 00           ŠLp+kñ._¬....
```

圖1.2　創世區塊原始數據

資料來源：https://en.bitcoin.it/wiki/Genesis_block

　　截至 2018 年，比特幣系統已經執行了整整十年。比特幣系統軟體全部開源，系統本身分布在全球各地，無中央管理伺服器，無任何負責的主體，無外部信用背書。在比特幣執行期間，有大量駭客無數次嘗試攻克比特幣系統，然而神奇的是，這樣一個「三無」系統，近十年來一直都在穩定執行，沒有發生過重大事故。這一點無疑展示了比特幣系統背後技術的完備性和可靠性。近年來，隨著比特幣的風靡全球，越來越多的人對其背後的區塊鏈技術進行探索和發展，希望將這樣一個去中心化的穩定系統應用到各類企業應用之中。在本書第二部分，我們將選取代表性行業為例，講述比特幣背後區塊鏈技術的各類相關應用。

　　除了其背後的技術所具有的價值，比特幣作為一種虛擬貨幣，也逐漸與現實世界的法幣建立起了「兌換」關係，其本身有了狹義的「價格」。現實世界中第一筆比特幣交易發生在 2010 年 5 月 22 日，美國佛羅里達州程式設計員拉斯洛·豪涅茨（Laszlo Hanyecz）用 1 萬個比特幣，換回了比薩零售店棒約翰（Papa Johns）的一個價值 25 美元的比薩。這是比特幣作為加密虛擬貨幣首次在現實世界的應用。按照這筆交易，一個比特幣在當時的價值為 0.25 美分。然而在今天來看，1 萬個比特幣可以說是一筆巨款（註：按照 2018 年 9 月的價格計算，1 萬個比特幣大約值 6,000 多萬美元），但在比特幣剛出現時，人們並沒有意識到這種新生事物在未來將會引起的瘋狂及宏大的技術變革。

1.2 | 瘋狂的比特幣

1.2.1 瘋狂的比特幣價格

比特幣自誕生之日起，經歷了多次的暴漲暴跌，其價格的變動猶如雲霄飛車一般。

在 2011 年 1 月，1 個比特幣還不值 30 美分，但在隨後的幾個月里，它的價格一路走高，突破了 1 美元，很快上升到 8 美元，然後是 20 美元。到 2011 年 6 月 9 日，1 個比特幣的價格已經漲到了 29.55 美元，半年時間漲幅約為一百倍。但是隨後不久，比特幣交易平臺 Mt.Gox 由於其交易平臺本身的漏洞被駭客攻擊，使平臺本身和其使用者蒙受了較大的損失，比特幣的安全性受到了投資者們的質疑。因為該事件，比特幣價格持續走低，急劇回落，在僅僅半年時間後的 2011 年 11 月，比特幣的價格已經低至 2 美元，相比 6 月份的最高價跌去了 90% 以上。

2012 年 12 月 6 日，世界首家比特幣交易所在法國誕生，比特幣單價重回巔峰期，單枚漲至 13.69 美元。2013 年 3 月，按照當時的兌換匯率，全球發行比特幣總值超過 10 億美元，這也是比特幣價格飛漲的一年。在同年 12 月，單枚比特幣的價格突破 1147 美元，超越了當時的國際黃金價格。

2014 年到 2016 年，比特幣市場持續低迷。2015 年 8 月，比特幣單枚價格跌至 200 美元；隨後的 2016 年，比特幣市場迎來內外環境的巨大變化和影響：內部變化是根據比特幣的既定規則，其年產量開始收縮，意味著比特幣收穫難度增高；外部影響則源自英國脫歐、美國大選、亞洲投資者激增等事件。在內外因素的共同作用下，比特幣的價格持續上漲，截至 2016 年 12 月，單枚價格又一次突破了 1,000 美元。

2017 年是比特幣發展史上十分重要的一年，全年整體漲幅高達 1,700%。2017 年一整年，比特幣價格走勢圖猶如雲霄飛車，暴增暴跌讓投資者為之瘋狂。在 2017 年全年，比特幣最低價格是 789 美元，對應日期為 1 月 11 日；最高價位為 19,142 美元，對應日期是 12 月 18 日。其中，1 月到 5 月比特幣價格緩慢增長，到 5 月中旬達到 2,000 多美元 / 枚，但進入六、七月後又開始極速下跌，跌幅達到

45%。比特幣價格的劇烈變動引起了各國政府的密切關注，同年 9 月，中國發布
《關於防範代幣發行融資風險的公告》，中國國內市場熱度漸漸消退，但在全球市
場上，日本和韓國比特幣投資者持續湧入，比特幣價格一路高漲，12 月 18 日觸及
歷史峰值。然而隨後迅速開始暴跌，12 月 31 日封盤價跌破 11,000 美元。

　　比特幣貨幣市場在 2017 年輝煌一時，但 2018 年市場表現並不理想。受多方政
策影響，比特幣價格開始大幅度下跌。2018 年 1 月的第一個星期，比特幣有過短
暫的升值期，1 月 7 日達到峰值 16,448 美元，但從 1 月 8 日開始暴跌，僅 1 月 8 日
一天就跌了 2,219 美元，跌幅達 15.6%，後續幾天有漲有跌，但總體趨勢仍是持續
走低。截至筆者發稿前（2018 年 11 月 8 日數據），比特幣單枚價格為 6,520 美元
左右，相比 2017 年 12 月峰值 19,142 美元確實有了較大幅度的下跌，未來，數字
加密貨幣市場的大起大落還將繼續上演。2013 年 4 月以來比特幣價格走勢如圖 1.3
所示，從中可以對比特幣價格的瘋狂變動略窺一斑。

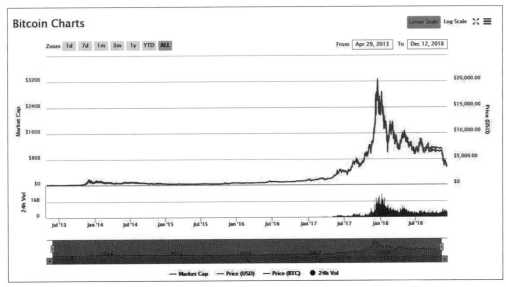

圖1.3　從2013年4月29日至2018年12月12日比特幣價格走勢

資料來源：https://coinmarketcap.com/currencies/bitcoin/#charts

1.2.2 瘋狂的礦機和芯片

在比特幣瘋狂的價格和猶如雲霄飛車般的價格波動吸引了越來越多投機者的同時，比特幣礦機及晶片技術也取得了長足進展。所謂比特幣「礦機」，就是用於賺取比特幣的電腦。使用者下載專用的比特幣運算軟體，在礦機上執行相應的軟體，參與記帳並獲取對應的記帳獎勵。

比特幣礦機的發展經歷了三個階段。第一階段，即挖礦初期，挖礦的參與成本較低，只需要任意一臺普通的電腦即可進行挖礦，同時，由於參與挖礦競爭的節點數目較少，挖礦演算法的難度極低，用普通的 CPU 處理器就能達到不錯的產出率，從而較容易獲得比特幣激勵。第二階段，挖礦中期，此階段參與挖礦節點數目越來越多，普通 CPU 挖礦節點很難再獲取較爲可觀的產出率。由於 CPU 的設計邏輯偏重浮點計算等通用計算需求，而比特幣挖礦演算法所涉及的僅爲簡單的雜湊計算，不能夠充分利用 CPU 的能力，一些礦工開始使用具有多處理器、能夠進行快速的簡單計算特性的顯示卡（即 GPU）進行挖礦，相比於 CPU 挖礦，其運算效率和對應的產出率都得到了大幅提升，此階段即爲礦機處理器由 CPU 向 GPU 的轉變。第三階段，參與挖礦的節點及其對應的運算能力進一步上升，進入了專業礦機的階段。前兩個階段的通用電腦已不能滿足礦工們的需求，因此出現了專門爲比特幣挖礦而設計的定製化機器，這類機器專門爲雜湊運算設計，能夠更快地進行比特幣挖礦過程所需的雜湊運算。圖 1.4 是一個市場上較爲主流的礦機，該礦機的額定運算能力已經達到了 27TH/s，也就是每秒能夠進行 2.7×10^{10} 次雜湊運算。

相應地，挖礦晶片的發展經歷了從 CPU、GPU、FPGA 到 ASIC 的四個階段，從通用型逐漸轉向了挖礦專用型。其中，專用積體電路（Application Specific Integrated Circuits，ASIC）是指應特定使用者要求或特定電子系統的需要而設計、製造的積體電

圖1.4　比特幣礦機示例

圖片來源：https://m.bitmain.com.cn/
product/detail?pid=000201812
11094757815UgH3FPX20655

路，本書是指為比特幣挖礦專門設計的專用積體電路。ASIC 礦機晶片的製造流程先進、產品更迭速度極快。目前市場上主流的 ASIC 礦機晶片製造工藝從 110nm、55nm、28nm，一直升級到 16nm。2018 年，礦機廠商宣布推出 7nm 礦機，意味著礦機進入 7nm 時代。

在比特幣礦機運算能力不斷提升的同時，其進行挖礦消耗的總電量也是驚人的。英國《衛報》2017 年的一篇研究表示，比特幣挖礦一年消耗的電力已經超過了十九個歐洲國家一年所消耗的電力總和，包括克羅地亞、愛爾蘭、冰島、斯洛文尼亞以及拉脫維亞等。從全球範圍來看，比特幣一年的耗電量是全球耗電量的0.13%。

需要說明的是，比特幣巨大的耗電量主要源於其計算密集型的挖礦演算法以及其所採用的工作量證明形式的共識協議。實際上，目前的眾多面對企業級應用的區塊鏈平臺及應用透過根據其應用情境及環境採用不同的共識協議及相關演算法，避免了不必要的能源消耗，使能源消耗與普通訊息系統相當。

1.2.3　瘋狂的礦場與礦池

隨著比特幣價格的震盪式飆升，人們彷彿像美國西部剛剛發現金礦一樣，紛紛投入「挖礦」的事業之中。由於比特幣的產生速率基本保持穩定，但對於單個節點來說，其挖到某個比特幣的機率與其運算能力占所有參與挖礦競爭節點總運算能力的比例成正比，因此，隨著參與到比特幣挖礦競爭中的機器及運算能力大幅上升，單個節點或少量的運算能力能夠成功挖到比特幣的機率急劇下降，小規模挖礦參與者的收益難以得到保障，因此兩種不同的組織相繼登場，分別是礦場和礦池，它們的目的都是集中運算能力，提升挖礦機率，從而提升收益。

礦場是將挖礦產業化的產物。簡單來說，礦場即為挖礦裝置管理場所。早期的礦場非常簡單，只有一些簡單的機架供礦機的安置，同時僅提供簡單的網路、電力等資源。隨著專業挖礦裝置的不斷增多，人們發現這種粗獷的管理方式下，裝置太容易損壞，同時裝置維修更新成本也很高。因此，通風防塵、溫度濕度控制等數據中心管理常見的規範管理措施逐漸被運用到礦場中。由於礦場的電力消耗非常驚人，且噪音巨大，目前礦場一般選擇建在人煙稀少且電力便宜的地區。目前礦場的管理模式完全向大型數據中心的管理靠齊，甚至很多大型礦場的規模已經不輸很多

大型數據中心。圖 1.5 和 1.6 分別對某大型礦場外觀和內部進行了展示。

圖1.5　礦場外觀

圖片來源：http://tech.163.com

圖1.6　礦場內部

圖片來源：http://tech.163.com

　　除了礦場這種產業化的挖礦方式，還有一種將大量運算能力較低裝置進行聯合、共同運作挖礦的平臺，即「礦池（Mining Pool）」，加入「礦池」的裝置即被稱作「礦工」。在「礦池」中，不論「礦工」所能提供的運運算能力的多寡，只要是透過加入礦池來參與挖礦活動，無論是否成功挖掘出有效區塊，在該礦池挖礦成功後皆可經由對礦池的貢獻（即投入的運算能力）來獲得比特幣獎勵。亦即多人合作挖礦，獲得的比特幣獎勵也由多人依照貢獻度分享。這種組織方式實際上並沒有提高單個礦工挖礦收益的期望值，但提升了單個礦工收益的穩定性。

　　截至 2018 年 10 月，根據 BTC.com 的分析，如圖 1.7 所示，排名前六的比特幣礦池佔據整體比特幣挖礦運算能力 61.4% 的份額，分別是 BTC.com（占比 17.4%）、螞蟻礦池（antpool，15.3%）、ViaBTC（12.6%）、SlushPool（11.9%）、BTC.TOP（10.6%）、F2Pool（9.6%）。世界上最大的比特幣礦池是螞蟻礦池，運算能力達到驚人的 2,500PH/s，如果將超級電腦「天河二號」每秒 33P FLOPS（Peta FLOPS）的計算能力換算成雜湊計算的話，大約是螞蟻礦池的千分之一，單純從雜湊運算的角度來看，比特幣礦池有超強的運算能力（註：比特幣挖礦中

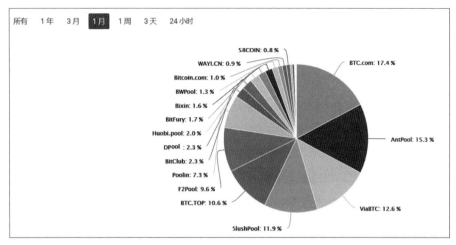

圖1.7　截至2018年10月的礦池分布餅狀圖

資料來源：BTC.com

需要做大量的雜湊運算，因此礦機／礦池的運算能力就以每秒能執行的雜湊運算次數來衡量。1kH/s 是每秒 1,000 次雜湊；1MH/s 是每秒 1,000,000 次雜湊；1GH/s 是每秒 10 億次雜湊；1TH/s 是每秒 1,000,000,000,000 次雜湊；1PH/s 是每秒 1,000,000,000,000,000 次雜湊）。

　　在 2012 年，礦池總運算能力之和已經接近比特幣總運算能力的一半。近幾年，礦池更是逐漸成為運算能力的主力，運算能力呈現集中化趨勢。然而，這種集中化的趨勢會帶來一些弊端。由於在比特幣世界中，運算能力高即代表著產生記帳區塊的機率高，即代表著「記帳權」更強。如果礦池運算能力不斷提升，單家礦池運算能力達到 50% 以上，即可以對比特幣進行 51% 攻擊，對比特幣系統的開採權和記帳權進行壟斷。

1.3　比特幣的通俗故事

　　那麼什麼是比特幣呢？它背後到底有著什麼神奇的地方，讓如此多的人追捧，甚至是不惜消耗巨大的資源來獲取它呢？讓我們從一個通俗的故事開始，如圖 1.8 所示。

11

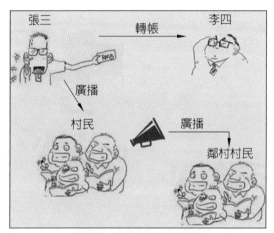

圖1.8　通俗故事示意圖

資料來源：https://www.gingkoo.com/nd.jsp?id=12

　　從前，有個古老的村落，裡面住著一群古老的村民，這個村莊沒有銀行為大家存錢、記帳。沒有一個讓所有村民都信賴的村長來維護和記錄村民之間的帳務往來，也就是沒有任何中間機構或個人來記帳。於是，村民想出一個不需要中間機構或個人，而是大家一起記帳的方法。

　　比如，張三要給李四1,000塊錢。張三在村裡大吼一聲：「大家注意了，我張三給李四轉了1,000塊錢。」附近的村民聽到了之後做兩件事：1.透過聲音判斷這是張三喊的，而不是別人冒名張三喊的，從而防止別人去花張三的錢；2.檢查張三是否有足夠的錢，每個村民都有個小帳本記錄了各個村民有多少錢，當確認張三真的有1,000塊錢後，每個村民都會在自己的小帳本記錄：「××××年×月×日，張三轉給李四1,000塊錢。」除此之外，這些村民口口相傳，把張三轉帳的事情告訴了十里八村，當所有人都知道轉帳的事情後，大家就能夠共同證明「張三轉給李四1,000塊錢」。這樣，一個不需要村長（中心節點）卻能讓所有村民都能達成一致的記帳系統誕生了。這個記帳系統就可以類比為我們今天常說的比特幣系統。

　　故事到此並未結束，由此引出了三個值得思考的問題。

　　1.記的帳在後面會不會被篡改？

2.村民有什麼動力幫別人記帳？

3.這麼多人記帳，萬一記的不一致豈不是壞了，以誰記的為準？

比特幣系統巧妙地解決了這三個問題。

第一，比特幣採用兩種策略保證帳本不可篡改：1.人人記帳。人人手上都維護一本帳本，這樣即使某個人改了自己的帳本，他也無權修改其他村民手上的帳本，修改自己的帳本相當於「掩耳盜鈴」，別人是不會認可的。2.採用「區塊＋鏈」的特殊帳本結構。在這種帳本結構中，每一個區塊儲存著某段時間內所發生的交易，這些區塊透過鏈式結構連線在一起，形成了一個記錄全部交易的完整帳本。如果對區塊內容進行了修改就會破壞整個區塊鏈的鏈式結構，導致鏈條斷了，從而很容易被檢測到，這兩個策略保證了從全域性來看整個帳本是不可篡改的。

第二，前面一條中提到了人人參與記帳，大家肯定會問「憑啥要我幫別人記帳呢」。這就涉及比特幣系統中的激勵機制。參與記帳的村民，被稱為「礦工」。這些礦工中，首個記帳被認可的人：1.將獲得一筆獎勵，這筆獎勵就是若干個比特幣，這也是比特幣發行的唯一來源，這種獎勵措施使眾多礦工積極參加記帳；2.誰在某一塊帳本被認可，其他人都會分別拷貝這一塊帳本，從而保證所有人維護的帳本是完全一致的。這兩點保證了區塊鏈的自動安全執行。

第三，既然有了激勵，大家就會爭搶著記帳並努力讓自己的記帳被認可，怎麼確定以誰記的為準呢？為了能夠確定以誰記的帳為準，村民們想到了一個公平的辦法：對每一塊帳本（類比為我們現實帳本上的一頁），他們從題庫中找了一道難題，讓所有參與記帳的「礦工」都去破解這道難題，誰若最先破解了，該頁／塊就以他記的帳為準。這個破解難題的過程，就被稱為「挖礦」，也即工作量證明的過程。這裡需要說明的是，這個難題的解題過程需要不斷地嘗試，較為困難，但是找到答案發給別人後，別人是很容易驗證的。

因此，比特幣透過「區塊＋鏈」的分散式帳本保障了交易的不可篡改，透過發放比特幣的激勵措施激勵了「礦工」的參與，透過計算難題（礦工挖礦）解決了記帳一致性的問題。這樣，完美地形成了一個不依賴任何中間人即可完成記帳的自動執行系統。如圖 1.9 所示，這其中具有「區塊＋鏈」不可篡改帳本、多方參與、結果共識的技術，就是比特幣背後的區塊鏈技術。

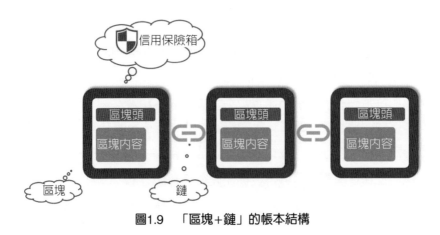

圖1.9 「區塊＋鏈」的帳本結構

1.4 ｜ 比特幣交易

要對比特幣交易進行介紹，我們首先要了解比特幣地址的概念。要參與比特幣系統中的交易過程，需要一個類似於現實世界中銀行「帳戶」的實體。實際上，比特幣的交易參與方實體為一組公私鑰的組合，其中，私鑰是由程式產生的一串隨機值，而其公鑰則是根據私鑰經過一系列的計算產生的，公私鑰之間存在一一對應的關係。其中，公鑰作為參與交易的「帳戶名」，在交易中被引用，用於指明一筆交易中資金的來源及去向，而私鑰則作為交易過程中的「驗證密碼」，用於確認某一交易的合法性。

如果以銀行帳戶做個類比的話，一對比特幣公私鑰即相當於一個銀行帳戶。其中公鑰是公開的資訊，它可以作為一個比特幣帳戶對外的「帳戶名」，用於外界對該帳戶的引用，類似於銀行帳戶的帳號；相應地，比特幣地址對應的私鑰就相當於銀行帳戶的密碼，用於在轉帳時進行身分驗證，從而保證使用者的資金安全。

由於公私鑰對為一個交易實體的唯一標記，所以需要保證各個使用者所持有的比特幣地址之間互不衝突，否則就可能出現安全問題。由於私鑰本質上是隨機產生的位元串，若有兩個使用者的私鑰不巧是相同的，則一個使用者完全可以用自己的私鑰去替代另一個使用者的私鑰，從而使用另一個使用者的資金。然而，在比特幣的設計中，私鑰的長度被設定為 256 位元，其可能的取值範圍為 $[0, 2^{256} - 1]$，這是

一個巨大的範圍，可以認為與世界上沙子的數量相當，能夠保證在隨機演算法實現正確的情況下，基本不可能發生碰撞（產生兩個完全相同的私鑰）。這也是比特幣乃至整個密碼學的基礎。

　　簡單來說，比特幣的一對公私鑰以及其對應的錢包地址是按照如下的流程產生的：首先，透過某種隨機值產生演算法產生出一個 256 位元的位元串作為私鑰，然後再使用橢圓曲線加密演算法（Elliptic Curves Cryptography，ECC）對這個私鑰計算產生公鑰。此後，公鑰再透過一系列的雜湊計算和 Base58 編碼得到錢包地址。

　　比特幣交易即為從一個比特幣地址向另一個比特幣地址進行轉帳的過程，每個交易可能會包含多筆轉帳。

　　如圖 1.10 所示，交易包含從比特幣地址 1FzPNJ52ieWzvrcsSLUSgbEc2oBwcz-m4Ei 向比特幣地址 19qM3R2YyhVf2HwcF2HocJsFXH6YZZDcSr 轉 0.0005 個比特幣和向地址 19aEqa9UHVKqRLwsJ5Krq9VP4QV1AhBWVg 轉 0.01052289 個比特幣這兩筆轉帳。交易輸入的比特幣中未被使用（轉帳給其他人）的剩餘 0.003136 個比特幣則作為手續費，會被發送給挖出包含這個交易的區塊的礦工，作為挖礦獎勵的一部分。

圖1.10　比特幣普通交易

資料來源：https://www.blockchain.com/zh cn/btc/tx/a694c6725df984b9e9168f6cd5fa99171041766e0
　　　　　a01886a2232b84ba1e3709d

　　值得一提的是，上述我們提到的由 32 個字元組成的看似亂碼的比特幣地址，實際上是將其本身的 256 位元的位元串進行了編碼，形成（相對於位元串）更爲易讀、易用的地址。

　　感興趣的讀者可以透過 https://www.blockchain.com/explorer 檢視所有的比特幣交易。

　　比特幣交易有兩種類型，一種是 Coinbase 交易，也就是挖礦獎勵的比特幣，這種交易沒有發送人，例如圖 1.11 所示的交易。另一種就是我們常見的普通交易了，即普通地址之間的轉帳交易，如圖 1.10 中的交易。

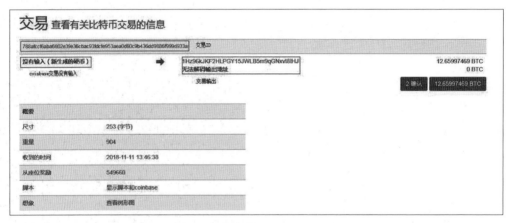

圖1.11　比特幣Coinbase交易

資料來源：https://www.blockchain.com/zh cn/btc/tx/788afccf6aba6802e39e36cbac93fdcfe953aea0d6 0c9b436dd9886f999d933a?show_adv=false

　　比特幣錢包是一個形象的概念，就是儲存和管理比特幣地址以及對應公私鑰對的軟體。根據終端類型的不同，比特幣錢包可以分爲桌面錢包、手機錢包、網頁錢包和硬體錢包。不同錢包的安全程度不同，對於少量比特幣來說，選用網頁錢包這種輕量級的錢包儲存；而對於較大額度的比特幣，建議使用更高級的錢包儲存方式，比如硬體錢包，硬體錢包的成本最高，安全性也相對較高。

　　比特幣官方提供錢包 Bitcoin Core，如圖 1.12 所示，錢包中展示了可用的餘額，可以給其他比特幣地址轉帳、接收比特幣並檢視交易記錄。

圖1.12　Bitcoin Core介面

Bitcoin Core 是一個實現了全節點的比特幣客戶端，它的帳本儲存了 2009 年比特幣面世以來所有的交易記錄，這就意味著資料量大，全帳本大小超過 185GB（截止到 2018 年 9 月底），全部同步要花幾天時間（具體視電腦配置和網路環境而定）。當然通常我們沒有必要下載整個帳本，可以下載一個輕量版的錢包，比如 Electrum。完成安裝及基礎的網路、證書等配置工作後，即可使用，圖 1.13 所示為其基本介面。

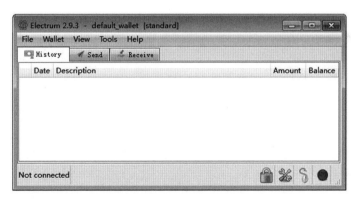

圖1.13　Electrum操作介面

預設為歷史介面（History），即與該錢包配置地址相關的轉帳記錄。發送介面（Send）即轉帳給其他地址，填寫目的地址、金額、說明、手續費等資訊即可進行轉帳操作。接收介面（Receive）即為該錢包的收款地址，提供給他人後，對方

即可轉帳至該地址。

除了上面的電腦版錢包外，還有網頁版的錢包，以 https://blockchain.info 為代表，還有虛擬幣交易網站的錢包也屬於此類，這類錢包對幣的控制權透過登錄網站的使用者名稱和密碼保證。這種型別錢包使用最簡便，當然安全性也是最低的。因為帳戶的私鑰都是由網站保管的，這樣理論上網站可以對使用者的帳戶做任何操作。

如何獲得比特幣？獲得比特幣有 3 種途徑。

1.「礦工」挖礦所得；

2.線下透過中間人購買，線下支付法幣或者任何等價物之後，轉出方將比特幣從他的地址轉到購買者的地址，也可以透過線上「交易所」購買；

3.商家收取比特幣，比如在本章開始提到佛羅里達程式設計師花 1 萬個比特幣購買比薩的店主就收到了比特幣。

1.5　比特幣挖礦

很長一段歷史裡作為基本貨幣的黃金，需要人工進行採礦獲取，因此將比特幣記帳者們之間爭搶激勵的方式比作「挖礦」工作。當然比特幣系統中挖礦只是一個形象的概念。比特幣系統是一個參與節點互相驗證的公開記帳系統，而比特幣挖礦的本質則是爭奪某一個區塊的記帳權。

「挖礦」成功即是該節點成功獲得目前區塊記帳權，也就是說其他節點就「照抄」該挖礦成功的節點的當前區塊。獲得記帳權的節點會獲取一定數量的比特幣獎勵，以此激勵比特幣網路中的所有節點積極參與記帳工作。該獎勵包含系統獎勵和交易手續費兩部分，系統獎勵則作為比特幣發行的手段。最初每生產一個「交易記錄區塊」可以獲得 50 比特幣的系統獎勵，為控制比特幣發行數量，該獎勵每 4 年就會減半，到 2140 年即會基本發放完畢，最終整個系統中最多只能有 2,100 萬個比特幣。

比特幣系統大約每 10 分鐘會記錄一個數據塊，這個數據塊裡包含了這 10 分鐘內全網待確認的部分或全部交易。所謂的「挖礦」，就是爭奪將這些交易打包成

「交易記錄區塊」的權利。比特幣系統會隨機產生一道數學難題，後續會詳細描述該數學難題，所有參與挖礦的節點一起參與計算這道數學難題，首先算出結果的節點將獲得記帳權。

每個節點會將過去一段時間內發生的、尚未經過網路公認的交易資訊進行收集、檢驗、確認，最後打包並加簽名為一個無法被篡改的「交易記錄區塊」，並在獲得記帳權後將該區塊進行廣播，從而讓這個區塊被全部節點認可，讓區塊中的交易成為比特幣網路上公認已經完成的交易記錄，永久儲存。

1.5.1　挖礦的原理

挖礦最主要的工作就是計算上文提到的數學難題，最先求出解的礦工即可獲得該塊的記帳權。在介紹這個數學難題前，先簡單介紹一下雜湊演算法。雜湊演算法的基本功能概括來說，就是把任意長度的輸入值透過一定的計算，產生一個固定長度的字串，輸出的字串即為該輸入的雜湊值。比特幣系統中採用 SHA 256 演算法，該演算法最終輸出的雜湊值長度為 256bit。由於此小節主要介紹挖礦原理，關於雜湊演算法的詳細介紹請參見 2.2.1 小節，雜湊運算的演算法原理請參見 2.4.1 小節。

比特幣中每個區塊產生時，需要把上一個區塊的雜湊值、本區塊的交易資訊的默克爾樹根、一個未知的隨機值（Nonce）拼在一起計算一個新的雜湊值。為了保證 10 分鐘產生一個區塊，該工作必須具有一定難度，即雜湊值必須以若干個 0 開頭。雜湊演算法中，輸入資訊的任何微小改動即可引起雜湊值的巨大變動，且這個變動不具有規律性。因為雜湊值的位數是有限的，透過不斷嘗試隨機值（Nonce），總可以計算出一個符合要求的雜湊值，且該隨機值無法透過尋找規律計算出來。這意味著，該隨機值只能透過列舉的方式獲得。挖礦中計算數學難題即為尋找該隨機值的過程。

雜湊值由 16 進位制數字表示，即每一位有 16 種可能。根據雜湊演算法的特性，出現任何一個數字的機率是均等的，即每一位為「0」的機率為 1/16。要求某一位為「0」平均需要 16 次雜湊運算，要求前 n 位為「0」，則需要進行雜雜湊湊計算的平均次數為 16 的 n 次方。礦工為了計算出該隨機值，需要花費一定的時間進行大量的雜湊運算。

　　某個礦工成功計算出該隨機值後，則會進行區塊打包並全網廣播。其他節點收到廣播後，只需對包含隨機值的區塊按照同樣的方法進行一次雜湊運算即可，若雜湊值以「0」開頭的個數滿足要求，且透過其他合法性校驗，則接受這個區塊，並停止本地對當前區塊隨機值的尋找，開始下個區塊隨機值的計算。

　　隨著技術的發展，進行一次雜湊計算速度越來越快，同時隨著礦工的逐漸增多，算出滿足雜湊值以一定數量「0」開頭的隨機值的時間越來越短。為保證比特幣始終按照平均每 10 分鐘一個區塊的速度出塊，必須不斷調整計算出隨機雜湊計算的平均次數，即調整雜湊值以「0」開頭的數量要求，以此調整難度。比特幣中，每產生 2,016 個區塊就會調整一次難度，即調整週期大約為兩週（2,016×10min=14 天）。也就是說，對比產生最新 2,016 個區塊花費的實際時間和按照每 10 分鐘出一個塊產生 2,016 個塊的期望時間，若實際時間大於期望時間則降低難度，若實際時間小於期望時間則增加難度。

　　同時，為防止難度變化波動太大，每個週期調整幅度必須小於一個因子（目前為 4 倍）。若幅度大於 4 倍，則按照 4 倍調整。由於按照該幅度調整，出塊速度仍然不滿足預期，因此會在下一個週期繼續調整。

1.5.2　礦池的原理

　　隨著區塊鏈的日漸火紅，參與挖礦的人越來越多，按照比特幣原本的設計模式，只有成功打包一個區塊的人才能獲取獎勵。如果每個礦工都獨立挖礦，在如此龐大的基數下，挖礦成功的機率幾乎為 0，只有一個幸運兒可以獲取一大筆財富，其他礦工投入的運算能力、電力資源就會白白虧損。或許投入一臺礦機，持續挖礦好幾年甚至更久才能挖到一個區塊。

　　為了降低這種不確定性，礦池應運而生。假如有 10 萬礦工參與挖礦工作，這 10 萬礦工的運算能力和占這個網路的 10%，則這 10 萬個礦工中的某個礦工成功挖到下個塊的機率即為 1/10。即平均每個礦工成功挖到下個區塊的機率為 1/1,000,000，即平均每個礦工要花費 19 年可以成功挖到一個區塊，然後獲得相應的比特幣獎勵。這種挖礦模式風險過大，幾乎沒人可以承受。但是假設這 10 萬個礦工共同合作參與挖礦，則平均每 100 分鐘即可成功挖到一個區塊，然後按照每個

礦工提供的運算能力分配該次收益。這 10 萬個礦工的收益也會趨於穩定。

　　當然上述只是對礦池原理進行一個簡化的分析，實際情況則要複雜得多。目前大部分礦池是託管式礦池，一般由一個企業維護一個礦池伺服器，執行專業的軟體，協調礦池中礦工的計算任務。礦工不需要參與區塊的驗證工作，僅由礦池伺服器驗證即可，因此礦工也不需要儲存歷史區塊，這極大地降低了礦工的運算能力及儲存資源消耗。

　　協調礦工進行計算的思路也非常簡單，礦池將打包區塊需要的交易等資訊驗證完成後發送給礦工，然後降低礦工的挖礦難度。比如某個時段比特幣系統需要雜湊值「0」開頭的個數大於 50 個，礦池可以將難度降低到 40 個「0」開頭，礦工找到一個 40 個「0」開頭雜湊值的方案後，即可提交給礦池。礦池收到一個滿足雜湊值「0」開頭個數大於 50 個的方案時，即可提交至比特幣網路。當然，你也許會想：如果礦工計算得到一個「0」開頭個數大於 50 的雜湊值後，則直接提交給比特幣網路，獨享該區塊的收益；如果計算得到一個「0」開頭數在 40 到 50 之間的則提交到礦池，享受整個礦池分配的收益。該方案當然是行不通的，因為區塊內容是由礦池發送給礦工的，即受益者地址已經包含在該區塊中了，即使直接提交，最終受益的也是礦池。如果修改該地址，即意味著區塊內容改變，則前面計算的雜湊值也無效了。最後礦池按照礦工提交方案數量計算貢獻的運算能力，最後根據運算能力分配收益。

　　目前礦池為協調礦工計算工作所採用的最為流行的協議為 Stratum 協議，該協議採用主動分配任務的方式。礦工首先需要連線到礦池訂閱任務，礦池會返回訂閱號 ID、礦池給礦工指定的難度及後續構造區塊所需要的資訊。連線成功後，需要在礦池註冊一個帳戶，新增礦工，每個帳戶可以新增多個礦工。註冊完成後即可申請授權，礦池授權成功後才會給礦工分配任務。礦池分配任務時，會提供任務號 ID 及打包區塊需要的相關資訊。收到任務後，礦工即開始雜湊計算並打包區塊。如果礦工收到新任務，將直接終止舊任務，開始新任務，同時礦工也可以主動申請新任務。

　　這種託管式礦池一直飽受爭議，礦池的存在大大降低了挖礦的門檻，使普通裝置也可以參與到挖礦中，吸引更多礦工參與區塊鏈網路，同時降低礦工的風險。但

是弊病也非常明顯，礦池的存在一定程度上違背了區塊鏈去中心化的理念。於是有人提出了 P2P 礦池來取代託管式礦池，但是由於其效率遠低於託管式礦池，收益低下，司馬遷說的好：「天下熙熙，皆爲利來，天下攘攘，皆爲利往。」大部分礦工都更願意因爲利益而選擇託管式礦池。

由於託管式礦池掌握著大量的運算能力資源，擁有非常大的話語權，甚至某個礦池或者幾個礦池聯合掌握的運算能力超過整個網路的 50% 時，可以隨意決定出塊內容、雙花等。但是也不用太過擔心，從經濟學的角度來講，擁有大量運算能力的礦池，已經是既得利益者，爲保障自己的利益，肯定會不遺餘力地保障比特幣網路的平穩執行。

1.6　比特幣分叉

軟體由於方案優化、BUG 修復等原因進行升級是一種非常常見的現象。如手機應用等傳統軟體，升級非常簡單，只需廠商發布，使用者接受升級即可。但是對於比特幣這種去中心化的系統，升級是非常困難的，需要協調網路中每個參與者。軟體升級意味著執行邏輯的改變，但是在比特幣中，升級必然會導致不同節點在一定時間內執行不同的版本，於是就會產生分叉。

分叉主要包含軟分叉和硬分叉兩種。如果比特幣升級後，新的程式碼邏輯向上相容，即新規則產生的區塊仍然會被舊節點接受，則爲軟分叉；如果新的程式碼邏輯無法向上相容，即新產生的規則產生的區塊無法被舊節點接受，則爲硬分叉。

1. 軟分叉

軟分叉由於向上相容，新舊節點仍然執行在同一條區塊鏈上，並不會產生兩條鏈，對整個系統影響相對較小。到目前爲止，比特幣發生過多次軟分叉，如 BIP-34，BIP-65，BIP-66，BIP-9 等。其中比特幣改進建議（Bitcoin Improvement Proposal, BIP）指的是比特幣社區成員針對比特幣提出的一系列改進建議，這些改進建議的具體內容感興趣的讀者可以透過存取 BIP 的網站[1]自行查閱。

---

[1]　地址：https://github.com/bitcoin/bips

此處以 BIP-34 為例，簡單說明軟分叉的過程。在舊版本中，存在一個無意義的欄位「coinbase data」，礦工不會去驗證該欄位的內容。BIP-34 升級的新版本則要求該欄位必須包含區塊高度，同時將版本資訊由「1」修改為「2」。該升級共包含三個階段。

第一個階段：礦工將版本號修改為「2」，此時所有礦工驗證區塊時，按照舊的規則驗證，即不關心「coinbase data」欄位內容，所有礦工不論以新規則還是舊規則打包區塊，均可以被整個網路接受。

第二階段：如果最新產生的 1,000 個區塊中，版本號為「2」的區塊個數超過 75% 時，則要求版本號為「2」的礦工必須按照新的規則打包區塊，升級的礦工收到版本號為「2」的區塊時，只會接受「coinbase data」欄位包含區塊高度的區塊，對於版本號為「1」的區塊，仍然不校驗該欄位並接受。

第三階段：如果最新產生的 1,000 個區塊中，版本號為「2」的區塊個數超過 95%，則升級的礦工只接受版本號為「2」的區塊，並會對「coinbase data」欄位進行校驗，版本號為「1」的區塊則不被接受，以此來逼迫剩餘少量礦工進行升級。

軟分叉雖然對系統的影響較小，但是為了保證向上相容，不能新增欄位，只能在現有資料結構下修改，即可升級的內容非常有限。同時，因為這些限制，軟分叉一般升級方案比較複雜，複雜的方案往往更容易產生 BUG，並且可維護性很差。

2. 硬分叉

硬分叉相比軟分叉則會「暴力」很多，由於不向上相容，舊版本礦工無法驗證新版本的區塊而拒絕接受，仍然按照舊的邏輯只接受舊版本礦工打包的區塊。而新版本產生的區塊則會被新版本礦工接受，因此新版本礦工儲存的區塊會和舊版本礦工儲存的區塊產生差別，即會形成兩條鏈。

硬分叉修改餘地很大，方案設計比較簡單，但是如果整個網路中有兩種不同的意見，就會導致整個生態的分裂。目前比特幣影響最廣泛的硬分叉事件即為 2017 年 8 月 1 日的硬分叉，比特幣由一條鏈分叉產生一條新的鏈「位元現金（Bitcoin Cash，BCH）」。

這次硬分叉的起因是開發者與礦工在比特幣擴充方案上的分歧。比特幣區塊大小為 1MB，按照每十分鐘一個區塊的速度，全球每秒只能完成大約七筆交易。比

特幣發展初期，1MB 的區塊足夠打包出塊間隔內產生的所有交易，但是在比特幣如此火爆的今天，這種處理速度顯然達不到要求。一筆交易往往需要等待數個小時甚至更久，目前比特幣網路已經有大約幾十萬交易排隊等待打包確認。比特幣交易可以支付手續費（不強制要求），由於礦工逐利的屬性，礦工在打包區塊時，往往會選擇手續費更高的交易打包。這意味著，如果不想排隊，則需要支付更高的手續費，以期望獲得優先處理權。而過高的手續費顯然違背了比特幣的設計初衷。

為了解決以上問題，經過社區討論，最終形成了兩個改進方案，分別是擴充方案和隔離見證方案。

擴充方案的想法比較直接，既然現在因為區塊太小而導致交易處理速度低下，那就直接擴大區塊的容量，使其能容納更多的交易。原來 1MB 不夠用，那麼就擴成 2MB、8MB，甚至直接擴到 32MB。

隔離見證方案的想法是，將交易分為兩部分，一部分是交易資訊，另一部分是見證資訊，這兩部分資訊分開進行處理。好比一輛車太小，要搭車的人太多，於是讓車上所有人將揹包和行李放在另一輛跟著的貨車上，這樣原來的車就可以容納更多的人了。

支援擴充方案的主要是礦工們。礦工們認為交易的高效才是最重要的，這樣才能體現比特幣的世界貨幣價值。礦工的利益來源於挖礦，如果比特幣交易處理吞吐量較低，使用者為使自己的交易儘早得到打包處理會傾向於向礦工提供更高的手續費，礦工因此可以獲得超額手續費，其短期收益是增加的。但長期來看，只有比特幣價格維持上漲，挖礦的收益才會持續提升。因而，從長遠考慮，擴充是必需的，畢竟只有比特幣交易更加順暢，入場人數增多，資金盤愈來愈大，礦工的收益才會獲得顯著增長。採用擴充方案，礦工可以在每個區塊中包含更多的交易，從而獲取更多的手續費，然而若使用隔離見證的擴充方案，小額的交易將不透過區塊確認，礦工的手續費收益會大幅降低，因此礦工更傾向於支援擴充方案。

隔離見證方案的支持者主要是比特幣開發團隊的部分核心成員。他們認為，擴充方案是一個「揚湯止沸」的方案，畢竟不可能無限制地對區塊的容量進行擴大。同時，區塊的變大會使得挖礦的門檻提高，從而降低普通礦工的參與度，導致比特幣系統的去中心化程度減弱。

2016 年 2 月和 2017 年 3 月，爭議雙方兩次進行商討，希望雙方各退一步，接受一個折中的方案，該方案中，區塊容量將會被擴大到 2MB，同時也對比特幣部署隔離見證的方案。但是，由於期間有參與方反悔或者反對，導致最終沒有達成共識，這也給「硬分叉」埋下了伏筆。

在 2017 年 8 月 1 日，位元大陸投資的礦池 ViaBTC 團隊，採用位元大陸提出的 UAHF（使用者啓用的硬分叉）方案，挖出了第一個區塊，對比特幣區塊鏈進行了硬分叉。自此，與比特幣競爭的分叉幣比特幣現金誕生。比特幣現金區塊鏈的區塊容量達到了 8MB，且沒有採用隔離見證方案

1.7　比特幣類加密虛擬貨幣

比特幣的流行刺激了全球對於發行電子貨幣的熱情，各式各樣的加密虛擬貨幣湧現出來。目前全球發行的加密虛擬貨幣有兩千多種，比如比特幣、位元現金、以太幣、瑞波幣、恆星幣等，各種加密虛擬貨幣市值和影響力不盡相同。很多加密虛擬貨幣源自比特幣或者以太坊原始碼的克隆，也有一些針對特定問題建構了獨特解決方案的加密虛擬貨幣，從應用情境和技術的角度來講有一定的創新性，比如：萊特幣（LTC）、質數幣（XPM）、Zcash、門羅幣等。這些幣在加密虛擬貨幣方面的應用外，也給區塊鏈技術的發展做出了很大的貢獻，提供了很多新的思路。

萊特幣（Litecoin，LTC）受到了比特幣（BTC）的啓發，並且在技術上具有相同的實現原理。萊特幣旨在改進比特幣，與其相比，萊特幣具有三種顯著差異：第一，萊特幣網路每 2.5 分鐘（而不是 10 分鐘）就可以處理一個區塊，因此可以提供更快的交易確認；第二，萊特幣網路預期產出 8,400 萬個萊特幣，是比特幣網路發行貨幣量的四倍之多；第三，萊特幣在其工作量證明演算法中使用了由 Colin Percival 提出的 Scrypt 加密演算法，這使得相對於比特幣，在普通電腦上進行萊特幣挖掘更為容易。每一個萊特幣被分成 100,000,000 個更小的單位，透過 8 位小數來界定。

質數幣（Primecoin，XPM）號稱擁有研究價值和現實意義。質數幣仍然使用 PoW 機制，它挖礦的過程就是尋找質數鏈。質數在數論領域具有極高價值，質數

幣是一種使挖礦過程中消耗的大量能源產生價值的加密虛擬貨幣。

　　Zcash 是首個使用零知識證明機制的區塊鏈系統。零知識證明簡單點講，就是證明者能夠在不向驗證者提供任何有用的資訊的情況下，使驗證者相信某個論斷是正確的，所以 Zcash 可提供完全的支付保密性。Zcash 是比特幣的分支，保留了比特幣原有的模式，不同之處在於，Zcash 交易能夠自動隱藏區塊鏈上所有交易的發送者、接受者及數額。只有那些擁有檢視金鑰的人才能看到交易的內容。使用者擁有完全的控制權，他們可自行選擇向其他人提供檢視金鑰。

　　門羅幣（Monero，XMR）是另一個比較流行的隱私保護的加密虛擬貨幣，它同樣具有隱藏地址、保護使用者的隱私與匿名的功能。與 Zcash 不同，門羅幣採用環狀簽名方式保護使用者隱私。環狀簽名環中一個成員利用他的私鑰和其他成員的公鑰進行簽名，但卻不需要徵得其他成員的允許，而驗證者只知道簽名來自這個環，但不知道誰是真正的簽名者，這個方式解決了對簽名者完全匿名的問題。

1.8 ┃ 本章小結

　　本章作為本書的第一章，以比特幣作為起點帶領讀者進入區塊鏈的世界。對於剛開始接觸區塊鏈知識的讀者來說，了解比特幣的發展歷史能夠很好地幫助理解區塊鏈的基礎思想，而且第三節也以故事的形式通俗地講解了比特幣的原理。除了這些基礎知識，本章還對比特幣的交易，挖礦和分叉等概念進行了進一步的討論，使得讀者能夠全面地了解比特幣。本章最後還擴展介紹了類似於比特幣的其他加密虛擬貨幣，讓讀者由點及面地了解比特幣相關的訊息。以加密數位貨幣作為入口，讀者能夠更好地開啟學習了解區塊鏈技術的旅程。

　　需要鄭重聲明的是，本章主要目的是從技術的角度介紹當前較有特色的一些數位貨幣，並不代表筆者認可這些數位貨幣（及後續章節涉及的虛擬貨幣）的價格，希望讀者能基於本章以及本書其他章節對數位貨幣的價值有一個自己的認識，也希望讀者能正確地認識到其中存在的風險。同時對於本書提到的一些虛擬貨幣交易平台僅僅是為了介紹當前的生態，不代表筆者為其資格背書。

第 2 章

區塊鏈技術原理

從 2009 年比特幣問世至今，區塊鏈已經走過了第一個十年。十年間，區塊鏈逐步進入大眾視野，尤其是在單枚比特幣的價格被炒作到近 2 萬美元以後，整個社會對於比特幣的關注度急劇上升。一方面，亂象叢生的自媒體流傳著各種「幣圈」暴富神話，各種魚龍混雜的區塊鏈項目浮出水面，其中不乏打著區塊鏈技術創新名號，實則透過 ICO 融資撈錢的低品質項目。另一方面，區塊鏈技術本身吸引了愈來愈多的人對其進行深入研究並探索其寬廣的應用空間：各地政府對區塊鏈積極扶持，國內外科技及金融巨頭紛紛涉足區塊鏈行業。區塊鏈究竟是一門怎樣的技術，竟有如此魅力。俗話說，外行看熱鬧，內行看門道，讓我們來一探究竟。

2.1　區塊鏈的概念

那麼到底什麼是區塊鏈呢？工信部指導發布的《區塊鏈技術和應用發展白皮書2016》的解釋是：狹義來講，區塊鏈是一種按照時間順序將數據區塊以順序相連的方式組合成的一種鏈式數據結構，並以密碼學方式保證的不可篡改和不可偽造的分散式帳本。廣義來講，區塊鏈技術是利用區塊鏈式數據結構來驗證和儲存數據、利用分散式節點共識演算法來產生和更新數據、利用密碼學的方式保證數據傳輸和存取的安全性、利用由自動化指令碼程式碼組成的智能合約，以程式設計和運算元存取的一種全新的分散式基礎架構與計算範式。

專業的解釋或許有些拗口。顧名思義，區塊鏈（blockchain）是一種資料以區塊（block）為單位產生和儲存，並按照時間順序首尾相連形成鏈式（chain）結構，同時透過密碼學保證不可篡改、不可偽造及數據傳輸存取安全的去中心化分散式帳本。區塊鏈中所謂的帳本，其作用和現實生活中的帳本基本一致，按照一定的格式記錄流水等交易資訊。特別是在各種數位貨幣中，交易內容就是各種轉帳資訊。只是隨著區塊鏈的發展，記錄的交易內容由各種轉帳記錄擴充套件至各個領域的數據。比如，在供應鏈溯源應用中，區塊中記錄了供應鏈各個環節中物品所處的責任方、位置等資訊。

要探尋區塊鏈的本質，什麼是區塊、什麼是鏈，首先需要了解區塊鏈的數據結構，即這些交易以怎樣的結構儲存在帳本中。區塊是鏈式結構的基本數據單元，

聚合了所有交易相關資訊，主要包含區塊頭和區塊主體兩部分。區塊頭主要由父區塊雜湊值（Previous Hash）、時間戳（Timestamp）、默克爾樹根（Merkle Tree Root）等資訊構成；區塊主體一般包含一串交易的列表。每個區塊中的區塊頭所儲存的父區塊的雜湊值，便唯一地指定了該區塊的父區塊，在區塊間構成了連線關係，從而組成了區塊鏈的基本數據結構。

總的來說，區塊鏈的數據結構示意圖如圖 2.1 所示。本章的後續小節將對區塊鏈如何利用其數據結構以及基礎技術來達成區塊鏈的特性進行介紹。

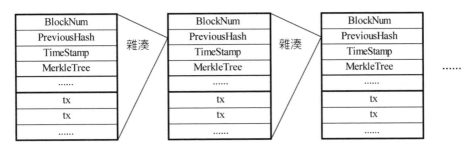

圖2.1　區塊鏈數據結構示意圖

2.2　區塊鏈基礎技術

區塊鏈作為一個誕生剛到十年的技術，的確算是一個新興的概念，但是它所用到的基礎技術全是當前非常成熟的技術。區塊鏈的基礎技術如雜湊運算、數位簽名、P2P 網路、共識演算法以及智能合約等，在區塊鏈興起之前，很多技術已經在各種互聯網應用中被廣泛使用。但這並不意味著區塊鏈就是一個新瓶裝舊酒的東西。就好比積木遊戲，雖然是一些簡單有限的木塊，但是組合過後，就能創造出一片新的世界。同時，區塊鏈也並不是簡單的重複使用現有技術，例如共識算法，隱私保護在區塊鏈中已經有了很多的革新，智能合約也從一個簡單的理念變成了一個現實「去中心化」或「多中心」這種顛覆性的設計思想，結合其數據不可篡改，透明，可追溯，合約自動執行等強大能力，足以掀起一股新的技術風暴。本小節主要探討這些技術的原理及在區塊鏈系統中的作用。

2.2.1 雜湊運算

　　區塊鏈帳本數據主要透過父區塊雜湊值組成鏈式結構來保證不可篡改性。下面我們分別看什麼是雜湊運算，雜湊運算的特性以及雜湊運算在區塊鏈系統中的作用。我們以比特幣系統中的第 549,660 個區塊（如圖 2.2 所示）爲例看雜湊運算都用在了什麼地方。

Block #549660

Summary		Hashes	
Number Of Transactions	2170	Hash	0000000000000000000e1759fab62e4ededd9ea0ae990a7753a237cad92b74fc
Output Total	5,653.55907964 BTC	Previous Block	0000000000000000001f7331308a74960324000389dd46f4e96a9d73da1af0ce
Estimated Transaction Volume	772.70702429 BTC	Next Block(s)	0000000000000000026b14ede1c83d3f852baaffd5f136f1a85aea629d1bb62
Transaction Fees	0.15997469 BTC	Merkle Root	374c2feedda09d31cbf4f60bcc48057e5e0f4bd7c22d772a91bd0e8a0df07d3a
Height	549660 (Main Chain)		
Timestamp	2018-11-11 13:46:38		
Received Time	2018-11-11 13:46:38		
Relayed By	BTC.TOP		
Difficulty	7,184,404,942,701.79		
Bits	388443538		
Size	1314.646 kB		
Weight	3992.629 kWU		
Version	0x20000000		
Nonce	3443302353		
Block Reward	12.5 BTC		

圖2.2　比特幣系統第549,660個區塊部分數據

圖片來源於 https://www.blockchain.com/btc/block index/1732212

1. 什麼是雜湊運算

　　雜湊算法（HashAlgorithm）即雜湊算法的直接音譯。它的基本功能概括來說，就是把任意長度的輸入（例如文字等資訊）透過一定的計算，生成一個固定長度的字符串，輸出的字串稱爲該輸入的雜湊值。在此以常用的 SHA-256 算法分別對一個簡短的句子和一段文字求雜湊值來說明。

- 輸入：This is a hash example!

　　雜湊值：f7f2sf0bsbfbs11a8ab6b6883b03s721407da5s9745d46a5fs-

53830d4749504a

- **輸入**：此處以比特幣白皮書英文原版摘要部分作爲輸入

A purely peer to peer version of electronic cash would allow online payments to be sent directly from one party to another without going through a financial institution. Digital signatures provide part of the solution, but the main benefits are lost if a trusted third party is still required to prevent double spending. We propose a solution to the double spending problem using a peer to peer network. The network timestamps transactions by hashing them into an ongoing chain of hash based proof of work, forming a record that cannot be changed without redoing the proof of work. The longest chain not only serves as proof of the sequence ofevents witnessed, but proof that it came from the largest pool of CPU power. As long as a majority of CPU power is controlled by nodes that are not cooperating to attack the network, they'll generate the longest chain and outpace attackers. The network itself requires minimal structure. Messages are broadcast on a best effort basis, and nodes can leave and rejoin the network at will, accepting the longest proof of work chain as proof of what happened while they were gone.

雜湊值：3143293acc4a9692a3db8460b24f6c0777dbbed03909ad8ee-b27849039a5113b

2. 雜湊運算的特性

一個優秀的雜湊算法要具備正向快速，輸入敏感，逆向困難，強抗碰撞等特徵。

- 正向快速：正向即由輸入計算輸出的過程，對給定數據，可以在極短時間內快速得到雜湊值。如當前常用的 SHA256 算法在普通電腦上一秒鐘能做 2,000 萬次雜湊運算。

- 輸入敏感：輸入訊息發生任何微小變化，哪怕僅僅是一個字符的更改，重新生成的雜湊值與原雜湊值也會有天壤之別。同時完全無法透過對比新舊雜湊值的差異推測數據內容發生了什麼變化。因此，透過雜湊值可以很容易地驗證兩個文件內容是否相同。該特性廣泛應用於錯誤校驗。在網路傳輸中，發

送方在發送資料的同時，發送該內容的雜湊值。接收方收到資料後，只需要將資料再次進行雜湊運算，對比輸出與接收的雜湊值，就可以判斷數據是否損壞。

- 逆向困難：要求無法在較短時間內根據雜湊值計算出原始輸入訊息。該特性是雜湊算法安全性的基礎，也因此是現代密碼學的重要組成。雜湊算法在密碼學中的應用很多，此處僅以雜湊密碼舉例進行說明。當前生活離不開各種帳戶和密碼，但並不是每個人都有爲每個帳戶單獨設置密碼的好習慣，爲了記憶方便，很多人的多個帳戶均採用同一套密碼。如果這些密碼原封不動地保存在資料庫中，一旦資料泄露，則該用戶所有其他帳戶的密碼都可能暴露，造成極大風險。所以在後台資料庫僅會保存密碼的雜湊值，每次登錄時，計算用戶輸入的密碼的雜湊值，並將計算得到的雜湊值與資料庫中保存的雜湊值進行比對。由於相同輸入在雜湊算法固定時，一定會得到相同的雜湊值，因此只要用戶輸入密碼的雜湊值能透過校驗，用戶密碼即得到了校驗。在這種方案下，即使資料泄露，駭客也無法根據密碼的雜湊值得到密碼原文，從而保證了密碼的安全性。

- 強抗碰撞性：即不同的輸入很難可以產生相同的雜湊輸出。當然，由於雜湊算法輸出位數是有限的，即雜湊輸出數量是有限的，而輸入卻是無限的，所以不存在永遠不發生碰撞的雜湊算法。但是雜湊算法仍然被廣泛使用，只要算法保證發生碰撞的機率夠小，透過列舉法獲取雜湊值對應輸入的機率就更小，代價也相應更大。只要能保證破解的代價足夠大，那麼破解就沒有意義。就像我們購買雙色球時，雖然我們可以透過購買所有組合保證一定中獎，但是付出的代價遠大於收益。優秀的雜湊算法即需要保證找到碰撞輸入的代價遠大於收益。

雜湊算法的以上特性，保證了區塊鏈的不可篡改性。對一個區塊的所有資料透過雜湊算法得到一個雜湊值，而這個雜湊值無法反推出原來的內容。因此區塊鏈的雜湊值可以唯一，準確地標識一個區塊，任何節點透過簡單快速地對區塊內容進行雜湊計算都可以獨立地獲取該區塊雜湊值。如果想要確認區塊的內容是否被篡改，利用雜湊算法重新進行計算，對比雜湊值即可確認。

3. 透過雜湊建構區塊鏈的鏈式結構，實現防篡改

　　每個區塊頭包含了上一個區塊數據的雜湊值，這些雜湊層層嵌套，最終將所有區塊串聯起來，形成區塊鏈。區塊鏈裡包含了自該鏈誕生以來發生的所有交易，因此，要篡改一筆交易，意味著它之後的所有區塊的父區塊雜湊全部要篡改一遍，這需要進行大量的運算。如果想要篡改資料，必須靠偽造交易鏈實現，即保證在正確的區塊產生之前能快速地運算出偽造的區塊。同時在以比特幣爲代表的區塊鏈系統要求連續產生一定數量的區塊之後，交易才會得到確認，即需要保證連續偽造多個區塊。只要網路中節點足夠多，連續偽造的區塊運算速度都超過其他節點幾乎是不可能實現的。另一種可行的篡改區塊鏈的方式是，某一利益方擁有全網超過 50% 的運算能力，利用區塊鏈中少數服從多數的特點，篡改歷史交易。然而在區塊鏈網路中，只要有足夠多的節點參與，控制網路中 50% 的運算能力也是不可能做到的。即使某一利益方擁有了全網超過 50% 的運算能力，那已經是既得利益者，肯定會更堅定地維護區塊鏈網路的穩定性。

4. 透過雜湊建構默克爾樹，實現內容改變的快速檢測

　　除上述防篡改特性，基於雜湊算法組裝出的默克爾樹也在區塊鏈中發揮了重要作用。默克爾樹本質上是一種雜湊樹，1979 年瑞夫‧默克爾申請了該專利，故此得名。前面已經介紹了雜湊算法，在區塊鏈中默克爾樹就是當前區塊所有交易訊息的一個雜湊值。但是這個雜湊值並不是直接將所有交易內容計算得到的雜湊，而是一個雜湊二叉樹。首先對每筆交易計算雜湊值；然後進行兩兩分組，對這兩個雜湊值再計算得到一個新的雜湊值，兩個舊的雜湊值就作爲新雜湊值的葉子節點，如果雜湊值數量爲單數，則對最後一雜湊值再次計算雜湊值即可；然後重複上述計算，直至最後只剩一個雜湊值，作爲默克爾樹的根，最終形成一個二元樹的結構。

　　在區塊鏈中，我們只需要保留對自己有用的交易訊息，刪除或者在其他設備備份其餘交易訊息。如果需要驗證交易內容，只需驗證默克爾樹即可。若根雜湊驗證不透過，則驗證兩個葉子節點，再驗證其中雜湊驗證不透過的節點的葉子節點，最終可以準確識別被篡改的交易。

　　默克爾樹在生活中其他領域應用也非常廣泛。例如 BT 下載，資料一般會分成很多個小塊，以保證快速下載。在下載前，先下載該文件的一個默克爾樹，下載完

成後，重新生成默克爾樹進行對比校驗。若校驗不透過，可根據默克爾樹快速定位損壞的資料塊，重新下載即可。

2.2.2 數位簽名

1. 數位簽名的作用

日常生活中我們手寫的簽名相信大家都不陌生，作為確定身分，責任認定的重要手段，各種重要文件，契約等均需要簽名確認。同一個字，不同的人寫出來雖然含義完全相同，但是字跡這種附加值是完全不同的，刻意模仿也能透過專業的手段進行鑒別。因為簽名具有唯一性，所以可以透過簽名來確定身分及定責。

區塊鏈網路中包含大量的節點，不同節點的權限不同。舉個簡單的例子，就像現實生活中只能將自己的錢轉給他人，而不能將別人的錢轉給自己，區塊鏈中的轉帳操作，必須要由轉出方發起。區塊鏈主要使用數位簽名來實現權限控制，識別交易發起者的合法身分，防止惡意節點身分冒充。

2. 數位簽名的效力

數位簽名也稱作電子簽名，是透過一定算法實現類似傳統物理簽名的效果。目前已經有包括歐盟，美國和中國等在內的二十多個國家和地區認可數位簽名的法律效力。2000 年，中國新的《合約法》首次確認了電子合約，數位簽名的法律效力。2005 年 4 月 1 日，中國首部《電子簽名法》正式實施。數位簽名在 ISO 7498 2 標準中定義為：「附加在數據單元上的一些數據，或是對數據單元所做的密碼變換，這種數據和變換允許數據單元的接收者用以確認數據單元來源和數據單元的完整性，並保護數據，防止被人（例如接收者）進行偽造。」

3. 數位簽名的原理

這裡要澄清一個誤會，即數位簽名並不是指透過圖像掃描，電子板錄入等方式獲取物理簽名的電子版，而是透過密碼學領域相關算法對簽名內容進行處理，獲取一段用於表示簽名的字符。在密碼學領域，一套數位簽名算法一般包含簽名和驗簽兩種運算，資料經過簽名後，非常容易驗證完整性，並且不可抵賴。只需要使用配套的驗簽方法驗證即可，不必像傳統物理簽名一樣需要專業手段鑑別。數位簽名

通常採用非對稱加密算法，即每個節點需要一對私鑰，公鑰密鑰對。所謂私鑰即只有本人可以擁有的密鑰，簽名時需要使用私鑰。不同的私鑰對同一段資料的簽名是完全不同的，類似物理簽名的字跡。數位簽名一般作為額外訊息附加在原消息中，以此證明消息發送者的身分。公鑰即所有人都可以獲取的密鑰，驗簽時需要使用公鑰。因為公鑰人人可以獲取，所以所有節點均可以校驗身分的合法性。

數位簽名的流程如下：

- 發送方 A 對原始數據透過雜湊算法計算數字摘要，使用非對稱密鑰對中的私鑰對數字摘要進行加密，這個加密後的數據就是數位簽名；
- 數位簽名與 A 的原始資料一起發送給驗證簽名的任何一方。

驗證數位簽名的流程如下：

- 首先，簽名的驗證方，一定要持有發送方 A 的非對稱密鑰對的公鑰；
- 在接收到數位簽名與 A 的原始資料後，首先使用公鑰，對數位簽名進行解密，得到原始摘要值；
- 然後，對 A 的原始資料透過同樣的雜湊算法計算摘要值，進而比對解密得到的摘要值與重新計算的摘要值是否相同，如果相同，則簽名驗證透過。

A 的公鑰可以解密數位簽名，保證了原始資料確實來自 A；解密後的摘要值，與原始資料重新計算得到的摘要值相同，保證了原始資料在傳輸過程中未經過篡改。簽名及簽名驗證的流程如圖 2.3 所示。

4. 區塊鏈中的用法

在區塊鏈網路中，每個節點都擁有一份公私鑰對。節點發送交易時，先利用自己的私鑰對交易內容進行簽名，並將簽名附加在交易中。其他節點收到廣播消息後，首先對交易中附加的數位簽名進行驗證，完成消息完整性校驗及消息發送者身分合法性校驗後，該交易才會觸發後續處理流程。這對應到前文「比特幣的通俗故事」一節中村民驗證喊出交易者的聲音，確保是張三自己發出的交易。

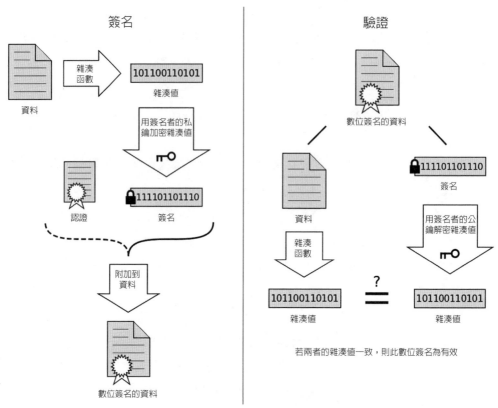

圖2.3 簽名及簽名驗證的流程示意圖

資料來源：https://zh.wikipedia.org/wiki

2.2.3 共識算法

1. 為什麼要共識？

　　區塊鏈透過全民記帳來解決信任問題，但是所有節點都參與記錄數據，那麼最終以誰的記錄為準？或者說，怎麼保證所有節點最終都記錄一份相同的正確數據，即達成共識？在傳統的中心化系統中，因為有權威的中心節點背書，因此可以以中心節點記錄的資料為準，其他節點僅簡單複製中心節點的資料即可，很容易達成共識。然而在區塊鏈這樣的去中心化系統中，並不存在中心權威節點，所有節點對等地參與到共識過程之中。由於參與的各個節點的自身狀態和所處網路環境不盡相同，而交易資訊的傳遞又需要時間，並且訊息傳遞本身不可靠，因此，每個節點接

收到的需要記錄的交易內容和順序也難以保持一致。更不用說，由於區塊鏈中參與的節點的身分難以控制，還可能會出現惡意節點故意阻礙訊息傳遞或者發送不一致的資訊給不同節點，以干擾整個區塊鏈系統的記帳一致性，從而從中獲利的情況。因此，區塊鏈系統的記帳一致性問題，或者說共識問題，是一個十分關鍵的問題，它關係著整個區塊鏈系統的正確性和安全性。

2. 有哪些共識演算法？

目前區塊鏈系統的共識演算法有許多種，主要可以歸類為如下四大類：(1) 工作量證明（Proof of Work, PoW）類的共識演算法；(2)Po* 的憑證類共識演算法；(3) 拜占庭容錯（Byzantine Fault Tolerance, BFT）類演算法；(4) 結合可信執行環境的共識演算法。接下來本節將分別對這四類演算法進行簡要的介紹。

- PoW 類的共識演算法

PoW 類的共識演算法主要包括區塊鏈鼻祖比特幣所採用的 PoW 共識及一些類似專案（如萊特幣等）的變種 PoW，即為大家所熟知的「挖礦」類演算法。這類共識演算法的核心思想實際是所有節點競爭記帳權，而對於每一批次的記帳（或者說，挖出一個區塊）都賦予一個「難題」，要求只有能夠解出這個難題的節點挖出的區塊才是有效的。同時，所有節點都不斷地透過試圖解決難題來產生自己的區塊並將自己的區塊追加在現有的區塊鏈之後，但全網路中只有最長的鏈才被認為是合法且正確的。

比特幣類區塊鏈系統採取這種共識演算法的巧妙之處在於兩點：首先，它採用的「難題」具有難以解答，但很容易驗證答案的正確性的特點，同時這些難題的「難度」，或者說全網節點平均解出一個難題所消耗時間，是可以很方便地透過調整難題中的部分參數來進行控制的，因此它可以很好地控制鏈增長的速度。同時，透過控制區塊鏈的增長速度，它還保證了若有一個節點成功解決難題完成了出塊，該區塊能夠以（與其他節點解決難題速度相比）更快的速度在全部節點之間傳播，並且得到其他節點的驗證的特性；這個特性再結合它所採取的「最長鏈有效」的評判機制，就能夠在大多數節點都是誠實（正常記帳出塊，認同最長鏈有效）的情況下，避免惡意節點對區塊鏈的控制。這是因為，在誠實節點占據了全網 50% 以上的運算能力比例時，從期望上講，目前最長鏈的下一個區塊很大機率也是誠實節點

產生的，並且該誠實節點一旦解決了「難題」並產生了區塊，就會在很快的時間內告知全網其他節點，而全網的其他節點在驗證完畢該區塊後，便會基於該區塊繼續解下一個難題以產生後續的區塊，這樣以來，惡意節點很難完全掌控區塊的後續產生。

PoW 類的共識演算法所設計的「難題」一般都是需要節點透過進行大量的計算才能夠解答的，為了保證節點願意進行如此多的計算從而延續區塊鏈的生長，這類系統都會給每個有效區塊的產生者以一定的獎勵。比特幣中解決的難題即尋找一個符合要求的隨機值，具體解決方法詳見本書 1.5 小節的介紹。在如圖 2.2 展示的區塊數據中，左側「Nonce」欄位即為該區塊對應難題的解，即該區塊符合要求的隨機值為「3443302353」。

然而不得不承認的是，PoW 類演算法給參與節點帶來的計算開銷，除了延續區塊鏈生長外無任何其他意義，卻需要耗費巨大的能源，並且該開銷會隨著參與的節點數目的上升而上升，是對能源的巨大浪費。

- Po* 的憑證類共識演算法

鑑於 PoW 的缺陷，人們提出了一些 PoW 的替代者 —— Po* 類演算法。這類演算法引入了「憑證」的概念（即 P* 中的 *，代表各種演算法所引入的憑證型別）：根據每個節點的某些屬性（擁有的幣數、持幣時間、可貢獻的計算資源、聲譽等），定義每個節點進行出塊的難度或優先順序，並且取憑證排序最優的節點，或是取憑證最高的小部分節點進行加權隨機抽取某一節點，進行下一段時間的記帳出塊。這種類型的共識演算法在一定程度上降低了整體的出塊開銷，同時能夠有選擇地分配出塊資源，即可根據應用情境選擇「憑證」的獲取來源，是一個較大的改進。然而，憑證的引入提高了演算法的中心化程度，一定程度上有悖於區塊鏈「去中心化」的思想，且多數該類型的演算法都未經過大規模的正確性驗證實驗，部分該類演算法的礦工激勵不夠明確，節點缺乏參與該類共識的動力。

- BFT 類演算法

無論是 PoW 類演算法還是 Po* 類演算法，其中心思想都是將所有節點視作競爭對手，每個節點都需要進行一些計算或提供一些憑證來競爭出塊的權利（以獲取相應的出塊好處）。BFT 類演算法則採取了不同的思路，它希望所有節點共同工

作，透過協商的方式來產生能被所有（誠實）節點認可的區塊。

拜占庭容錯問題最早由 Leslie Lamport 等學者於 1982 年在論文 The Byzantine Generals Problem 中正式提出，主要描述分散式網路節點通訊的容錯問題。從 20 世紀 80 年代起，提出了很多解決該問題的演算法，這類演算法被統稱為 BFT 演算法。實用拜占庭容錯（Practical BFT, PBFT）演算法是最經典的 BFT 演算法，由 Miguel Castro 和 Barbara Liskov 於 1999 年提出。PBFT 演算法解決了之前 BFT 演算法容錯率較低的問題，且降低了演算法複雜度，使 BFT 演算法可以實際應用於分散式系統。PBFT 在實際分散式網路中應用非常廣泛，隨著目前區塊鏈的迅速發展，很多針對具體情境的優化 BFT 演算法不斷湧現。

具體地，BFT 類共識演算法一般都會定期選出一個領導者，由領導者來接收並排序區塊鏈系統中的交易，領導者產生區塊並遞交給所有其他節點對區塊進行驗證，進而其他節點「舉手」表決時接受或拒絕該領導者的提議。如果大部分節點認為目前領導者存在問題，這些節點也可以透過多輪的投票協商過程將現有領導者推翻，再以某種預先定好的協議協商產生出新的領導者節點。

BFT 類演算法一般都有完備的安全性證明，能在演算法流程上保證在群體中惡意節點數量不超過三分之一時，誠實節點的帳本保持一致。然而，這類演算法的協商輪次也很多，協商的通訊開銷也比較大，導致這類演算法普遍不適用於節點數目較大的系統。業界普遍認為，BFT 演算法所能承受的最大節點數目不超過 100。

• 結合可信執行環境的共識演算法

上述三類共識演算法均為純軟體的共識演算法。除此之外，還有一些共識演算法對硬體進行了利用，如一些利用可信執行環境（Trusted Execution Environment, TEE）的軟硬體結合的共識演算法。

可信執行環境是一類能夠保證在該類環境中執行的操作絕對安全可信、無法被外界干預修改的執行環境，它與裝置上的普通作業系統（Rich OS）並存，並且能給 Rich OS 提供安全服務。可信執行環境所能夠存取的軟硬體資源是與 Rich OS 完全分離的，從而保證了可信執行環境的安全性。

利用可信執行環境，可以對區塊鏈系統中參與共識的節點進行限制，很大程度上可以消除惡意節點的不規範或惡意操作，從而能夠減少共識演算法在設計時需要

考慮的異常情境，一般來說能夠大幅提升共識演算法的效能。

2.2.4 智能合約

智能合約的引入可謂區塊鏈發展的一個里程碑。區塊鏈從最初單一虛擬貨幣應用，至今天融入各個領域，智能合約可謂不可或缺。這些金融，政務服務，供應鏈，遊戲等各種類別的應用，幾乎都是以智能合約的形式，運行在不同的區塊鏈平台上。

1.智能合約是什麼？

其實，智能合約並不是區塊鏈獨有的概念。早在 1995 年，跨領域學者 Nisk-Szabo 就提出了智能合約的概念，他對智能合約的定義為：「一個智能合約是一套以數字形式定義的承諾，包括合約參與方可以在上面執行這些承諾的協議。」簡單來說，智能合約是一種在滿足一定條件時，就自動執行的電腦程序。例如自動販賣機，就可以視為一個智能合約系統。客戶需要選擇商品，並完成支付，這兩個條件都滿足後自動販賣機就會自動吐出貨物。

合約在生活中處處可見：租賃合約，借條等。傳統合約依靠法律進行背書，當產生違約及糾紛時，往往需要藉助法院等政府機構的力量進行裁決。智能合約，不僅僅是將傳統的合約電子化，它的真正意義在革命性地將傳統合約的背書執行由法律替換成了代碼。俗話說，「規則是死的，人是活的」，程序作為一種運行在電腦上的規則，同樣是「死的」。但是「死的」也不是字面意義，意味著會嚴格執行。

比如，球賽期間的打賭即可以透過智能合約實現。首先在球賽前發布智能合約，規定：今天凌晨 2：45，歐冠皇馬 VS 拜仁慕尼黑，如果皇馬贏，則小明給我 1,000 元；如果拜仁贏，我給小明 1,000 元。我和小明都將 1,000 元存入智能合約帳戶，比賽結果發布，皇馬 4：2 勝拜仁，觸發智能合約響應條件，錢直接轉入我的帳戶，完成履約。整個過程非常高效、簡單，不需要第三方的中間人進行裁決，也完全不會有賴帳等問題。

2.為什麼區塊鏈的出現使智能合約受到了廣泛的關注？

儘管智能合約這個如此前衛的理念早在 1995 年就被提出，但是一直沒有引起廣泛的關注。雖然這個理念很美好，但是缺少一個良好的運行智能合約的平台，確

保智能合約一定會被執行，執行的邏輯沒有被中途修改。區塊鏈這種去中心化，防篡改的平台，完美地解決了這些問題。智能合約一旦在區塊鏈上部署，所有參與節點都會嚴格按照既定邏輯執行。基於區塊鏈上大部分節點都是誠實的基本原則，如果某個節點修改了智能合約邏輯，那麼執行結果就無法透過其他節點的校驗而不會被承認，即修改無效。

3. 智能合約的原理

　　一個運用區塊鏈的智能合約需要包括事務處理機制，資料儲存機制以及完備的狀態機，用於接收和處理各種條件。並且事務的觸發，處理及數據保存都必須在鏈上進行。當滿足觸發條件後，智能合約即會根據預設邏輯，讀取相應資料並進行計算，最後將計算結果永久保存在鏈式結構中。智能合約在區塊鏈中的運行邏輯如圖2.4 所示：

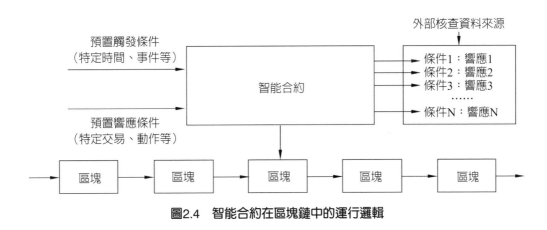

圖2.4　智能合約在區塊鏈中的運行邏輯

　　對應前面打賭的例子，智能合約即為透過代碼實現的打賭內容。該智能合約預置的觸發條件即為規定球賽場次，時間等相關訊息，同時需要規定獲取結果途徑（例如直接從官網獲取結果）。預置響應條件即為觸發事件後，智能合約具體執行內容。條件 1：皇馬贏，響應 1：錢直接轉入我的帳戶；條件 2：拜仁贏，響應 2：錢直接轉入小明帳戶。該智能合約一經部署，其內容就會永久地保存在鏈上，並嚴格執行。球賽結束後，區塊鏈網路中的節點均會驗證響應條件，並將執行結果永久

記錄在鏈上。

4. 智能合約的安全性需要關注

因為合約是嚴肅的事情，傳統的合約往往需要專業的律師團隊來撰寫。古語有云：「術業有專攻。」。當前智能合約的開發工作主要由軟體從業者來完成，其所編寫的智能合約在完備性上可能有所欠缺，因此相比傳統合約，更容易產生邏輯上的漏洞。另外，由於現有的部分支持智能合約的區塊鏈平台提供了利用如 Go 語言，Java 語言等高級語言編寫智能合約的功能，而這類高級語言不乏一些具有「不確定性」的指令，可能會造成執行智能合約節點的某些內部狀態發生分歧，從而影響整體系統的一致性。因此，智能合約的編寫者需要極為謹慎，避免編寫出有邏輯漏洞或是執行動作本身有不確定性的智能合約。不過，一些區塊鏈平台引入了不少改進機制，對執行動作上的不確定性進行了消除，如超級帳本項目的 Fabric 子項目，即引入了先執行，背書，驗證，再排序寫入帳本的機制；以太坊項目也透過限制用戶只能透過其提供的確定性的語言（Ethereum Solidity）進行智能合約的編寫，確保了其上運行的智能合約在執行動作上的確定性。

2016 年著名的 The DAO 事件，就是因為智能合約漏洞導致大約幾千萬美元的直接損失。The DAO 是當時以太坊平台最大的群眾募資項目，上線不到一個月就籌集了超過 1,000 萬個以太幣，當時價值一億多美元。但是該智能合約的轉帳函數存在漏洞，攻擊者利用該漏洞，盜取了 360 萬個以太幣。由於此事件影響過大，以太坊最後選擇進行還原硬分叉挽回損失。The DAO 智能合約的具體內容感興趣的讀者可以自行查閱[1]。但是我們並不能因此而否認智能合約的價值，任何事物在發展初期必然因為不完善而存在風險，因噎廢食並不可取。

隨著智能合約的普及，智能合約的編寫必然會越來越嚴謹，規範，同時，其開發門檻也會越來越低，對應領域的專家也可參與到智能合約的開發工作中，智能合約必定能在更多的領域發揮越來越大的作用。隨著技術的發展和大家對智能合約安全的重視，從技術上可以對智能合約進行靜態掃描，發現潛在問題回饋給智能合約

---

[1] 查閱地址：https://github.com/TheDAO/DAO 1.0.

開發人員，也可以透過智能合約形式化驗證的方法全面地發現智能合約中存在的問題。

2.2.5　P2P網路

　　傳統的網路服務架構大部分是客戶端／伺服器端（client/server, C/S）架構，即透過一個中心化的伺服器端節點，對許多個申請服務的客戶端進行應答和服務。C/S架構也稱爲主從式架構，其中伺服器端是整個網路服務的核心，客戶端之間通信需要依賴伺服器端的協助。例如當前流行的即時通信（Instant Message, IM）應用大多採用 C/S 架構：手機端 APP 僅被作爲一個客戶端使用，它們之間相互間收發消息需要依賴中心伺服器。也就是說，在手機客戶端之間進行消息收發時，手機客戶端會先將消息發給中心伺服器，再由中心伺服器轉發給接收方手機客戶端。

　　C/S 架構的優勢非常明顯且自然：單個的伺服器端能夠保持一致的服務形式，方便對服務進行維護和升級，同時也便於管理。然而，C/S 架構也存在很多缺陷。首先，由於 C/S 架構只有單一的伺服器端，因此當服務節點發生故障時，整個服務都會陷入癱瘓。另外，單個伺服器端節點的處理能力是有限的，因此中心服務節點的性能往往成爲整體網路的瓶頸。

　　對等電腦網路（Peer-to-PeerNetworking，P2P 網路），是一種消除了中心化的服務節點，將所有的網路參與者視爲對等者（Peer），並在他們之間進行任務和工作負載分配。P2P 結構打破了傳統的 C/S 模式，去除了中心伺服器，是一種依靠用戶群共同維護的網路結構。由於節點間的數據傳輸不再依賴中心服務節點，P2P 網路具有極強的可靠性，任何單一或者少量節點故障都不會影響整個網路正常運轉。同時，P2P 網路的網路容量沒有上限，因爲隨著節點數量的增加，整個網路的資源也在同步增加。由於每個節點可以從任意（有能力的）節點處得到服務，同時由於P2P 網路中暗含的激勵機制也會盡力向其他節點提供服務，因此，實際上 P2P 網路中節點數目越多，P2P 網路提供的服務品質就越高。

　　P2P 網路實際是一個具有較長發展歷史的技術，典型的代表性技術及發展歷程如下所示。

- 最早可追溯到 1979 年杜克大學研究生 Tom Truscott 及 Jim Ellis 開發出的使用 P2P 結構的新聞聚合網路 USENET。由於當時電腦及電腦網路還處於初步發展階段，文件的傳輸需要透過效率較低的電話線進行，集中式的控制管理方法效率極其低下，便催生了 P2P 網路這種分散式的網路結構。

- 隨著 P2P 網路技術的發展，在二十世紀九〇年代，出現了世界上第一個大型的 P2P 應用網路：Napster。它同樣是由幾位大學生進行開發，用於共享 mp3 文件。Napster 採用一個集中式的伺服器提供它所有的 mp3 文件的儲存位置，而將 mp3 文件本身放置於千千萬萬的個人電腦上。用戶透過集中式的伺服器查詢所需 mp3 文件的位置，再透過 P2P 方式到對等節點處進行下載。Napster 由於版權問題，被眾多唱片公司起訴而被迫關閉，然而其所用的 P2P 技術卻因此而廣爲傳播。

- 借鑒 Napster 的思想，Gnutella 網路於 2000 年早期被開發。這是第一個眞正意義上的分散式」P2P 網路，它爲了解決 Napster 網路的中心目錄伺服器的瓶頸問題，採取了洪泛的文件查詢方式：網路中並不存在中心目錄伺服器，關於 Gnutella 的所有訊息都存放在分散式的節點上。用戶只要安裝了 Gnutella，即將自己的電腦變成了一台能夠提供完整目錄和文件服務的伺服器，並會自動搜尋其他同類伺服器。

總的來說，雖然 C/S 架構應用非常成熟，但是這種存在中心服務節點的特性，顯然不符合區塊鏈去中心化的需求。同時，在區塊鏈系統中，要求所有節點共同維護帳本資料，即每筆交易都需要發送給網路中的所有節點。如果按照傳統的 C/S 這種依賴中心服務節點的模式，中心節點需要大量交易訊息轉發給所有節點，這幾乎是不可能完成的任務。P2P 網路的這些設計思想則同區塊鏈的理念完美契合。在區塊鏈中，所有交易及區塊的傳播並不要求發送者將消息發送給所有節點。節點只需要將消息發送給一定數量的相鄰節點即可，其他節點收到消息後，會按照一定的規則轉發給自己的相鄰節點。最終透過一傳十，十傳百的方式，最終將消息發送給所有節點。

以傳統的銀行系統爲例。傳統銀行系統均採用 C/S 網路架構，即以銀行伺服器爲中心節點，各個網點，ATM 爲客戶端。當我們需要發起轉帳時，首先提供銀

行卡，密碼等訊息證明身分，然後生成一筆轉帳交易，發送到中心伺服器後，由中心伺服器校驗餘額是否充足等訊息，然後記錄到中心伺服器，即可完成一筆轉帳交易。

而在區塊鏈網路中，並不存在一個中心節點來校驗並記錄交易訊息，校驗和記錄工作有網路中的所有節點共同完成。當一個節點需要發起轉帳時，需要指明轉帳目的地址，轉帳金額等訊息，同時還需要對該筆交易進行簽名。由於不存在中心伺服器，該交易會隨機發送到網路中的鄰近節點，鄰近節點收到交易消息後，對交易進行簽名，確認身分合法性後，再校驗餘額是否充足等訊息。均校驗完成後，它則會將該消息轉發至自己的鄰近節點。以此重複，直至網路中所有節點均收到該交易。最後，礦工獲得記帳權後，則會將該交易打包至區塊，然後再廣播至整個網路。區塊廣播過程同交易的廣播過程，仍然使用一傳十，十傳百的方式完成。收到區塊的節點完成區塊內容驗證後，即會將該區塊永久地保存在本地，即交易生效。

2.3　區塊鏈的特性

區塊鏈是多種已有技術的集成創新，主要用於實現多方信任和高效合作。通常，一個成熟的區塊鏈系統具備透明可信，防篡改可追溯，隱私安全保障以及系統高可靠四大特性。

2.3.1　透明可信

1. 人人記帳保證人人獲取完整訊息，從而實現訊息透明

在去中心化的系統中，網路中的所有節點均是對等節點，大家平等地發送和接收網路中的消息。所以，系統中的每個節點都可以完整觀察系統中節點的全部行為，並將觀察到的這些行為在各個節點進行記錄，即維護公用帳簿，整個系統對於每個節點都具有透明性。這與中心化的系統是不同的，中心化的系統中不同節點之間存在資訊不對稱的問題。中心節點通常可以接收到更多訊息，而且中心節點也通常被設計為具有絕對的掌控權，這使得中心節點成為一個不透明的黑盒子，而其可信性也只能藉由中心化系統之外的機制來保證，如圖 2.5 所示。

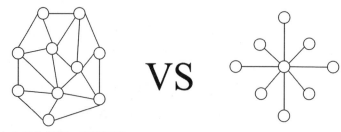

去中心化網路，全網透明　　　　　中心化網路，中心黑盒

圖2.5　網路架構對比

2. 節點間決策過程共同參與，共識保證可信性

　　區塊鏈系統是典型的去中心化系統，網路中的所有交易對所有節點均是透明可見的，而交易的最終確認結果也由共識算法保證了在所有節點間的一致性。所以整個系統對所有節點均是透明，公平的，系統中的訊息具有可信性。

　　所謂共識，簡單理解就是指大家都達成一致的意思。其實在現實生活中，有很多需要達成共識的情境，比如投票選舉，開會討論，多方簽訂一份合作協議等。而在區塊鏈系統中，每個節點透過共識算法讓自己的帳本跟其他節點的帳本保持一致。

2.3.2　防篡改可追溯

　　「防篡改」和「可追溯」可以被拆開來理解，現在很多區塊鏈應用都利用了防篡改可追溯這一特性，使得區塊鏈技術在物品溯源等方面得到了大量應用。

　　「防篡改」是指交易一旦在全網範圍內經過驗證並新增至區塊鏈，就很難被修改或者抹除。一方面，當前聯盟鏈所使用的如 PBFT 類共識演算法，從設計上保證了交易一旦寫入即無法被篡改；另一方面，以 PoW 作為共識演算法的區塊鏈系統的篡改難度及花費都是極大的。若要對此類系統進行篡改，攻擊者需要控制全系統超過 51% 的運算能力，且若攻擊行為一旦發生，區塊鏈網路雖然最終會接受攻擊者計算的結果，但是攻擊過程仍然會被全網見證，當人們發現這套區塊鏈系統已經被控制以後便不再會相信和使用這套系統，這套系統也就失去了價值，攻擊者為購買運算能力而投入的大量資金便無法收回，所以一個理智的個體不會進行這種類型

的攻擊。

　　在此需要說明的是，「防篡改」並不等於不允許編輯區塊鏈系統上記錄的內容，只是整個編輯的過程被以類似「日誌」的形式完整記錄了下來，且這個「日誌」是不能被修改的。

　　「可追溯」是指區塊鏈上發生的任意一筆交易都是有完整記錄的，如圖 2.6 所示，我們可以針對某一狀態在區塊鏈上追查與其相關的全部歷史交易。「防篡改」特性保證了寫入到區塊鏈上的交易很難被篡改，這為「可追溯」特性提供了保證。

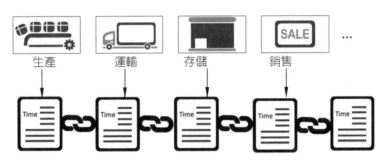

全流程上鏈可追溯

圖2.6　區塊鏈儲存訊息示意圖

2.3.3　隱私安全保障

　　區塊鏈的去中心化特性決定了區塊鏈的「去信任」特性：由於區塊鏈系統中的任意節點都包含了完整的區塊校驗邏輯，所以任意節點都不需要依賴其他節點完成區塊鏈中交易的確認過程，也就是無需額外地信任其他節點。「去信任」的特性使得節點之間不需要互相公開身分，因為任意節點都不需要根據其他節點的身分進行交易有效性的判斷，這為區塊鏈系統保護用戶隱私提供了前提。

　　如圖 2.7 所示，區塊鏈系統中的用戶通

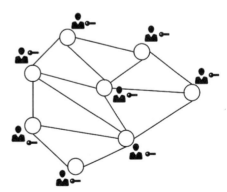

區塊鏈各節點成員有唯一私鑰

圖2.7　區塊鏈隱私保護示意圖

常以公私鑰體系中的私鑰作爲唯一身分標示，用戶只要擁有私鑰即可參與區塊鏈上的各類交易，至於誰持有該私鑰則不是區塊鏈所關注的事情，區塊鏈也不會去記錄這種匹配對應關係，所以區塊鏈系統知道某個私鑰的持有者在區塊鏈上進行了哪些交易，但並不知曉這個持有者是誰，進而保護了用戶隱私。

從另一個角度來看，快速發展的密碼學爲區塊鏈中用戶的隱私提供了更多保護方法。同態加密，零知識證明等前端技術可以讓鏈上資料以加密形態存在，任何不相關的用戶都無法從密文中讀取到有用訊息，而交易相關用戶可以在設定權限範圍內讀取有效資料，這爲用戶隱私提供了更深層次的保障。

2.3.4 系統高可靠

區塊鏈系統的高可靠展現在：1. 每個節點對等地維護一個帳本並參與整個系統的共識。也就是說，如果其中某一個節點出故障了，整個系統能夠正常運轉，這就是爲什麼我們可以自由加入或者退出比特幣系統網路，而整個系統依然工作正常；2. 區塊鏈系統支持拜占庭容錯。傳統的分散式系統雖然也具有高可靠特性，但是通常只能容忍系統內的節點發生崩潰現象或者出現網路分區的問題，而系統一旦被攻擊（甚至是只有一個節點被攻擊），或者說修改了節點的消息處理邏輯，則整個系統都將無法正常工作。

通常，按照系統能夠處理的異常行爲可以將分散式系統分爲崩潰容錯（Crash Fault Tolerance, CFT）系統和拜占庭容錯（Byzantine Fault Tolerance, BFT）系統。CFT 系統顧名思義，就是指可以處理系統中節點發生崩潰（crash）錯誤的系統，而 BFT 系統則是指可以處理系統中節點發生拜占庭（Byzantine）錯誤的系統。拜占庭錯誤來自著名的拜占庭將軍問題，現在通常是指系統中的節點行爲不可控，可能存在崩潰，拒絕發送消息，發送異常消息或者發送對自己有利的消息（即惡意造假）等行爲。

傳統的分散式系統是典型的 CFT 系統，不能處理拜占庭錯誤，而區塊鏈系統則是 BFT 系統，可以處理各類拜占庭錯誤。區塊鏈能夠處理拜占庭錯誤的能力源自其共識演算法，而每種共識演算法也有其對應的應用情境（或者說錯誤模型，

簡單來說即是拜占庭節點的能力和比例）。例如：PoW 共識演算法不能容忍系統中超過 51% 的運算能力協助進行拜占庭行爲；PBFT 共識演算法則不能容忍超過總數 1 /3 的節點發生拜占庭行爲；Ripple 共識演算法不能容忍系統中超過 1 /5 的節點存在拜占庭行爲等。因此，嚴格來說，區塊鏈系統的可靠性也不是絕對的，只能說是在滿足其錯誤模型要求的條件下，能夠保證系統的可靠性。然而由於區塊鏈系統中，參與節點數目通常較多，其錯誤模型要求完全可以被滿足，所以我們一般認爲，區塊鏈系統是具有高可靠性的。

2.4　擴展閱讀

2.4.1　常見雜湊算法

經過前幾個小節的介紹，我們已經知道，雜湊算法就是把任意長度的輸入變換成固定長度的輸出，每個字節都會對輸出值產生影響，且無法透過輸出逆向計算得到輸入。雜湊算法主要包含構造函數及衝突解決兩部分內容。

雜湊算法的構造函數準則較爲簡單、均勻，即構造函數能夠快速地計算出雜湊值，同時構造函數能將關鍵字集合均勻地分布在輸出地址集 $\{0, 1, \cdots, n-1\}$ 上，保證衝突的可能性最小。常見的構造方法包括：直接定址法，數字分析法，平方取中法，摺疊法，隨機值法，除留餘數法等。直接定址法非常簡單，透過線性函數（$y = ax + b$）構造雜湊值，該算法輸出和輸入長度相等，因此實際中很少單獨使用該算法。數字分析法是取數據中某些取值較爲均勻的位，丟掉分布不均勻的位，一次計算出雜湊值。例如使用數字分析法計算當前員工生日的雜湊時，出生年份即爲丟掉的分布不均勻的資料，月份日期用來構成雜湊值。平方取中法即求輸入的平方，然後取中間幾位作爲雜湊值。除上述所列，構造函數還有很多種，在此不一一介紹。當然，實際運用中的各種成熟的雜湊演算法都是組合使用各種基本構造函數，從而消除雜湊值輸出的規律性，滿足不可逆等特性。

前面已經介紹，由於輸入無限而輸出有限，雜湊衝突（碰撞）是不可避免的，因此解決衝突是雜湊法的另一個關鍵問題。解決衝突的方法包含開放定址法，再雜

湊法，鏈結地址法等。開放定址法即在雜湊表中形成一個探測序列，當發生了衝突時，去尋找下一個空的雜湊地址，只要雜湊表足夠大，空的雜湊地址總能找到。再雜湊法很好理解，即產生衝突時，使用另一種算法生成下一個雜湊值，該方法雖然不容易產生聚集，但是增加了計算時間。鏈結地址法即雜湊值產生衝突時，多個雜湊構成一個鏈表。解決衝突的方法還有很多，有興趣的讀者可以自行查閱。

當前已經提出並被廣泛使用的算法包括消息摘要算法（Message Digest Algorithm, MD）系列和安全雜湊算法（Secure Hash Algorithm, SHA）家族。

MD 系列主要由 MIT 的 Ronald L. Rivest 設計，1989 年開發出第一個版本 MD2 算法，對輸入值的字節數補齊成 16 的倍數，然後再加上一個 16 位校驗值，最後基於該值輸出雜湊值。但是該方法如果忽略了校驗將會產生衝突。為了加強算法的安全性，在 1990 年推出 MD4 版本。但是人們很快就發現了 MD4 的漏洞，利用當時的一台個人電腦幾分鐘就可找到 MD4 中的衝突，即發生碰撞。1991 年在 MD4 的基礎上，又增加「安全一帶子」（Safety belts）的概念，推出 MD5 版本。MD5 相比 MD4 更複雜，更安全，也因此計算速度稍慢。MD5 在很長一段時間內被廣泛使用，當前主流的編程語言均實現了 MD5 算法。但是，現在 MD5 也被證明不具備「強抗碰撞性」。只要透過列舉的方法，很快就可以找到一組碰撞的輸入。由於計算性能的飛躍提升，當前的智慧手機幾秒鐘就可以找到一個 Hash 碰撞的例子，所以 MD5 已經不推薦作為雜湊方案。因此不再詳細介紹 MD5 的計算過程。

SHA 家族包含 SHA-0，SHA-1，SHA-2 等，由美國國家安全局（NSA）設計，並由美國國家標準與技術研究院（NIST）發布。SHA-0 於 1993 年發布，但是發布之後很快被 NSA 撤回。1995 年發布修訂版 SHA-1，修復一個在 SHA-0 中會降低雜湊安全性的缺點。SHA-0 和 SHA-1 的基本原理與 MD 算法相似。SHA-0 已經被攻破，SHA-1 目前也已經被證明不具備「強抗碰撞性」。SHA-2 又可分為 SHA-224，SHA-256，SHA-384，SHA-512，SHA-512/224，SHA-512/256 六種不同的演算法，這些演算法基本結構一致，僅僅在生成的雜湊值長度和循環運行次數方面存在細微的差異。

SHA-2 演算法需經過補位，增加長度，取常量，迭代計算等幾步操作，此處

以 SHA-256 為例說明。首先將隨機長度的輸入值補位直到滿足要求，即需要這個長度對 512 取餘後的餘數為 448（512–64）。即使輸入剛好滿足要求，也要進行一次補位操作。補位的規則也很簡單，第一位補「1」，然後補「0」，直到長度滿足要求。完成補位操作後，需再新增 64 位的長度訊息，這就是為什麼第一步補位是需要餘數為 448。如果消息長度大於 2^{64}，我們需要把長度分成 512 位的塊，然後進行補位和增加長度的操作。SHA 算法在計算雜湊值時，需要用到一個計算常量，在 SHA-256 中包含 64 個基礎常量，這些常量是自然數中前 64 個質數的立方根的小數部分取前 32 位元而來，具體值不在此列出。在迭代計算時，SHA-2 採用 6 個基本邏輯函數，每個函數均基於 32 位字運算，同樣地，這些函數的計算結果也是一個 32 位元。最終經過 64 步複雜迭代運算後，產生 256 位元的輸出即為最終雜湊值。

2.4.2　默克爾樹

默克爾樹是一種樹形的數據結構，一般形態是二元樹，具有樹結構的所有特點，如圖 2.8 所示。默克爾樹的葉子節點一般儲存的是資料塊，也可以是資料塊的雜湊值。

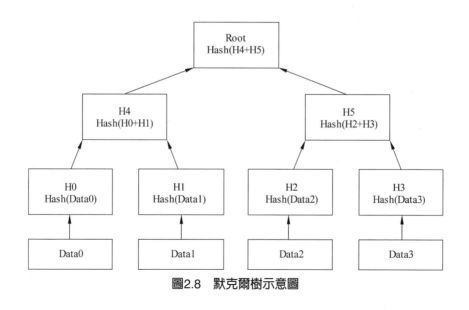

圖2.8　默克爾樹示意圖

　　默克爾樹的產生過程如下：將一個大資料塊拆分成更多小的資料塊，然後對每個資料塊進行雜湊運算，得到所有資料塊的雜湊值之後，獲得一個雜湊列表。接下來根據列表元素個數的奇偶特性重新再計算出雜湊值，如果是偶數，則兩兩合併再計算雜湊值，獲得新的列表；如果是奇數，則前面兩兩計算雜湊值，最後一個單獨計算雜湊值。重複上面的過程，最終得到一個雜湊值，被稱為根雜湊。

　　默克爾樹逐層記錄雜湊值的特點，使得它具有對數據修改敏感的特徵。它有一些比較典型的應用情境。

　　1.快速比較大量資料。葉子節點資料的細微變動，都會導致根節點發生變化，可以用根節點來判斷資料是否發生修改。

　　2.快速定位資料塊的修改。如果 Data1 的資料發生修改，那麼就會影響 H1、H4、Root。根據樹的特性，從根節點到葉子節點，只需要透過 O（logn）便定位到實際發生改變的資料塊是 Data1。

　　3.零知識證明。為了證明某個論斷是否正確，通常我們需要將資料發送給驗證者。默克爾樹提供了一種方法，可以證明某方擁有某資料，而不需要將原始資料發給對方。如圖 2.9 所示，我們只需要將 Data0、H1、H5、Root 對外公布，任何擁有 Data0 的用戶，經過計算可以獲得同樣的 Root 值，說明該公開用戶擁有資料

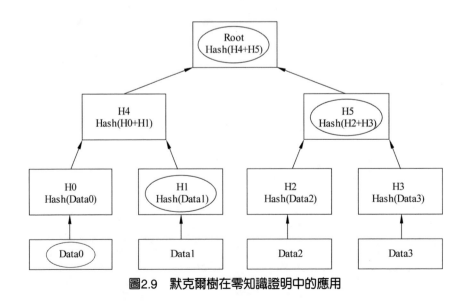

圖2.9　默克爾樹在零知識證明中的應用

Data1、Data2、Data3。

2.4.3 常見數位簽名算法

　　數位簽名中非對稱加密算法主要依賴密碼學領域的單向函數原理。即正向操作非常簡單，而逆向操作非常困難的函數。密碼學常用的三個單項函數原理為質數分解，離散對數和橢圓曲線問題。

　　因式分解（prime factorization）即數學中的整數分解，將一個整數分解成幾個因數的乘積。給出兩個較大的因數，很快可以求得乘積。但是給定它們的乘積，無法在一定時間內分解得到兩個因數。整數越大，做因數分解越困難，即滿足單向函數條件。

　　當前流行的 RSA 算法就是採用因數分解原理。RSA 算法由 Ron Rivest、Adi Shamir 和 Leonard Adleman 於 1977 年一起提出的，RSA 就是他們三人的姓氏開頭字母拼在一起組成的，三人也於 2002 年因此獲得圖靈獎。當前較短的 RSA 私鑰可透過列舉等強力方式破解，當前應用一般推薦 2048 甚至更高長度的私鑰。隨著計算能力的飛速提升，特別是量子計算的發展，人們普遍認為 RSA 算法將在不久的將來被破解，所以推薦採用加密強度更高的橢圓曲線算法。

　　離散對數（Discrete logarithm）是一種基於同餘運算和原根的一種對數運算。在實數中對數的定義 $\log_b a$ 是指對於給定的 a 和 b，有一個數 x，使得 $b^x = a$。相同地，在任何群 G 中可為所有整數 k 定義一個冪數為 b^k，而離散對數 $\log_b a$ 是指使得 $b^k = a$ 的整數 k。離散對數在一些特殊情況下可以快速計算。然而，通常沒有非常高效的方法來計算它們。公鑰密碼學中幾個重要算法的基礎，是假設尋找離散對數的問題解，在仔細選擇過的群組中，並不存在有效率的求解算法。Diffie Hellman 密鑰交換算法是由上面提到的離散對數難題保證的。

　　橢圓曲線（Ellipse Curve）為一種代數曲線。其實橢圓曲線並不是我們高中學習的橢圓形狀，其名字的由來是因為橢圓曲線的描述方程式，類似於計算一個橢圓周長的方程式。一條橢圓曲線是在射影平面上滿足威爾斯特拉斯方程式（Weierstrass）所有點的集合，一般形式為 $y^2 = x^3 + ax^2 + bx + c$。橢圓曲線包含兩個重要特

性：關於 X 軸水準對稱；不垂直的直線穿過曲線最多三個點。橢圓曲線在密碼學中的應用正是依賴這兩個特性。

橢圓曲線算法（Ellipse Curve Cryptograph, ECC）最早於 1985 年由 N Neal Koblitz 和 Victor Miller 分別獨立提出，可靠性透過「橢圓曲線上的離散對數問題」的難度保證。該問題很難在短時間描述清楚，甚至可以單獨寫一本書介紹。即使經過 30 多年的研究，數學界仍然沒有找到一個解決問題的改進辦法，同樣位數長度的數字，解決橢圓曲線離散對數問題要比因式分解困難得多。因此，相比 RSA，ECC 安全性能更高，160 位的 ECC 與 1024 位的 RSA 加密強度相當。因此 ECC 的密鑰長度相比 RSA 更短，儲存空間更小，頻寬要求更低。基於 ECC 橢圓曲線算法的數位簽名算法 ECDSA，是當前主流的數位簽名算法，在區塊鏈領域應用非常廣泛，比特幣、Hyperledger Fabric 等區塊鏈系統，都是採用的 ECDSA 作為數位簽名算法的。

中國自主研發的 SM2 加密算法也是基於 ECC 實現。SM2 由中國國家密碼管理局於 2010 年 12 月 17 日發布，相關標準為。GM/T 的 0003-2012/ SM2 橢圓曲線公鑰密碼算法 0。在商用密碼體系中，主要用於替換 RSA 加密算法。中國還自主研發了密碼雜湊算法 SM3（類比於 SHA256 等 Hash 算法）。在金融、政務等領域，有時需要使用基於 SM2 和 SM3 的數位簽名技術。

2.4.4 常見共識演算法

1. 工作量證明

工作量證明（Proof of Work, PoW）是一種應對拒絕服務攻擊和其他服務濫用的經濟對策。

它要求發起者進行一定量的運算，也就意味著需要消耗電腦一定的時間。這個概念由 Cynthia Dwork 和 Moni Naor 1993 年在學術論文中首次提出。而工作量證明（PoW）這個名詞，則是在 1999 年 Markus Jakobsson 和 Ari Juels 的文章中才被真正提出。在比特幣之前，雜湊現金被用於垃圾郵件的過濾，也被微軟用於 Hotmail/Exchange/Outlook 等產品中。工作量證明系統的主要特徵是客戶端需要做一定難度

的工作得出一個結果，驗證端卻很容易透過結果來檢查出客戶端是不是做了相應的工作。這種方案的一個核心特徵是不對稱性：工作對於請求端是困難的，對於驗證端則是簡單的。具體來講，每個可出塊節點透過不斷猜測一個數值（Nonce），使得該數值拼湊上所出塊中包含的交易內容的雜湊值滿足一定條件。由於雜湊問題在目前的計算模型下是一個不可逆的問題，除了反覆猜測數值，進行計算驗證外，還沒有有效的方法能夠逆推計算出符合條件的 Nonse 值。且比特幣系統可以透過調整計算出的雜湊值所需要滿足的條件來控制計算出新區塊的難度，從而調整生成一個新區塊所需的時間的期望值。Nonce 值計算的難度保證了在一定的時間內，整個比特幣系統中只能出現少數合法提案。另外，在節點生成一個合法提案後，會將提案在網路中進行廣播，收到的用戶在對該提案進行驗證後，會基於它所認為的最長鏈的基礎上繼續生成下一個分叉。這種機制保證了系統中雖然可能會出現分叉，但最終會有一條鏈成為最長的鏈，被絕大多數節點所共識。

　　然而，由於比特幣採用 SHA-256 算法，挖礦速度與機器運算能力成正比，這就催生了專門的「挖礦專用晶片」，即礦機。礦機的挖礦效率相比普通的 GPU 高數個數量級，帶來的影響即是運算能力越發集中於專用礦場，使得普通用戶難以入場，降低了區塊鏈的「去中心化」程度。針對這個問題，萊特幣採用了一種「內存難題算法」——Scrypt 作為其挖礦算法，其求解速度主要取決於電腦內存記憶體大小，這大大降低了大規模礦場在萊特幣中的優勢，使得去中心化這一特性得以保證。當前，以太坊所採用的 PoW 算法——Ethash 也與 Scrypt 類似，是一種「記憶體難題演算法」，其所要解決的主要問題也是專用礦機相比普通 PC 在挖礦上展現出來的巨大優勢。

2. 權益證明

　　PoW 雖然是目前區塊鏈平台採用最多的共識演算法，且其可靠性已經得到了大量驗證，然而 PoW 並不是沒有缺陷，相反，其對能源的大量消耗一直飽受詬病，同時礦池引起的中心化問題也一直爭議不斷。在這樣的背景下，權益證明（Proof of Stake, PoS）共識演算法應運而生。最早出現的權益證明共識演算法的應用是在點點幣（PeerCoin, PPC）平台，這裡 PoS 是一個根據你持有貨幣的量和時間，給你發利息的一種制度。具體地，平台裡有一個名詞叫幣齡，每個幣每天

產生 1 幣齡，比如你持有 100 個幣，總共持有了 30 天，那麼，此時你的幣齡就為 3,000，這個時候，如果你發現了一個區塊，你的幣齡就會被清空為 0。假如你每被清空 365 幣齡，將會從區塊中獲得 0.05 個幣的利息，那麼在這個案例中，利息為：$3,000 \times 5\% / 365 = 0.41$ 個幣。在該 PoS 體系中，仍然需要挖礦，該機制只是根據幣齡降低挖礦難度，加快尋找隨機值的時間，這一定程度上減少了計算雜湊的資源消耗。

另外一種 PoS 的實現，則是像以太坊未來會採用的共識演算法一樣，每個節點透過繳納一定數量的以太幣作為保證金來參與驗證工作，如果權益人做出不誠實的行為，其保證金則會被沒收。此外，Algorand、Quroboros 等都是目前很熱門的 PoS 類共識演算法。

3. 委託股權證明

PoS 共識演算法確實可以解決很多 PoW 共識演算法的問題，但是對於沒幣的人而言，他們並無代價可付，使得一些惡意行為對於他們是有益的，這就會導致著名的公地悲劇。在 PoS 作為共識演算法的區塊鏈系統裡，上述問題叫做無利益攻擊，所以必須有對付這種攻擊的有效辦法，否則就不能直接使用。

PoS 的一個變種演算法 DPoS，就是解決無利益攻擊的一種有效方式，即只有公認具有較大權益的節點才能參加共識。因此，DPoS 的本質實際上是一個中心化的共識機制。其中，EOS 網路即對 DPoS 共識演算法進行了可靠嘗試。

EOS 網路在剛發布的時候採用了 DPoS 的共識機制——委託股權證明（Delegated Proof of Stake, DPoS），這種共識機制的基本原理是，網路中的所有節點依據他們所擁有的代幣的量，分配對應的投票權重：網路中的所有節點進行投票，選出一定數量的（EOS 使用的是 21 個）區塊生產者進行新區塊的生產與協商。區塊生產者透過某種方式（隨機或順序）進行出塊，且每個區塊生產者透過出塊來對之前的塊進行確認。一個交易在 2/3 以上（14 個）的見證人確認後，達到不可逆狀態。這樣，EOS 每個超級節點在 6 秒鐘之內出 12 個塊，平均每半秒出一個塊的速度下，一個交易需要達到不可逆狀態所需的確認時間為 90 秒（需要等待十四個其他見證人出塊以確認自己）。總而言之，每期選舉出固定數目的區塊生產者後，區塊生產者之間可建立直接連接從而保證通信的可靠及快速，DPoS 就能在較快的時間裡達

成共識。

4. 瑞波共識

　　嚴格來說，瑞波網路並不能算是去中心化的數位貨幣。在瑞波網路中，用戶發起的交易經過追蹤節點（tracking node）或驗證節點（validating node）的廣播而傳遞到整個網路中。其中，追蹤節點主要負責與客戶端的交易請求交互及分發交易訊息，驗證節點則除了具有追蹤節點的功能外，還負責在節點間達成並維繫共識，並向帳本中新增新的交易訊息。

　　瑞波網路中的每個驗證節點都預先配置了一份可信任節點名單（Unique Node List, UNL），並與名單中的每個節點維護著點對點的網路連接，因此可以實現較快的通訊。每間隔一段時間，瑞波網路將進行如下的共識過程。

　　(1) 每個驗證節點會不斷收到從網路發送過來的交易，透過與本地帳本資料驗證後，不合法的交易直接丟棄，合法的交易將彙總成交易候選集（candidate set）。交易候選集裡面還包括之前共識過程無法確認而遺留下來的交易。

　　(2) 每個驗證節點把自己的交易候選集作為提案發送給其他驗證節點。

　　(3) 驗證節點在收到其他節點發來的提案後，如果不是來自 UNL 上的節點，則忽略該提案；如果是來自 UNL 上的節點，就會對比提案中的交易和本地的交易候選集，如果有相同的交易，該交易就獲得一票。在一定時間內，當交易獲得超過50%的票數時，則該交易進入下一輪。沒有超過50%的交易，將留待下一次共識過程去確認。

　　(4) 驗證節點把超過50%票數的交易作為提案發給其他節點，同時提高所需票數的臨界值到60%，重複步驟 (3)，步驟 (4)，直到臨界值達到80%。

　　(5) 驗證節點把經過80%UNL 節點確認的交易正式寫入本地的帳本資料中，稱為最後關閉帳本（Last Closed Ledger），即帳本最後（最新）的狀態。

　　可以看到，在瑞波網路的共識演算法中，參與共識的驗證節點是事先知道的，且驗證節點間的通訊是很快的，因此其達成共識的效率很高，且沒有 PoW 類共識演算法的額外計算開銷。當然，這也使得瑞波網路只適用於聯盟鏈的情境。瑞波網路的共識拜占庭容錯能力為 $(n-1)/5$，即可以容忍驗證節點的20%出現拜占庭錯誤。

5. 拜占庭將軍共識

　　拜占庭將軍問題是用來解釋非同步中存在惡意節點情況下的共識問題的一個虛構模型。拜占庭地域寬廣，守衛邊境的多個將軍需要透過信使來傳遞消息，進而達成一致決定——是否攻擊某一支敵軍。問題是這些將軍在地理上是分隔開來的，並且將軍中存在叛徒。叛徒可以任意行動以達到以下目標：欺騙某些將軍採取進攻；促成一個不是所有將軍都同意的決定，例如，當將軍們不希望進攻時促成進攻行動；或者迷惑某些將軍，使他們無法做出決定。如果叛徒達到了這些目的的任意一個，則任何攻擊行動都是註定要失敗的，只有完全達成一致的努力才能獲得勝利。拜占庭假設是對現實世界的模型化，由於硬體錯誤，網路擁塞或斷開以及遭到惡意攻擊，電腦和網路可能出現不可預料的行為。拜占庭容錯協議必須處理這些失效，並且這些協議還要滿足所要解決的問題要求的規範。這些演算法通常以其彈性 t 作為特徵，t 表示算法可以應付的錯誤節點數。很多經典演算法問題只有在 t 小於 $n/3$ 時才有解，如實用拜占庭容錯演算法（PBFT），其中 n 是系統中的節點總數。

　　演算法核心的關鍵在於少數人服從多數人這個策略。以 4 個將軍為例，當叛變者小於或等於 1 時，系統總能達成共識。具體說明如下：將軍 A 將訊息傳遞給將軍 B、C、D，且傳遞一定有結果，消息簡單分為進攻，撤退（分別用 0，1 表示）兩種，假定大家各自的決定是進攻（0）。第一種情況，當發令者將軍 A 不是叛徒，而傳遞後的將軍中有一個叛徒（例如 B），則會有以下情況：A 的訊息正確傳遞到 BCD，B 將錯誤的訊息發送給 CD，但是由於 CD 發送的結果是正確的，所以最終每個節點都以多數 0 勝過了少數 1，達成一致的進攻決議。共識過程如圖 2.10 所示：

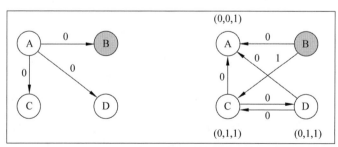

圖2.10　拜占庭將軍問題提案者不是叛徒共識過程

當發令者將軍 A 是叛徒時，A 向 B 發送消息 0，向 CD 發送 1。但由於 B 接收到 CD 的消息爲 1，且相互傳遞後有四條正確訊息。因此，最終結果還是以多數正確（4個1）贏過少數錯誤（2個0）而最終實現一致。共識過程示意圖如圖2.11所示：

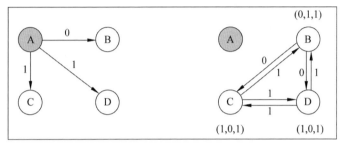

圖2.11　拜占庭將軍問題提案者是叛徒共識過程

由此可見，無論哪種情形，系統均可達成一致共識。當然上述描述只是一個簡單示意，具體一個完全可用的拜占庭容錯共識演算法可以參見 PBFT 及其變種演算法，而近期大紅大紫的 Algorand，其本質上也是一種拜占庭容錯算法。

廣義來講，區塊鏈系統中的共識演算法均爲拜占庭容錯共識演算法，因爲區塊鏈主要應對的就是各類外在欺騙，攻擊行爲，只不過前面所述的共識演算法並不是強一致的共識演算法，而是一種最終一致的共識演算法，需要依賴鏈式結構或者 DAG 結構來完成演算法的一致性；而如 PBFT 這樣的共識演算法則是強一致的共識演算法，一旦經過共識便是一致確定的結果，不會出現反覆的情況，這也是前述共識演算法與其他類區塊鏈共識演算法的核心區別。

2.4.5　P2P技術及常見P2P網路協議

目前，P2P 技術廣泛應用於電腦網路的各個領域，如分散式計算，文件共享，串流媒體直播與點播，語音即時通訊，線上遊戲支撐平台等。

1. 分散式計算

P2P 技術可以應用於分散式計算領域，將眾多終端主機的空閒計算資源進行聯合，從而服務於同一個計算量巨大的科學計算。每次計算過程中，計算任務被劃分

為多個片，被分配到參與計算的 P2P 節點機器上。節點機器利用閒置計運算能力完成計算任務，返回給一些伺服器進行結果整合以達到最終結果。世界上最著名的 P2P 分散式科學運算系統非「SETI@home」莫屬，它召集具有空閒計算資源的用戶組成一個分散式計算網路，共同完成透過分析射電望遠鏡傳來的資料來搜尋地外文明的任務。

2. 文件共享

P2P 技術最直接的應用就是文件共享。在這些基於 P2P 的應用中，每個用戶都可以上傳文件至網路中，供其他用戶下載，不需要藉助中心伺服器儲存這些文件。用戶下載完成後，也可以作為伺服器，供更多用戶下載。整個網路中下載人數越多，則下載速度越快。完全不會發生傳統中心架構網路中，下載數量過多，導致資源搶占，速度過慢的問題。目前國內最為流行的 P2P 文件共享方案即是比特洪流。除此之外，還有不少各具特性的文件共享協議，Gnutella、Chord、Pastry 等。

3. 串流媒體直播

P2P 模式應用於串流媒體直播也是十分合適的，目前已有許多這方面的研究。目前較為成熟的串流媒體直播解決方案有香港科技大學的 Coolstreaming、清華大學的 Gridmedia 等。同時，國內也湧現了很多成功的 P2P 串流媒體直播商業產品，如 PPLive、PPStream 等。

4. IP 層語音通訊

IP 層語音通訊（Voice over Internet Protocol, VoIP）是一種全新的網路電話通訊業務，它和傳統的公共交換電話網（Public Switched Telephone Network, PSTN 電話業務相比），有著擴展性好，部署方便，價格低廉等明顯的優點。目前，最為流行的 P2P VoIP 應用是 Skype，它能夠提供清晰的語音和免費的服務，使用起來極其方便快捷。

P2P 網路技術經過幾十年的發展，為適用各種不同類型的應用，催生了大量具有不同特性的網路協議，如比特幣及以太坊分別採用的 Gossip、Kademlia 協議。

1. Gossip 協議

Gossip 協議由 1987 年 ACM 上發表的論文 *Epidemic Algorithms for Replicated Database Maintenance* 提出，主要應用於分散式資料庫系統中各個 slave 節點的資

料同步，從而保證各個節點資料的最終一致性。

Gossip 演算法又被稱作「病毒傳播演算法」、「流言演算法」。這些別名可謂具體描述了 Gozzip 的工作原理。Gossip 來源於流行病學的研究，類似於病毒傳播或者辦公室八卦訊息的傳播過程，一個節點發生狀態變化後，開始向鄰近節點發送消息，節點收到消息後又會發送給相鄰節點，最終所有節點都會收到消息。

Gossip 協議共有 Anti-Entropy（反熵），Rumormonge（謠言傳播）兩種交互模式，兩種模式的介紹及相應優缺點如下：

Anti-Entropy：每個節點週期性地隨機選取一定數量的相鄰節點，互相同步自己的資料。該方式可以保證資料的最終一致性。但是，由於在該模式下，節點會不斷地交換資料，導致網路中消息數量巨大，網路開銷巨大。

Rumormonge：當一個節點收到消息後，該節點週期性地向相鄰節點發送新收到的消息。由於在該模式中，節點僅在收到新消息後的一段時間內轉播新消息，所以相對於 Anti-Entropy 模式來說，網路開銷小很多，但是有一定機率無法達到強一致性。

實際上，在 Gossip 協議中，節點之間的同步率和節點間的通訊開銷是一組互相矛盾的指標。在實際應用中，需要對這一對指標進行精細的考量，即根據應用對節點同步率的具體需求和可用的網路情況作出權衡。

在 Gossip 協議中，每個節點都會維護資料的鍵（key），值（value），版本（version）訊息。訊息交換共支持 pull，push，pull/push 三種通訊方式。例如，A，B 兩個節點同步訊息，三種方式的過程分別如下。

- pull：A 點將 key，version 訊息發送給 B，B 收到消息後返回本地更新比 A 新的訊息。
- push：A 點將 key，value，version 訊息發送給 B，B 收到消息後更新比本地訊息新的內容。
- pull/push：在 pull 的基礎上多了一步，A 收到返回後，會再次將本地新的消息發送給 B。

2. Kademlia 協議

Kademlia 協議於 2002 年發布，是由 Petar 和 David 為非集中式 P2P 電腦網路

設計的一種透過分散式雜湊表實現的 P2P 協議。在 Kademlia 網路中，所有訊息均以雜湊表條目形式加以儲存，這些條目被分散地儲存在各個節點上，從而在全網中構成一張巨大的分散式雜湊表，在不需要伺服器的情況下，每個客戶端負責一個小範圍的路由，並儲存一小部分資料，從而實現整個分散式雜湊表網路的尋址和儲存。Dademila 協議中使用的分散式雜湊表，與其他的分散式雜湊表技術相比，具有以異或算法（XOR）爲距離度量基礎的特性，大大提高了路由查詢速度。

Kademlia 協議也對節點間的訊息交換方式進行了規定。具體來說，Kademlia 網路節點之間使用 UDP 進行通訊。參與通訊的所有節點形成一張虛擬網（或者叫作覆蓋網），這些節點透過一組數字（或稱爲節點 ID）來進行身分標識。節點 ID 不僅可以用來做身分標識，還可以用來進行值定位（這裡的值通常是文件的 Hash 值或者關鍵詞）。例如，節點 ID 與文件 Hash 值直接對應，進而表示某個節點儲存著能夠獲取對應文件和資源的相關訊息。當節點作爲客戶端在網路中搜索某些值對應的節點（即搜索儲存文件 Hash 或關鍵詞的節點）的時候，Kademlia 演算法需要知道與這些值相關的鍵，然後分步在網路中開始搜索。其中，每一步都會找到一些節點，這些節點的 ID 與鍵逐步接近，在找到對應鍵值（ID）的節點或者無法繼續尋找更爲接近的鍵值時，搜索便會停止。這種搜索值的方法是非常高效的：在一個包含 n 個節點的系統的值的搜索中，Kademlia 僅存取 O（$\log(n)$）個節點，降低了值的查詢開銷。

2.5　本章小結

本章主要介紹了區塊鏈的基礎技術和特性。從區塊鏈的資料結構展開，介紹區塊資料結構。詳細闡述區塊鏈中用到的雜湊運算，默克爾樹，數位簽名，共識演算法，智能合約及 P2P 網路等技術，以及這些技術實現區塊鏈透明可信，防篡改，可追溯，隱私安全保障，系統高可靠等特性的原理。同時爲滿足部分讀者更深層次了解區塊鏈技術的需求，增加擴展閱讀部分，詳細介紹各基礎技術涉及的演算法原理。

如果時光倒流十年，那時的中本聰在想什麼呢？雖然不能穿越，但從他後來

的工作和若隱若現的表述中，我們大致能還原他的思路。他要把資料做成一個生命體，資料可以隨著時間軸演變。爲了這個目的，他做了如下假設：1. 資料是交互的；2. 資料有身分；3. 資料是連續的；4. 資料有歷史，歷史不可改變；5. 當下的資料正在進入歷史。假使把上述五條中的「資料」替換成「生命」，同樣成立，只是從「虛擬」進入「現實」。要實現這五條假設，他需要一些工具。幸運的是，這些工具大多數已經成型，但從來沒有人把它們放到一塊兒。

1. 互動：互動分兩層，底層是網路通訊框架，屬於基礎設施，早年的 bittorrent 里已經有成熟的 P2P 方案，可以直接借用；上層是人與人之間的合作，可以看作遊戲，遊戲需要規則，規則最大，規則就是程式碼化的智能合約。所以，互動需要兩個技術：「P2P」和「智能合約」。

2. 身分：身分是一個證明「我是我」的過程。網路都是虛擬的，可靠的只有數字。一組獨特的數字對應一個眞實的身分。這組數字要讓別人知道，又不可以被冒充。看似是個無解的難題，其實密碼學早有研究，非對稱加密就是爲這個問題而生，公私鑰配對，一個留給自己，一個送給別人。由此建構的「數位簽名」恰好證明了「我就是我」。

3. 連續：在資料流裡表述連續是個難題，必須轉化成前後兩個實體的傳承關係。實體的顆粒度不能過細，太小的不可標識；也不能過粗，太大的難以傳播。因此，區塊鏈的核心結構呼之而出：塊（block）。塊是時間軸上擷取的一段資料流，包裝一下，加上摘要。每個塊記錄上一個塊的摘要，表明先後順序。摘要是塊的唯一標識。摘要在技術上也有成熟的辦法：「雜湊函數」。

4. 歷史：在第三條中，引進了雜湊函數定義連續性，同時也讓歷史有了某種不可更改性。在實作上，雜湊函數可以層層堆積，能夠提高演算法效率。「堆積」的方法是：「默克爾樹」。

5. 當下進入歷史：正在發生的事，哪些能成爲可以銘記的歷史？這是區塊鏈裡最難的地方。歷史不是它眞的發生了，而是大多數人同意它發生了。轉化成技術詞彙，叫「共識」。在一個分散式的環境中，形成共識如同希臘城邦的超級泛民主大會，難，非常難。因此，不斷有新的「共識協議」出來，相應協議解決某種相應特殊的情境，「共識協議」是正在發展的熱門技術。

第 3 章

區塊鏈與加密虛擬貨幣的關係

3.1 | 「鏈」與「幣」的關係

每當提到區塊鏈的時候，很多人會將其等同於比特幣。雖然區塊鏈技術源自比特幣，甚至「區塊鏈」的命名也是來自比特幣，但區塊鏈和比特幣並不能混為一談。

從區塊鏈應用發展歷程看，區塊鏈技術源於比特幣，類似發動機技術源於汽車，但其也可應用於輪船、火車等；比特幣是區塊鏈的成功應用，區塊鏈是比特幣的底層技術和基礎架構。比特幣及模仿它基於區塊鏈技術開發的其他加密虛擬貨幣，只是區塊鏈的第一階段應用，並不意味著區塊鏈只能應用在比特幣或加密虛擬貨幣上。

2013 年底，Vitalik Buterin 發表以太坊（Ethereum）白皮書，將「智能合約」的概念引入區塊鏈技術中，這標誌著區塊鏈技術應用情境已不再侷限於加密虛擬貨幣領域。智能合約使得區塊鏈實現了圖靈完備（Turing Complete）——可基於區塊鏈開發適用於任何情境的應用程式。包含智能合約等技術的區塊鏈被稱為第二代區塊鏈。目前區塊鏈的應用情境已擴充套件至金融、供應鏈、政務服務、物聯網、社交、共享經濟等領域，由此可見，加密虛擬貨幣只是區塊鏈的應用情境之一，區塊鏈應用情境不僅侷限於加密虛擬貨幣，二者屬於包含關係。

區塊鏈按照存取和管理許可權可以分為公有鏈（Public Blockchain）、聯盟鏈（Consortium Blockchain）和私有鏈（Private Blockchain）。公有鏈是完全開放的區塊鏈，全世界的人都可以參與系統維護工作，而聯盟鏈或私有鏈則是有限個群體或者組織參與的區塊鏈。「幣」在不同的區塊鏈系統的作用和必要性不同，「幣」只是公有鏈經濟生態和模型中的一部分，區塊鏈技術並不一定要有「幣」。

公有鏈離開「幣」的概念難以存活，這是由於公有鏈的開發，維護和節點的建設、執行，都需要社會大眾的參與和付出，如果沒有「幣」作為激勵，他們參加的動力從哪裡來？另外，公有鏈對「幣」的依賴也部分源自於其共識演算法。通常，公有鏈共識演算法的核心思想都是透過經濟激勵來鼓勵節點對系統的貢獻和付出，透過經濟懲罰來阻止節點作惡，這種激勵和懲罰的媒介便是「幣」。沒有基於「幣」的、合理的經濟模型，就沒有人願意參與到公鏈的開發及維護中來。聯盟鏈和私有鏈則與此完全不同。聯盟鏈或私有鏈的參與節點的投資和收益都是較為特殊

的，參與者希望從鏈上獲得可信資料或共同完成某種業務，所以他們更有義務和責任去維護區塊鏈系統的穩定執行。因此，PBFT 及其變種演算法成為這種情境下的共識演算法首選，這樣，系統中一般也就不會出現「幣」的概念。

從區塊鏈技術的發展演進來看，區塊鏈是多種技術的整合，包括智能合約、共識演算法、對等網路、帳本資料儲存、安全隱私保護等，其本身也在不斷進行技術創新。而比特幣只是區塊鏈多種技術整合的一種形式，比如，比特幣提供的指令碼非常簡單，該指令碼的表達能力非圖靈完備；比特幣採用工作量證明（PoW）的共識演算法，而工作量證明只是多種共識演算法中的一種；安全隱私保護方面，比特幣透過簡單的地址匿名達到對隱私的保護，而區塊鏈技術中可使用同態加密、零知識證明等方法達到更廣泛、更嚴格的隱私保護需求。使用不同的技術組合，可以將區塊鏈應用於不同的企業級應用中。

隨著愈來愈多的政府和企業使用區塊鏈技術，隱私保護的要求逐步突顯，如保護交易者身分、交易的內容（轉帳金額、物流追溯中的位置等）。各個記帳節點需要在保護隱私、資料密文傳輸的儲存的前提下驗證交易的合法性。不同應用的隱私保護需求不盡相同，很多需求在加密虛擬貨幣中是不存在的，因此迫切需要發展區塊鏈技術解決這些問題。另一個要考慮的技術發展需求是監管的要求，以比特幣為代表的加密虛擬貨幣有躲避監管之嫌，但是現實中公司之間的商業往來都要符合規定、滿足監管要求，這就為區塊鏈技術帶來了新的挑戰。目前一些監管問題已經找到了解決方案，其他的還在繼續研究開發中。在解決這些挑戰的同時，區塊鏈技術得到了長足的發展和不斷的革新。

另外，資本市場對於加密虛擬貨幣的青睞為區塊鏈的發展提供了資源和機會，而區塊鏈的不斷發展又為加密虛擬貨幣類應用提供了更加可靠的保障，這也鞏固了資本市場的投資信心，二者成了相輔相成的關係。

3.2　「鏈圈」與「幣圈」之爭

雖然區塊鏈和加密虛擬貨幣並不等同，但由於其關係密切，當大家談論其中一個時，必然會提到另一個。有些人認為區塊鏈技術更有價值，而有些人則熱衷於投

資加密虛擬貨幣，由此形成了兩個不同的圈子，分別被稱為「鏈圈」和「幣圈」。

「鏈圈」的人關注區塊鏈技術本身，包括大量企業創新人員、技術人員、非技術出身而對其感興趣的人等人群，他們或研究演算法以提高區塊鏈的效能，或研究區塊鏈的應用情境以加快其落實。對他們而言，加密虛擬貨幣只是區塊鏈最原始的應用，區塊鏈的潛力遠不止於加密虛擬貨幣。「鏈圈」相信區塊鏈技術是一場革命，能夠重塑未來社會的生產關係。

「幣圈」的人則主要關心加密虛擬貨幣的價值，並期望能夠從中牟利。「幣圈」的人包括一些投資人和投資機構，也包括一些對區塊鏈技術絲毫不瞭解的投機散戶。「幣圈」的人也有兩類，一類堅信區塊鏈的價值，並願意對一些幣種進行長期投資，這些人可能也是「鏈圈」的人；另一類人並不關心區塊鏈的長期價值，只想透過交易這些加密虛擬貨幣來獲取利潤。

這裡的「幣」在英文裡面可以指「coin」，也可以指「token」。這兩個單詞在某些情境下，尤其在「幣圈」的一些人眼中，是等效的，都是指加密虛擬貨幣，人們可以在交易所對其進行買賣。但「token」對於「鏈圈」的人來說意義則更廣泛一些。為了和「coin」在中文裡做出區分，「token」會被翻譯為「憑證」或「代幣」。「憑證」一般是由智能合約產生的，它的密碼學性質使得它的擁有者是唯一確定的，且只有其擁有者有許可權對其聲明擁有權和轉讓權。所以「憑證」的本質是一種權益的證明，它可以作為一種虛擬資產而存在。而與此對應，「coin」的密碼學性質和「token」是一樣的，但不同之處在於，它通常是指區塊鏈主鏈上的加密虛擬貨幣，一般用來獎勵礦工對其所參與的鏈的貢獻。

由於智能合約可以產生代幣，所以任何人或機構都可以在一個支援智能合約的公有鏈（如以太坊）上面發行自己的代幣。如果一個機構將這個代幣和一個有價值的事物繫結，比如股權，並使得別人相信這個價值在未來可以增加，那麼就會有許多「幣圈」的人來用他們的比特幣或以太幣來兌換這個代幣。這家機構也因此可以募集大量的比特幣或以太幣。這個過程非常類似於大公司上市時的首次公開募股IPO，因此，這種融資方式被稱為首次代幣發行（Initial Coin Offering, ICO）。

傳統的融資方式通常需要很嚴格的資格審批，門檻較高，而區塊鏈技術使得融資門檻大幅度降低，小型機構也能夠在全球範圍內大量的融資。表面看起來這好像

是傳統金融業的進步，但實際上有時候會被一些人用來做非法集資。2017 年，ICO 出現了爆炸式增長，有許多 ICO 獲得了非常高額的收益，這造成了巨大的泡沫，也使得區塊鏈技術名聲在一些不明內情的人心中變壞，很多人甚至直接將區塊鏈與詐騙相關聯。對於「幣圈」的這種不理性行為，「鏈圈」人士痛心不已，因此某些「鏈圈」的人會對「幣圈」持不屑態度，認為「幣圈」人士過於急功近利、目光短淺。

「幣圈」中許多人認為區塊鏈只有在金融領域才有活力，因為「信任」對於金融領域來說是至關重要的，而區塊鏈技術正好提高了節點間的信任效率，所以區塊鏈技術和金融可謂是天作之合。股票和債券可以用通證（Token）來實現，而保險和期貨也可以以智能合約的形式存在。相對於傳統的數位化金融產品來說，這些顯然極大簡化了驗證流程、提升了交易效率。而實際上除金融領域的應用之外，區塊鏈在供應鏈、政務服務、物聯網等領域都已經有大量應用。

「鏈圈」和「幣圈」也並非涇渭分明。有許多「鏈圈」的人對某些加密虛擬貨幣的前景持看好態度，也會對其進行投資。而「幣圈」的人為了識別出更好的專案，也會對區塊鏈技術進行深入的研究。本書重點講述區塊鏈技術本身，對於加密虛擬貨幣的投資不作任何評述。可以預見的是，隨著時間的推移，人們對於區塊鏈和加密虛擬貨幣的理解不斷加深，「鏈圈」與「幣圈」之爭也將慢慢消失。

3.3　本章小結

從第 1 章的比特幣介紹，到第 2 章的區塊鏈原理簡述，很多人或許會對「幣」與「鏈」的關係產生一些迷惑或誤解。本章第 1 節對於二者的關係及區別進行了細緻的討論，說明了區塊鏈是加密虛擬貨幣的技術基礎，加密虛擬貨幣是區塊鏈的重要應用。由於關注的重點不同，人們自然而然地形成了兩個群體，分別為「幣圈」和「鏈圈」。本章第 2 節對於兩個群體的關係進行了討論，指出這兩個群體既非對立、亦無高下。明確了「鏈」和「幣」的關係，讀者才能更深入地思考區塊鏈技術的本質，以及未來的發展前景。

第 4 章

區塊鏈發展歷史及主要框架

4.1　區塊鏈基礎技術發展歷程

區塊鏈的誕生最早可以追溯到密碼學和分散式計算。

1976 年，迪菲和赫爾曼發表了一篇開創性論文《密碼學的新方向》（*New Directions in Cryptography*），這篇論文包含了現代密碼學的主要研究方向，涵蓋非對稱加密、橢圓曲線演算法、雜湊等內容，首次提出公共金鑰加密協議與數位簽名概念，構成了現代網際網路中廣泛使用的加密演算法體系的基石，同時這也是加密虛擬貨幣和區塊鏈技術誕生的技術基礎。

同年，哈耶克出版了《貨幣的非國家化》，哈耶克從經濟自由主義出發，認為競爭是市場機制發揮作用的關鍵，而政府對貨幣發行權的壟斷對經濟的均衡造成了破壞，透過研究競爭貨幣制度的可行性和優越性，哈耶克提出非主權貨幣（貨幣非國家化）、競爭發行（由私營銀行發行競爭性的貨幣，即自由貨幣）等概念，從理論層面引導去中心化加密虛擬貨幣技術的發展。

1977 年 4 月，羅納德·李維斯特（Ron Rivest）、阿迪·薩莫爾（Adi Shamir）和倫納德·阿德曼（Leonard Adleman）參加了猶太逾越節的聚會，喝了些酒。回到家後李維斯特怎麼都睡不著，於是信手翻閱起心愛的數學書來，這時一個靈感從他腦海浮現出來，於是連夜整理自己的思路，一氣呵成寫出了論文 *A Method for Obtaining Digital Signatures and Public Key Cryptosystems*，次日李維斯特將論文拿給阿德曼審閱討論，已經做好了再一次被擊破的心理準備，但這一次阿德曼卻認輸了，認為這個方案應該是可行的。在此之前阿德曼已經四十多次擊破李維斯特和薩莫爾的演算法。按照慣例，李維斯特按姓氏字母序將三人的名字署在論文上，也就是阿德曼、李維斯特、薩莫爾。這篇論文提出了大名鼎鼎的 RSA 演算法，RSA 是一種非對稱加密演算法，後來在數字安全領域被廣泛使用，這一工作成果被認為是《密碼學新方向》的延續。

1979 年，Merkle Ralf 提出了 Merkle Tree 資料結構和相應的演算法，現在被廣泛應用於校驗分散式網路中資料同步的正確性，對密碼學和分散式計算的發展起了重要作用，這也是比特幣中用來做區塊同步校驗的重要手段。Merkle Ralf 是《密碼學新方向》的兩位作者之一 Hellman 的博士生（另一位作者 Diffie 是 Hellman 的

研究助理），實際上《密碼學的新方向》就是 Merkle Ralf 的博士生研究方向。

1982 年，萊斯利・蘭伯特（Lamport）提出拜占庭將軍問題，並證明了在將軍總數大於 3f，背叛者個數小於等於 f 時，忠誠的將軍們可以達成一致，標誌著分散式計算理論和實行正逐漸走向成熟。

同年，大衛・喬姆公布了密碼學支付系統 ECash，隨著密碼學的發展，具有遠見的加密虛擬貨幣先驅們開始嘗試將其運用到貨幣、支付等相關領域，ECash 是加密虛擬貨幣最早的先驅之一。

1985 年，Koblitz 和 Miller 各自獨立發明了著名的橢圓曲線加密演算法。由於 RSA 的演算法計算量大，實際落即時遇到困難，ECC 的提出極大地推動了非對稱加密體系真正進入生產實行領域並發揮巨大影響。ECC 演算法標誌著現代密碼學理論和技術開始走向更加普遍的應用。

1997 年，Adam Back 提出了 Hashcash 演算法，用於解決垃圾郵件（email spam）和 DoS（Denial of Service）攻擊問題，Hashcash 是一種 PoW 演算法，後來被比特幣系統採納使用。

1998 年，華裔工程師戴偉（Wei Dai）和尼克・薩博各自獨立提出加密虛擬貨幣的概念，其中戴偉的 B Money 被公認為比特幣的精神先驅，而尼克・薩博的比特金（Bitgold）設想基本就是比特幣的雛形，以至於至今仍有人懷疑薩博就是中本聰，但被尼克・薩博本人否定了。

21 世紀初，點對點分散式網路技術飛速發展，先後誕生了 Napster、BitTorrent 等流行應用，為加密虛擬貨幣實現穩固了技術基礎。

2008 年 11 月，神祕的中本聰先生發表了論文，描述了一種完全去中心化的加密虛擬貨幣——比特幣，而區塊鏈則作為其底層技術進入公眾視野。經過十年發展，區塊鏈技術正逐漸成為最有可能改變世界的技術之一。

4.2　區塊鏈平台發展歷程

區塊鏈的發展先後經歷了加密虛擬貨幣，企業應用，價值互聯網三個階段，下面將分別對這幾個階段進行簡要的介紹。

4.2.1　區塊鏈1.0：加密虛擬貨幣

2009 年 1 月，在比特幣系統論文發表兩個月之後，比特幣系統正式執行並開放了原始碼，標誌著比特幣網路的正式誕生。透過其建構的一個公開透明、去中心化、防篡改的帳本系統，比特幣展開了一場規模空前的加密虛擬貨幣實驗。在區塊鏈 1.0 階段，區塊鏈技術的應用主要聚集在加密虛擬貨幣領域，典型代表即比特幣系統以及從比特幣系統程式碼衍生出來的多種加密虛擬貨幣。

加密虛擬貨幣的「瘋狂」發展吸引了人們對區塊鏈技術的關注，對於傳播區塊鏈技術起了很大的促進作用，人們開始嘗試在比特幣系統上開發加密虛擬貨幣之外的應用，比如存證、股權群眾募資等。但是比特幣系統作為一個為加密虛擬貨幣設計的專用系統，存在如下的問題：

1.比特幣系統內建的指令碼系統主要針對加密虛擬貨幣交易而專門設計，不是圖靈完備的指令碼，表達能力有限，因此在開發諸如存證、股權群眾募資等應用時，有些邏輯無法表達，而且比特幣系統內部需要做大量開發，對開發人員要求高、開發難度大，因此無法進行大規模的非加密虛擬貨幣類應用的開發。

2.比特幣系統在全球範圍內只能支援每秒 7 筆交易，交易記帳後追加 6 個區塊才能比較安全地確認交易，追加一個塊大約需要 10 分鐘，意味著大約需要 1 小時才能確認交易，不能滿足即時性要求較高的應用的需求。

4.2.2　區塊鏈2.0：企業應用

針對區塊鏈 1.0 存在的專用系統問題，為了支援如群眾募資、溯源等應用，區塊鏈 2.0 階段支援使用者自定義的業務邏輯，即引入了智能合約，從而使區塊鏈的應用範圍得到了極大拓展，開始在各個行業迅速落實，極大地降低了社會生產消費過程中的信任和合作成本，提高了行業內和行業間配合效率，典型的代表是 2013 年啟動的以太坊系統。針對區塊鏈 1.0 階段存在的效能問題，以太坊系統從共識演算法的角度也進行了提升。

1. 智能合約

以太坊專案為其底層的區塊鏈帳本引入了被稱為智能合約的互動介面，這對區

塊鏈應用進入 2.0 時代發揮了巨大作用。智能合約是一種透過電腦技術實現的，旨在以數字化方式達成共識、履約、監控履約過程並驗證履約結果的自動化合約，極大地擴充套件了區塊鏈的功能。

從人類分工合作的角度，現代社會已經是契約社會，而契約的簽訂和執行往往需要付出高昂的成本。以公司契約爲例，小強機器人和小明機械簽訂了一筆供貨契約，後來小明機械違反了契約條款，導致小強機器人供貨不足產生重大損失，於是小強機器人向法院提起訴訟，在歷經曲折並耗費大量人力物力後終於打贏了官司。不料小明機械拒絕履行判決，小強機器人只得向法院申請強制執行，從立案、提供人證物證到強制執行，整個流程浪費了大量社會資源。

而透過智能合約，整個履約過程將變得簡單、高效、低成本。小強機器人和小明機械簽訂了一筆供貨契約，契約以智能合約的形式透過電腦程式編碼實現，經過雙方確認後，供貨智能合約連同預付違約金帳戶被安裝到區塊鏈平臺上自動執行，後來小明機械違反了契約條款，導致小強機器人供貨不足產生重大損失，小強機器人提供電子證據並透過平臺眞實性驗證後觸發供貨智能合約的違約賠償條款，違約賠償條款自動將小明機械預付的違約金按照合約規定匯入小強機器人帳戶作爲補償。

有了智能合約系統的支援，區塊鏈的應用範圍開始從單一的貨幣領域擴大到涉及合約共識的其他金融領域，區塊鏈技術首先在股票、清算、私募股權等衆多金融領域嶄露頭角。比如，企業股權群衆募資一直是衆多中小企業的夢想，區塊鏈技術使之成爲事實。區塊鏈分散式帳本可以取代傳統的透過交易所的股票發行，這樣企業就可以透過分散式自治組織配合營運，藉助使用者的集體行爲和集體智慧獲得更好的發展，在投入營運的第一天就能實現募資，而不用經歷複雜的 IPO 流程，產生高額費用。

2. 效能改進

各種區塊鏈系統採用不同的共識方法以提升區塊鏈的效能，比如以太坊採用改進工作量證明機制將出塊時間縮短到了 15 秒，從而能夠滿足絕大多數的應用，以太坊未來擬採用的 PoS 共識演算法可進一步提升區塊鏈的效能。

隨著區塊鏈 2.0 階段智能合約的引入，其「開放透明」、「去中心化」及「不

可篡改」的特性在其他領域逐步受到重視。各行業專業人士開始意識到，區塊鏈的應用也許不僅侷限在金融領域，還可以擴充套件到任何需要合作共識的領域中去。於是，在金融領域之外，區塊鏈技術又陸續被應用到了公證、仲裁、審計、域名、物流、醫療、郵件、鑑證、投票等其他領域，應用範圍逐漸擴大到各個行業。

4.2.3　區塊鏈3.0：價值網際網路

2018 年 5 月 28 日，中國國家主席習近平在中國科學院發表講話：「進入 21 世紀以來，全球科技創新進入空前密集活躍的時期，新一輪科技革命和產業變革正在重構全球創新版圖、重塑全球經濟結構。以人工智慧、量子資訊、行動通訊、物聯網、區塊鏈為代表的新一代訊息技術加速突破應用。」表明區塊鏈是「新一代訊息技術」的一部分。

從技術的角度來看，應用 CA 認證、電子簽名、數位存證、生物特徵識別、分散式計算、分散式儲存等技術，區塊鏈可以實現一個去中心、防篡改、公開透明的可信計算平臺，從技術上為建構可信社會提供了可能。區塊鏈與雲端計算、大數據和人工智慧等新興技術交叉演進，將重構數位經濟發展生態，促進價值網際網路與實體經濟的深度融合。

價值網際網路是一個可信賴的實現各個行業配合互聯，實現人和萬物互聯，實現勞動價值高效、智慧流通的網路，主要用於解決人與人、人與物、物與物之間的共識合作、效率提升問題，將傳統的依賴於人或依賴於中心的公正、調節、仲裁功能自動化，按照大家都認可的協議交給可信賴的機器來自動執行。透過對現有網際網路體系進行變革，區塊鏈技術將與 5G 網路、人工智慧、物聯網等技術創新一起承載著我們的智慧化、可信賴夢想飛向價值網際網路時代。

30 年前，萬維網之父 Tim Berners Lee 建立了萬維網，給世界帶來了劃時代的變革。30 年之後的今天，Berners Lee 正在打造一個名為 Solid 的專案，旨在從根本上改變目前 Web 應用的工作方式，改善隱私，讓使用者真正擁有資料控制權。使用者可以選擇如何將這些資料用於獲利，從而獲得公平、安全的網際網路體驗。而自帶密碼學和去中心化屬性的區塊鏈技術在分散式身分體系的建構中具備天然優

勢。網際網路先驅們正在積極探索如何透過區塊鏈技術解決現有 Web 協議存在的效率低下、版本變更、中心化和骨幹網路依賴等問題，現階段稱其必將取代 HTTP 言之過早，但目前作為萬維網協議的補充卻是非常有益的。

在這個即將到來的智慧價值互聯時代，區塊鏈將深入到生產生活的各方面，充分發揮審計、監控、仲裁和價值交換的作用，確保技術創新向著讓人們的生活更加美好、讓世界更加美好的方向發展。

4.3　區塊鏈分類

根據網路範圍及參與節點特性，區塊鏈可被劃分為公有鏈、聯盟鏈、私有鏈三類。這三類區塊鏈特性對比如表 4.1 所示。這裡首先對表中術語做簡要的介紹。

表4.1　區塊鏈的型別及其特性

	公有鏈	聯盟鏈	私有鏈
參與者	任何人自由進出	聯盟成員	個體或公司內部
共識機制	PoW/PoS/DPoS等	分散式一致性算法	分散式一致性算法
記帳人	所有參與者	聯盟成員協商確定	自定義
激勵機制	需要	可選	可選
中心化程度	去中心化	多中心化	（多）中心化
突出特點	信用的自建立	效率和成本優化	透明和可追溯
承載能力	3～20筆／秒	1,000～1萬筆／秒	1,000～20萬筆／秒
典型情境	加密虛擬貨幣、存證	支付、結算、公益	審計、發行

- 共識機制：在分散式系統中，共識是指各個參與節點透過共識協議達成一致的過程。
- 去中心化：是相對於中心化而言的一種成員組織方式，每個參與者高度自治，參與者之間自由連線，不依賴任何中心系統。
- 多中心：多中心化是介於去中心化和中心化之間的一種組織結構，各個參與者透過多個區域性中心連線到一起。

- 激勵機制：鼓勵參與者參與系統維護的機制，比如比特幣系統對於獲得相應區塊記帳權的節點給予比特幣獎勵。

4.3.1 公有鏈

公有鏈中的「公有」就是任何人都可以參與區塊鏈數據的維護和讀取，不受任何單個中央機構的控制，數據完全開放透明。

公有鏈的典型案例是比特幣系統。使用比特幣系統，只需下載相應的客戶端。建立錢包地址、轉帳交易、參與挖礦，這些功能都是免費開放的。比特幣開創了去中心化加密虛擬貨幣的先河，並充分驗證了區塊鏈技術的可行性和安全性，比特幣本質上是一個分散式帳本加上一套記帳協議，但比特幣尚有不足，在比特幣體系里只能使用比特幣一種符號，很難透過擴充套件使用者自定義資訊結構來表達更多資訊，比如資產、身分、股權等，從而導致擴充套件性不足。

爲了解決比特幣的擴充套件性問題，以太坊應運而生。以太坊透過支援一個圖靈完備的智能合約語言，極大地擴充套件了區塊鏈技術的應用範圍。以太坊系統中也有以太幣地址，當用戶向合約地址發送一筆交易後，合約啓用，然後根據交易請求，合約按照事先達成共識的契約自動執行。

公有鏈系統完全沒有中心機構管理，依靠事先約定的規則來運作，並透過這些規則在不可信的網路環境中建構起可信的網路系統。通常來說，需要公眾參與、需要最大限度保證資料公開透明的系統，都適合選用公有鏈，如虛擬貨幣系統、群眾募資系統等。

公有鏈環境中，節點數量不定，節點實際身分未知、線上與否也無法控制，甚至極有可能被一個蓄意破壞系統者控制。在這種情況下，如何保證系統可靠可信呢？實際在大部分公有鏈環境下，主要透過共識演算法、激勵或懲罰機制、對等網路的資料同步保證最終一致性。

公有鏈系統存在的問題如下所示。

1. 效率問題

現有的各類 Po* 共識，如比特幣的 PoW 及以太坊計畫推出的 PoS，都具有的

一個很嚴重的問題即是產生區塊的效率較低。由於在公有鏈中，區塊的傳遞需要時間，為了保證系統的可靠性，大多數公有鏈系統透過提高一個區塊的產生時間來保證產生的區塊能夠儘可能廣泛地擴散到所有節點處，從而降低系統分叉（同一時間段內多個區塊同時被產生，且被先後擴散到系統的不同區域）的可能性。因此，在公有鏈中，區塊的高產生速度與整個系統的低分叉可能性是矛盾的，必須犧牲其中的一個方面來提高另一方面的效能。同時，由於潛在的分叉情況，可能會導致一些剛產生的區塊的還原，一般來說在公有鏈中，每個區塊都需要等待若干個基於它的後續區塊的產生，才能夠以可接受的機率認為該區塊是安全的。比特幣中的區塊在有 6 個基於它的後續區塊產生後才能被認為是足夠安全的，而這大概需要一個小時，對於大多數企業應用來說根本無法接受。

2. 隱私問題

目前公有鏈上傳輸和儲存的資料都是公開可見的，僅透過「地址匿名」的方式對交易雙方進行一定隱私保護，相關參與方完全可以透過對交易記錄進行分析從而獲取某些資訊。這對於某些涉及大量商業機密和利益的業務情境來說也是不可接受的。另外在現實世界的業務中，很多業務（比如銀行交易）都有實名制的要求，因此在實名制的情況下目前公有鏈系統的隱私保護確實令人擔憂。

3. 最終確定性（Finality）問題

交易的最終確定性指特定的某筆交易是否會最終被包含進區塊鏈中。PoW 等公有鏈共識演算法無法提供即時確定性，即使看到交易寫入區塊也可能後續再被還原，只能保證一定機率的收斂。如在比特幣中，一筆交易在經過 1 小時後可達到的最終確定性為 99.9999%，這對現有工商業應用和法律環境來說，可用性有較大風險。

4. 激勵問題

為促使參與節點提供資源，自發維護網路，公有鏈一般會設計激勵機制，以保證系統健康執行。但在現有大多數激勵機制下，需要發行類似於比特幣或代幣，不一定符合各個國家的監管政策。

4.3.2 聯盟鏈

聯盟鏈通常應用在多個互相已知身分的組織之間建構，比如多個銀行之間的支付結算、多個企業之間的物流供應鏈管理、政府部門之間的資料共享等。因此，聯盟鏈系統一般都需要嚴格的身分認證和許可權管理，節點的數量在一定時間段內也是確定的，適合處理組織間需要達成共識的業務。聯盟鏈的典型代表是 Hyperledger Fabric 系統。

聯盟鏈的特點如下所示。

1. 效率較公有鏈有很大提升

聯盟鏈參與方之間互相知道彼此在現實世界的身分，支援完整的成員服務管理機制，成員服務模組提供成員管理的框架，定義了參與者身分及驗證管理規則；在一定的時間內參與方個數確定且節點數量遠遠小於公有鏈、對於要共同實現的業務線上下已經達成一致理解，因此聯盟鏈共識演算法較比特幣 PoW 的共識演算法約束更少，共識演算法執行效率更高，如 PBFT、Raft 等，從而可以實現毫秒級確認，吞吐率有極大提升（幾百到幾萬 TPS）。

2. 更好的安全隱私保護

資料僅在聯盟成員內開放，非聯盟成員無法存取聯盟鏈內的資料；即使在同一個聯盟內，不同的業務之間的資料也進行一定的隔離，比如 Hyperledger Fabric 的通道（Channel）機制將不同業務的區塊鏈進行隔離；在 1.2 版本中推出的 Private Data Collection 特性支援對私有資料的加密保護。不同的廠商又做了大量的隱私保護增強，比如華為公有雲端的區塊鏈服務（Blockchain Service，BCS）提供了同態加密，對交易金額資訊進行保護；透過零知識證明，對交易參與方身分進行保護等。

3. 不需要代幣激勵

聯盟鏈中的參與方為了共同的業務收益而共同配合，因此有各自貢獻運算能力、儲存、網路的動力，一般不需要透過額外的代幣進行激勵。

4.3.3 私有鏈

私有鏈與公有鏈是相對的概念，所謂私有就是指不對外開放，僅僅在組織內部

使用。私有鏈是聯盟鏈的一種特殊形態，即聯盟中只有一個成員，比如企業內部的票據管理、帳務審計、供應鏈管理，或者政府部門內部管理系統等。私有鏈通常具備完善的許可權管理體系，要求使用者提交身分認證。

在私有鏈環境中，參與方的數量和節點狀態通常是確定的、可控的，且節點數目要遠小於公鏈。私有鏈的特點如下所示。

1. 更加高效

私有鏈規模一般較小，同一個組織內已經有一定的信任機制，即不需要對付可能搞亂的壞人，可以採用一些非拜占庭容錯類、對區塊進行即時確認的共識演算法，如 Paxos、Raft 等，因此確認時間延遲和寫入頻率較公有鏈和聯盟鏈都有很大的提高，甚至與中心化資料庫的效能相當。

2. 更好的安全隱私保護

私有鏈大多在一個組織內部，因此可充分利用現有的企業資訊保安防護機制，同時訊息系統也是組織內部訊息系統，相對聯盟鏈來說隱私保護要求弱一些。

相比傳統資料庫系統，私有鏈的最大好處是加密審計和自證清白的能力，沒有人可以輕易篡改資料，即使發生篡改也可以追溯到責任方。

4.4 ｜ 代表性系統及框架

4.4.1 比特幣系統

比特幣系統是區塊鏈系統的第一個典型應用，也是為比特幣這個加密虛擬貨幣設計的專用系統，本書在前述章節已對其進行了較為詳細的介紹，此處不再對其發展歷程和原理進行贅述，而是轉而對其一些特性，如 UTXO 模型、鎖定指令碼和解鎖指令碼等進行介紹。

1. 比特幣 UTXO 模型

首先，比特幣系統中，是沒有嚴格意義上的「帳戶」概念的，取而代之，比特幣系統提出了其獨特的未消費的交易輸出（Unspent Transaction Output, UTXO）模型，本書中簡稱 UTXO 模型。UTXO 是一個包含交易資料和對應的執行程式碼的

資料結構，所有的 UTXO 條目構成了比特幣的「帳本」，其中每個傳統意義上的「帳戶」的數據可以透過與它相關的 UTXO 推斷出來。

在一個具有傳統「帳戶」概念的傳統支付系統中，每個使用者都對應著一個帳戶，支付系統會對每個帳戶的餘額進行單獨地記錄和管理。當系統中有使用者之間發起了支付的交易，支付系統會分別對參與交易的帳戶的餘額資訊進行檢查和修改。例如，A 向 B 轉帳 50 元，首先需要檢查 A 的帳戶中有 50 元的餘額，再從 A 的帳戶中扣除 50 元，並向 B 的帳戶中新增 50 元。可以看到，為了保證整個系統的正確性，防止雙花等情況的存在，支付系統需要確保對應的業務規則得到遵守（A 的帳戶中至少有 50 元的餘額），同時也需要保證每個交易的「事務性」，即原子性、一致性、隔離性及永續性（ACID）。簡單來說，即保證從 A 帳戶扣款和向 B 帳戶新增款項這兩個動作必須同時執行、不受其他事件影響，且不會丟失。

然而，比特幣系統並沒有採取如此的設計，而是創新性地提出了 UTXO 的方案。UTXO 方案的核心就在於，透過交易本身來構成系統帳本，而不是透過帳戶資訊構成帳本。具體地講，在比特幣的每一筆交易（TX）中，都有「交易輸入」（資產來源）和「交易輸出」（資產去向），且每個交易都可以有多個交易輸入和多個交易輸出，交易之間按照時間戳的先後順序排列，且任何一個交易中的交易輸入都是其前序的某個交易中產生的「未花費交易輸出」，而所有交易的最初的交易輸入都來自於 coinbase 交易，即礦工得到的挖礦獎勵。

我們舉出一個例子來說明 UTXO 模型下的轉帳過程。首先，礦工 A 挖到了 12.5 枚比特幣，此後，他進行了兩筆交易：首先，他將自己擁有的 5 枚比特幣轉帳給了 B；一段時間後，他又與使用者 B 合資，每人各出 2.5 枚比特幣付給使用者 C。在 UTXO 系統中，這樣的一系列操作可由三個前後依賴的 TX 完成，見表 4.2～4.4。

表4.2　交易範例1

Coinbase交易，#1			
	來源／去向	數額	編號
交易輸入		12.5	
交易輸出	A的地址（公鑰）	12.5	(1)

表4.3　交易範例2

Coinbase交易，#2			
	來源／去向	數額	編號
交易輸入	#1（1）	12.5	
交易輸出	B的地址（公鑰） A的地址（公鑰）	5 7.5	（1） （2）

表4.4　交易範例3

Coinbase交易，#3			
	來源／去向	數額	編號
交易輸入	#2（1） #2（2）	5 7.5	
交易輸出	C的地址（公鑰） B的地址（公鑰） A的地址（公鑰）	5 2.5 7.5	（1） （2） （3）

　　表 4.2 是這一系列交易的起始交易，交易 #1。可以看到，該交易無交易輸入，表示來源爲 coinbase，即礦工挖出一個區塊的獎勵，且僅有一個交易輸出，對應著接受該區塊獎勵的礦工的地址。這個交易就提供了一個 UTXO，即可以理解爲地址 A 有了相應數額（12.5）的未消費交易輸出儲備，此後，可以基於該 UTXO 進行進一步的交易。

　　表 4.3 是舉例交易中的第二個交易，在該交易中，交易來源引用了交易 #1 的未使用交易輸出作爲交易輸入，且有兩筆對應該交易輸入的交易輸出，分別編號爲 1 和 2，其中編號爲 1 的交易輸出指向了 B，即意味著地址 B 現有了價值 5 個比特幣的 UTXO 可以在後續交易過程中引用（相當於 A 向 B 轉帳了 5 個比特幣）。編號爲 2 的交易的交易輸出指向了 A，意味著作爲交易輸入的交易 #1 還剩餘的 7.5 個比特幣又（作爲找零）流入了 A 的地址，即 A 後續仍可以用價值 7.5 個比特幣的 UTXO 作爲交易輸入。

　　表 4.4 是交易過程最後一步範例，即使用者 A 與使用者 B 合資，每人各出 2.5 枚比特幣付給使用者 C。在該交易中，交易輸入引用了交易 #2 中的兩個 UTXO，

分別是交易 #2 中的 1 號交易輸出和 2 號輸出。而對應的交易輸出則有三個，其中，編號爲 1 的交易輸出流入了 C 的地址，價值 5 個比特幣，剩下的 2 號和 3 號交易相當於對 A 和 B 的找零，分別對應著 A 和 B 提供的交易輸入在該交易中未使用完的部分。

從上述的例子可以看出，比特幣系統中，實際上不存在明顯的「帳戶餘額」概念，每個帳戶都對應著某個地址，而某個地址在某個時間點所具有的「餘額」，是需要透過他具有的 UTXO 的情況進行計算得出的。在比特幣系統中，這種跟蹤計算由比特幣錢包代爲負責。

基於如此設計的 UTXO 系統，比特幣如何保證 UTXO 只能被對應的地址所引用爲交易輸入呢？答案是比特幣的指令碼特性。比特幣支援較爲簡單的交易指令碼編寫，用於對相應資產使用方式的規則的制定。

2. 鎖定指令碼與解鎖指令碼

比特幣系統中，交易的合法性驗證依賴於兩類指令碼：鎖定指令碼與解鎖指令碼。實際上，比特幣的交易過程中，要在交易輸入中提供一個用於解鎖 UTXO 的指令碼，這類指令碼即爲「解鎖指令碼」，是一類能夠「解決」所引用的交易輸出上設定的花費條件的指令碼；同時，交易的輸出需要指向一個用於鎖定當前交易的交易輸出的指令碼，這類指令碼即爲「鎖定指令碼」，該指令碼的意義在於，在後續的交易中，誰能夠提供與該鎖定指令碼匹配的解鎖指令碼，就能夠使用該指令碼所鎖定的 UTXO 輸出。交易的驗證過程中，每個節點會透過執行當前交易的解鎖指令碼和目前交易所引用的上一個交易的鎖定指令碼來對交易進行驗證，當兩個指令碼匹配時，交易才會被驗證爲有效。

比特幣的交易指令碼是一種基於逆波蘭表示法的堆疊的執行語言。逆波蘭表示法（Reverse Polish Notation, RPN）是一種由波蘭數學家揚・武卡謝維奇在 1920 年引入的數學表達式方式。這種表達方式的規則是，所有的運算元都置於相應的運算元之後。例如「3 + 4」這一數學表達式，常規中綴記法表達式爲「3 + 4」，而用逆波蘭表示法表示爲「3 4 +」；常規中綴記法的表達式「(3 + 4)×5」，用逆波蘭表示法爲「3 4 + 5×」。可以看出，這種表達方法的好處在於不需要使用括號來標示運算元的優先順序，從頭到尾看一遍表達式，每遇到一個運算元，即將其前方存

放的對應數目的運算元取出進行計算即可。逆波蘭表達式的這種特點,使其很適合用堆疊結構進行解釋。堆疊為一種特殊的資料結構,可以理解為一堆資料的集合,其中維護一個「棧頂」元素,允許兩種操作,出棧和入棧,出棧為取出並在棧中刪除棧頂的元素,入棧即為在棧頂放入一個元素。棧內部的維護可以有許多種原則,如最大元素在棧頂,或者最新入棧的元素在棧頂等。利用一個棧頂維護最新入棧元素的棧,很容易實現逆波蘭記法的表達式直譯器:即遇到運算元則壓入棧中,遇到運算元時,從棧頂取出該運算元所需數目的運算元,進行計算後再將對應結果入棧;從左至右遍歷對應表達式後,棧頂所維護的值即為表達式的值。圖 4.1 是逆波蘭記法的指令碼語言「2 3 ADD 5 EQUAL」的執行過程。

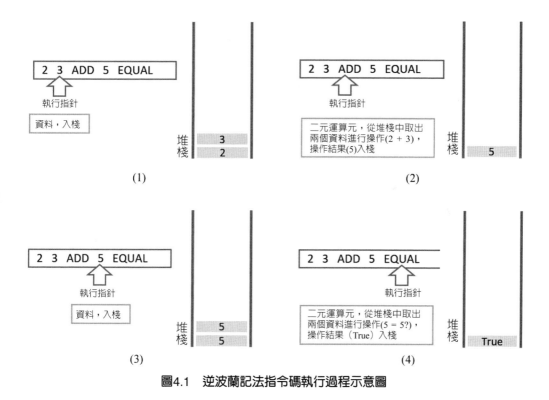

圖4.1 逆波蘭記法指令碼執行過程示意圖

具體地講,執行指針從命令「2 3 ADD 5 EQUAL」的頭部開始執行,首先會遇到兩個運算元 2 和 3,則按順序將其壓入棧中,此時堆疊中的元素由棧頂至棧

底有 3，2 兩個運算元；執行指針繼續向右移動，遇到二元運算元「ADD」，即會從堆疊中按順序取出兩個運算元進行「ADD」操作，也就是相加操作，得到結果爲 5，並將結果 5 壓入堆疊中；執行指針繼續右移，遇到運算元 5，即將其壓入棧中，目前堆疊中的元素有 5，5 兩個運算元；繼續右移，遇到二元判等運算元「EQUAL」，便從堆疊中移出兩個運算元，進行判等操作；判等操作結果爲 True（眞），即將 True 壓入棧中。此時，執行指針已移至命令串末尾，執行完畢。

比特幣交易指令碼的語言即採用如此的執行流程，並對交易相關的一些運算元進行了規定。在編寫的過程中，使用者可以透過選取相應的運算元並填入相關的運算元來進行指令碼的編寫。

需要說明的是，比特幣所使用的指令碼語言，具有圖靈非完備及執行結果確定這兩種性質。其中，圖靈非完備性對應著英國數學家圖靈所提出的抽象計算模型：確定性圖靈機，它是一個能夠計算任何可計算函數的、具有無限儲存能力的電腦器。若一個語言能夠做到用圖靈機做到的所有事情，則稱該語言是「圖靈完備」的。然而，由於比特幣的交易指令碼語言不支援循環或者較爲複雜的流程控制，所以它是圖靈非完備的；換句話說，比特幣的交易指令碼的表達能力是極爲有限的，其執行的流程、循環的次數都是可以預見的且確定的。然而，正是這種受限性所帶來的確定性，保證了比特幣的安全性。由於交易指令碼語言的確定性，保證了相同的指令碼在所有節點上的執行結果都是一致的，因此，一個有效的（可以透過驗證的）交易在所有節點上都是有效的。相對於後期的一些支援非確定性的高級程式語言的智能合約平臺，比特幣在這一方面的安全性是十分可靠的。

另外，爲了進一步保證比特幣的安全性，比特幣開發者對於客戶端可以操作的指令碼型別進行了限制，規定了客戶端可執行的五種標準交易指令碼，分別爲 P2PKH、P2PK、P2SH、MS 和 OP_Return，對應著不同的特性和用處。接下來，我們將對這 5 類指令碼進行簡要的介紹。

(1) P2PKH（Pay to Public Key Hash）

該類指令碼爲目前比特幣網路上大多數交易所採用的交易指令碼。這類交易指令碼包含著一個鎖定指令碼，對交易輸出進行鎖定，即公鑰和對應的公鑰雜湊值（PKH）。比特幣網路上的大多數交易都是 P2PKH 交易，此類交易都含有一個鎖

定指令碼，該指令碼由公鑰雜湊實現阻止輸出功能，公鑰雜湊即廣爲人知的比特幣地址。由 P2PKH 指令碼鎖定的輸出可以透過鍵入公鑰和由相應私鑰創設的數位簽名解鎖。

下面，我們透過一個例子對 P2PKH 指令碼進行介紹。假定在一筆交易中，Bob 給 Alice 支付了 0.15BTC。由於比特幣並沒有傳統的「帳戶」概念，使用者透過其地址（即其公鑰）來標記，因此這筆交易中僅寫明了 Alice 公鑰的雜湊值。然而，爲了限定只有 Alice 才能夠花費這筆交易對應的 UTXO，Bob 會在這筆 0.15BTC 的交易中建立一個輸出指令碼：

OP_DUP OP_HASHI60 <Alice Public Key Hash>OP_EQUAL OP_CHECKSIG

這個指令碼即表示對於輸出交易的解鎖條件，即需要提供一個簽名和一個公鑰。而有效的簽名需要使用者的私鑰產生，因此僅有 Alice 能夠建立出能夠透過該指令碼驗證的簽名。

Alice 在需要花費該交易中的 0.15BTC 的 UTXO 時，需要提供 Bob 產生的鎖定指令碼所對應的解鎖指令碼：

<Alice Signature><Alice Public Key>

將解鎖指令碼和鎖定指令碼進行組合，獲得如下的組合指令碼：

<Alice Signature><Alice Public Key>OP_DUP OP_HASHI60 <AlicePublic Key Hash>OP_EQUAL OP_CHECKSIG

該組合指令碼的執行過程示意圖如圖 4.2 及 4.3 所示。

具體來說，執行指針從組合指令碼的頭部開始進行執行，首先遇到 <Signature> 及 <PubKey> 兩個運算元，則按順序將其壓入堆疊；執行指針繼續向後移動，遇到一元運算元「DUP」，該運算元的作用爲複製棧頂元素並將其壓入棧頂，執

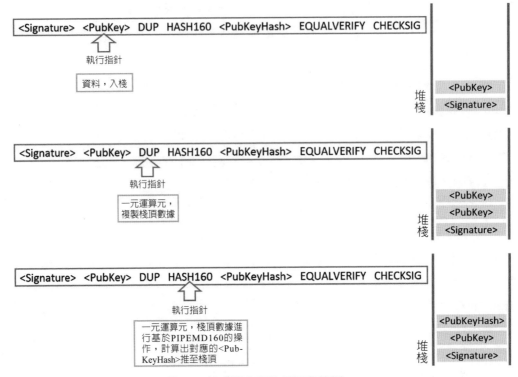

圖4.2　組合指令碼執行過程範例(1)

行完後堆疊中現有元素按從棧頂到棧底的順序排列有：<PubKey>、<PubKey>、<Signature> 三個；執行指針繼續後移，遇到一元運算元「HASH160」，該運算元的作用為計算棧頂元素的雜湊值，並將計算結果壓入棧頂；計算完後，堆疊中現有元素的排列變成了 <PubKeyHash>、<PubKey>、<Signature>；執行指針繼續後移後遇到運算元 <PubKeyHash>，直接壓入棧頂，堆疊中元素變為 <PubKeyHash>、<PubKeyHash>、<PubKey>、<Signature>；執行指針指向的下一個運算元為二元運算元「EQUALVERIFY」，該運算元的作用為對兩個運算元進行判等，若判等透過，則將兩運算元移除，並繼續執行；EQUALVERIFY 成功執行完畢後，堆疊中元素變為 <PubKey>、<Signature>，執行指針繼續右移；執行指針最終指向二元運算元「CHECKSIG」，該運算元會對一組公鑰和簽名進行檢查，確認簽名是由公鑰

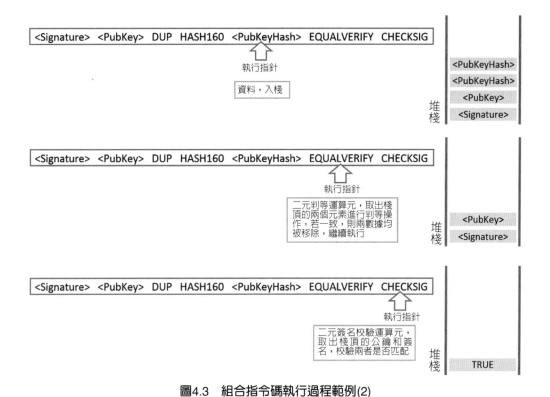

圖4.3　組合指令碼執行過程範例(2)

對應的私鑰產生的；執行完畢後，會將對應的執行結果壓入棧中。

可以看到，只有當解鎖指令碼與鎖定指令碼的設定條件相匹配時，執行組合指令碼時才會顯示結果為真（Ture），即只有當解鎖指令碼提供了 Alice 的有效簽名，交易執行結果才會被透過（結果為真）。

(2) P2PK（Pay to Public Key）

P2PK 模式是一種較為簡單的交易指令碼模式。但相比於 P2PKH，由於其並未對使用者的公鑰進行雜湊，所以可能會泄露使用者公鑰。目前，Coinbase 的交易常使用該模式。

在該模式中，鎖定指令碼的形式如下：

<Public Key A>OP_CHECKSIG

解鎖指令碼僅包含一個運算元，即使用者的簽名：

<Signature from Private Key A>

組合指令碼如下：

<Signature from Private Key A><Public Key A>OP_CHECKSIG

該組合指令碼的意義為：呼叫 OP_CHECKSIG 運算元，對私鑰 A 的簽名和私鑰 A 對應的公鑰進行驗證，如果驗證透過，則返回結果為真，通過校驗。

(3) P2SH（Pay to Script Hash）

P2SH 相比於前兩種指令碼模式具有更強的靈活性，具體說來，其僅記錄 20 位元組的指令碼雜湊，從而對具體的指令碼細節進行了保護。在需要使用透過該類指令碼鎖定的 UTXO 時，出示對應雜湊值的原始指令碼，並保證指令碼的執行結果為真即可。

在該模式中，鎖定指令碼的形式如下：

HASHl60 PUSHDATA（目標指令碼雜湊）EQUAL

解鎖時提供對應的目標指令碼即可。

(4) 多重簽名（Multi Signature）

多重簽名提供了這樣一種解鎖情境，即在相關的 N 個公鑰中，需要提供 M 個公鑰對應的簽名，才可以對相應 UTXO 進行解鎖。這類指令碼在涉及多方協商交易的情境下較為有效。

在該模式中，通用的 M N 多重簽名鎖定指令碼（M 為至少需要提供的簽名數量，N 為涉及的公鑰總數）的形式如下：

M <Public Key 1><Public Key 2>...<Public Key N>N OP_CHECKMULTISIG

對應的解鎖指令碼的形式如下：

OP_0 <Signature k><Signature j>...

鎖定指令碼與解鎖指令碼結合，即可對提供的簽名進行驗證，從而達到多重簽名鎖定的目的。

(5) 數據記錄輸出（OP_Return）

數據記錄輸出指令碼主要用於對比特幣功能的拓展。透過該類指令碼，開發者可以在交易輸出上增加 80 位元組的非交易數據。

比特幣交易指令碼可以視爲是智能合約的雛形，不過它的機制相對來說比較簡單，僅是一個堆疊式的指定 OP 指令解析引擎，所能夠支援的規則較少，難以實現複雜的邏輯。然而比特幣指令碼無疑給後續區塊鏈系統的智能合約的提出提供了一個原型，相當於給區塊鏈系統增加了一個功能拓展介面，使區塊鏈能夠在更多的情境下發揮作用。

可以說，比特幣系統作爲區塊鏈領域的開山之作，其中各種設計都是非常精巧且值得借鑑的。目前，比特幣已經走過了十年，除部分交易所因爲自身防範不周曾發生過被駭客盜取儲備幣等問題，目前還沒有因爲比特幣自身的機制產生過嚴重的安全問題，同時，比特幣系統的各種設計仍被各類區塊鏈系統廣爲借鏡和拓展。

3. 比特幣的安全性及 51% 攻擊

比特幣的安全性保證源於其獨特的 PoW 共識機制，以及其每個節點都可以獨立正確驗證的交易指令碼機制。

要分析比特幣系統的安全性，我們應首先考慮在比特幣系統中可能存在的攻擊形式。一個攻擊者若想透過攻擊比特幣系統獲益，顯然是需要掌控「記帳權」，即產生區塊的權力。由於比特幣系統中，由誰來產生下一個區塊是一個完全隨機的事件，因此，由一個攻擊者節點產生部分區塊是完全有可能的，但由於比特幣中的正常節點都會對產生區塊中的交易進行驗證（透過執行交易中的鎖定指令碼和解鎖指

令碼），因此，所有誠實的節點都不會接受包含了無效交易的區塊，這意味著攻擊者無法憑空創造價值，也無法對不屬於自己的比特幣進行掠奪，攻擊者所能夠進行的僅僅是對自己發出的交易資訊進行修改（因為它無法偽造其他參與者的簽名等資訊）。一個典型的攻擊情境即為「雙花攻擊」，在這種攻擊中，攻擊者先將自己所擁有的資產（UTXO）在一筆交易（記為 TX1）中支付給另一個參與者以換取某些其他資產，該交易被寫入目前比特幣區塊鏈（記為鏈 A）的第 N+1 個區塊；此時攻擊者同時祕密地準備另一條基於原比特幣區塊鏈第 N 個區塊的後續鏈（記為鏈 B），該鏈中並不包含 TX1；攻擊者等待實際獲取到 TX1 交易中所涉及的其他資產之後，再使用自己準備的這條祕密鏈 B 同原記錄有 TX1 交易的鏈 A 進行替換，便可「抹消」自己所參與的 TX1 交易，收回自己在 TX1 交易中所使用的 UTXO。

當然，由於比特幣的「最長鏈勝出」原則，攻擊者祕密產生的鏈 B 需要在替換時比原有鏈 A 更長，才能夠成功實行雙花攻擊。而比特幣系統中採用的 PoW 機制保證了，某節點產生下一個區塊的機率與該節點的運算能力占所有參與 PoW 的節點的運算能力的比例成正比，因此，雙花攻擊的成功機率與攻擊節點的運算能力密切相關。

在實行方面，若交易雙方在記錄其交易 TX1 的區塊 N+1 產生後，等待若干個（記為 z 個）基於該區塊的後續區塊的成功產生之後，再對 TX1 交易進行確認（即進行交易所涉及其他資產的交接），此時攻擊者若要用自己祕密產生的鏈 B 成功替換已產生的這 z 個區塊所在的鏈 A（即在相同的時間內產生數量多於 z 個區塊），其難度顯然是與 z 的長度相關的。

我們不妨做如下的假定來對惡意節點在 z 個區塊產生後仍能夠成功進行攻擊的機率進行分析：

$$p = 誠實節點製造出下一個區塊的機率$$
$$q = 惡意節點製造出下一個區塊的機率$$

若使用 q_z 來表示攻擊者最終在 z 個區塊長度時，產生的鏈 B 的長度超過了誠實者產生的鏈 A 的長度（成功攻擊），則 q_z 可表示為：

$$q_z = \begin{cases} 1, & \text{若 } p < q \\ \left(\dfrac{q}{p}\right)', & \text{若 } p > q \end{cases}$$

可以看到，在惡意節點產生區塊的機率 q 小於誠實節點產生區塊的機率 p 時（亦即，惡意節點的總運算能力小於誠實節點的總運算能力時），惡意節點攻擊成功的機率隨著鏈的區塊數的增長而呈指數化下降。中本聰在比特幣白皮書中，對這種攻擊實行的可能性進行了分析，同時給出了一系列關於 q、z，以及對應攻擊成功的機率 q_z 的計算結果。

當 $q = 0.1$，即惡意節點的總運算能力佔所有節點總運算能力的 10% 時，對應的 z 值和 q_z 的值如表 4.5 所示。

表4.5　惡意節點占10%運算能力時對應的z值和q_z

z	0	1	2	3	4	5	6	10
q_z	100%	20.5%	5.19%	1.32%	0.346%	0.0914%	0.0243%	0.00012%

當 $q = 0.3$，即惡意節點的總運算能力占所有節點總運算能力的 30% 時，對應的 z 值和 qz 的值如表 4.6 所示。

表4.6　惡意節點占30%運算能力時對應的z值和q_z

z	0	5	10	15	20	25	30	50
q_z	100%	17.7%	4.17%	1.01%	0.248%	0.0613%	0.0152%	0.00006%

需要說明的是，q 所代表的惡意攻擊者的比例實際上應該是所有「合謀」的惡意攻擊者的比例，因為它們需要互相配合以在同一條惡意鏈上進行延續。中本聰也給出了保證攻擊成功率 $q_z < 0.1\%$ 時，z 隨 q 的變化規律如表 4.7 所示。

表4.7 保證攻擊成功率小於0.1%時z與q的變化

q	0.10	0.15	0.20	0.25	0.30	0.35	0.40	0.45
z	5	8	11	15	24	41	89	340

在目前比特幣系統中，由於參與計算的運算能力總量是十分可觀的，攻擊者所能夠掌控的運算能力的總比例實際上是非常小的，因此，目前的比特幣系統中，一般取 6 個區塊作為交易確認時間，即在交易被寫入區塊後再等待 6 個基於該區塊之區塊產生（一般是 60 分鐘），再實際進行該交易其他資產的交接。

4. 比特幣的隱私模型

傳統交易系統為交易的參與者提供了一定程度之隱私保護。具體地，使用者需要將交易資訊和個人身分資訊遞交給可信任的第三方，由可信任的第三方對使用者資訊和交易資訊進行維護。這種方案具有一定的安全性，因為可信任的第三方通常會採取一些措施對於自己儲存的使用者資訊和交易資訊進行保密。然而，可信任的第三方也不是完全安全的，它可能會被攻擊者攻破，也存在因為某些利益原因主動將部分數據交由其他人進行處理和分析的風險。

在比特幣系統中，由於所有的交易都會被廣播至全網，所以傳統的中心化的隱私保護方法均不適用。然而，由於比特幣的獨特設計，使用者的隱私依然可以得到保護。正如前面章節所述，比特幣系統中不存在「帳戶」，其帳本是由一個個交易組成的，而交易中的參與者僅是一系列「地址」，或者說是公鑰。公眾能夠從公開的帳本中得知的資訊僅僅是某些地址將一定數量的貨幣發送給了另一些地址，然而，對於具體的地址與人的對應關係卻一無所知。作為額外的防護措施，比特幣的使用者甚至可以在每次交易中都產生並使用一個新的地址，從而使交易的追溯更加困難。從比特幣被發明到現在的十年間，中本聰作為發明者和較大量的比特幣持有者，其真實身分一直未被大眾所獲知，也可以從一定程度上說明比特幣的隱私保護功能的強大。

然而需要指明的是，比特幣系統雖然可以透過地址和使用者不對應的方式對使用者隱私進行保護，但其帳本完全公開的特性，也給所有人提供了分析帳本資料、找出特定地址交易規律從而定位地址與人的對應關係的可能。

4.4.2 以太坊系統

　　隨著比特幣的蓬勃發展，越來越多的人參與到比特幣的交易、研究之中。由於比特幣本身在當時是一個「極客」的新生事物，參與到比特幣社區的人也大多都是各有抱負的年輕極客。在當時參與討論的極客群體中，有一位出生於 1994 年的俄羅斯青年 Vitalik Buterin（後被稱爲 V 神）。在感受到比特幣的魅力之後，Vitalik 決定完全投入到這樣的一個完全去中心化的系統的研究之中。2013 年，Vitalik 高中畢業後進入以電腦科學聞名的加拿大滑鐵盧大學，但感覺在學校的學習不能夠完全滿足他想與更多區塊鏈愛好者交流學習的需求，於是，在入學僅八個月後便毅然退學，走訪美國、西班牙、義大利以及以色列等國家的比特幣開發者社群，並積極參與到比特幣轉型工作之中。

　　然而，隨著 Vitalik 對比特幣轉型工作，即尋求比特幣在加密虛擬貨幣以外的應用的開展，Vitalik 意識到比特幣系統在設計上具有一些先天的侷限性，比如帶來巨大能源損失的挖礦機制，而這些侷限性是難以透過後期的完善來克服的。因此，Vitalik 決定自己開發出一個全新的區塊鏈平臺，該平臺的目的主要在於擴充套件比特幣區塊鏈在更多領域的應用，將以太坊建成通用的平臺，讓所有的開發者都能夠利用該平臺，建構各種各樣的去中心化應用（Decentralized Application, DApp）。以太坊改進了比特幣的挖礦方式，使得大規模專用礦機不再有優勢，同時爲以太坊平臺增添了「智能合約」的功能，即開發者能夠基於以太坊虛擬機器提供的智能合約開發介面，對他們自己的去中心化應用進行搭建。

　　Vitalik 於 2013 年年末發表了以太坊白皮書，並於 2014 年 1 月在美國佛羅里達州邁阿密舉行的北美比特幣會議上，正式宣布了以太坊這個專案。同時，爲了迅速地推廣自己的以太坊生態，以太坊於 2014 年 6 月開始，以 42 天的預售活動的形式，對以太坊系統中的第一批以太幣進行了分配。這次預售活動一共融資了 31,591 個比特幣，在當時，價值大概 1,800 萬美元，共交換出 60,102,216 個以太幣。以當時的價格計算，相當於一個以太幣 0.3 美元，然而截至本書成稿時，單枚以太幣的價值已達到 200 美元的量級。

　　在本部分，我們將對以太坊的一些設計思路，包括其帳戶模型、採用的挖礦演

算法、提供的智能合約實現等，進行簡要的介紹。

1. 以太坊帳戶模型

與比特幣不同，以太坊沒有採用 UTXO 模型，而是採用了傳統記帳系統的帳戶模型，即每個使用者對應一個直接記錄餘額的帳戶，交易中附帶有參與交易的帳戶的資訊。相比於比特幣的 UTXO 模型，以太坊所採用的傳統帳戶模型顯然更易於理解和進行智能合約的程式設計。

具體地，以太坊的每一個帳戶都由一對公私鑰進行定義，帳戶的地址為其公鑰的最後 20 個位元組，以太坊透過地址來對帳戶進行索引。在以太坊中，共有兩種帳戶模型：外部擁有帳戶（Externally owned account, EOAs）和合約帳戶（Contract account）。以太坊的外部擁有帳戶一般是給使用者分配的帳戶，擁有該帳戶的使用者可以透過帳戶對應的私鑰建立和簽署交易，發送訊息至其他外部帳戶或合約帳戶。合約帳戶一般是由合約程式碼控制的帳戶，可以被外部擁有帳戶觸發從而執行其對應的合約程式碼，從而進行各種預先定義好的操作。

這些帳戶都是具有狀態的「實體帳戶」（相對於比特幣的「虛擬帳戶」），例如，外部帳戶有餘額、合約帳戶有餘額和合約儲存。以太坊中所有帳戶的狀態即為以太坊網路的狀態，以太坊透過產生區塊對其狀態進行更新。

以太坊的帳戶狀態包括如下四個部分：

(1) nonce：隨機值，用於指定唯一一個交易或合約程式碼。

(2) balance：帳戶餘額。

(3) root：帳戶狀態樹的樹根其雜湊值。

(4) codeHash：帳戶之合約程式碼的雜湊值，對外部擁有帳戶，此欄位為空。

2. 以太坊挖礦演算法

以太坊採用了與比特幣類似的 PoW 共識機制，但其所選用的挖礦演算法卻與比特幣不同。在比特幣所使用的 SHA 256 挖礦演算法中，挖礦的速度與機器的運算能力成正比，從而催生了利用大規模的專用礦機的集群進行合作挖礦的集中式礦場，降低了比特幣的去中心化程度，因此，以太坊採取了 Ethash 這種演算法作為其工作量證明演算法。Ethash 演算法具有挖礦效率與記憶體大小和記憶體頻寬正相關的特點，這就防止了部分礦場透過堆疊專用礦機運算能力而獲取挖礦效率上的提升。

以太坊的挖礦演算法 Ethash 又名 Dashimoto（Dagger Hashimoto），是 Hashimoto 演算法結合 Dagger 演算法產生的一個變種演算法。本書僅對該演算法基本流程進行簡要的介紹，不深入該演算法的數學細節。

Ethash 演算法的大致流程如下：

(1) 先根據相關區塊的內容計算出一個種子（seed），再利用該種子產生一定大小（例如 32MB）的偽隨機值資料組合，稱爲 cache；

(2) 基於 cache，產生較大規模（1GB 以上）的資料組合，稱爲 the DAG；DAG 中的每一個元素都是利用 cache 中的某幾個元素計算得出的，並且如果給出 cache 和其中的幾個指定元素，可以很快計算出 DAG 中對應的元素；

(3) 挖礦的過程即爲從 DAG 中隨機選取元素對其進行雜湊，獲得一個雜湊值滿足指定的「難度要求」的元素。

在這種挖礦設定下，挖礦的過程需要客戶端儲存 DAG 的全部資訊，而對挖出的區塊的驗證過程僅需要較小的 cache 中的資訊，即驗證節點僅需要基於 cache 快速計算出 DAG 中指定位置的元素，然後驗證該元素的雜湊值結果符合難度要求。驗證過程僅需要普通 CPU 及記憶體即可快速完成。

在以太坊的設定中，cache 和對應的 DAG 每個週期更新一次，而一個週期的長度一般是幾千個區塊。因此，挖礦過程中的主要開銷在於頻繁地從 DAG 中讀取資料進行計算，而不是對 cache 及 DAG 進行計算和更新，這即是 Ethash 演算法記憶體敏感的原因。

以太坊的挖礦難度調整是動態進行的，每個區塊的難度係數都會根據上一區塊的產生時間、上一區塊的難度係數以及區塊高度等因素，由指定計算公式計算得出，並寫在相應的區塊頭中。由於以太坊尚處於不斷的開發轉變中，其具體使用的難度計算公式及其中的參數都處於不斷的變化調整中。下面我們僅以以太坊 Homestead 階段某時期的難度計算公式爲例，對以太坊難度係數計算方法進行大致的介紹。

$$block_{diff} = parent_{diff} + \frac{parent_{diff}}{2048} \times$$

$$max(1 - (block_{timestamp} - parent_{timestamp})/10, -99) +$$
$$int(2^{((block.number/10000) - 2)})$$

其中，$parent_{diff}$ 為上一個區塊的難度係數，$block_{timestamp}$ 及 $parent_{timestamp}$ 分別為該區塊及上一區塊產生的時間，block.number 為目前區塊的序號。可以看出，目前區塊的難度標準由三項組成，其中第一項是上一個區塊的難度標準，第二項為根據這一個區塊產生的時間計算得出的難度調整，第三項是以太坊所引入的「難度炸彈」。其中前兩項主要是為了在各種運算能力變化下保持以太坊的出塊速度維持在 15 秒左右，而第三項難度炸彈則會隨著每 10,000 個區塊的產生而翻倍，在後期會顯著影響以太坊的出塊速度。

3. 以太坊智能合約及以太坊虛擬機器 EVM

以太坊為區塊鏈系統新增了「智能合約」的實現。關於智能合約技術本身的介紹可以參考第二章中的相應章節，此處我們僅對以太坊本身所提供的智能合約進行簡單的介紹。

相比於比特幣所提供的極為受限的交易指令碼語言，以太坊所提供的智能合約極大增強了區塊鏈的功能，同時也為區塊鏈賦予了可程式設計性。透過以太坊平臺提供的智能合約程式語言和相應的對智能合約進行解釋執行的以太坊虛擬機器，區塊鏈開發者可以直接在以太坊平臺上進行各種可能的操作的開發，賦予以太坊區塊鏈各種方向的應用。

我們可以將以太坊視為一個可以實現去中心化應用的平臺，其核心是一套用於執行以太坊的節點所要執行的智能合約進行程式設計的語言，及相應地在保證節點執行其他服務的環境不受影響的條件下，對所編寫的智能合約語言進行解釋執行的虛擬機器。使用者透過呼叫以太坊提供的介面，對自己所希望部署的去中心化應用進行編寫。在呼叫時，透過共識協議在所有以太坊節點間，同將要執行的智能合約達成一致，進而在每個節點的 EVM 上執行。

具體地可以將智能合約理解為程式碼和數據的集合。以太坊所提供的智能合約程式語言是圖靈完備的，亦即以太坊的智能合約可以做到所有能夠用圖靈機做到的事情，類似於常見的高級程式語言，如 C++、GoLang 等。以太坊提供了幾套

編寫智能合約的高級語言，如 Solidity、Viper、Serpent 及 LLL 等，其中目前較為流行的是 Solidity 及 Viper。以太坊預設的智能合約程式語言是 Solidity，該語言編寫的智能合約對應的副檔名為 .sol，目前有許多可用的線上 Solidity 整合開發環境（IDE），如 Browser-Solidity Web IDE 等，使用者可以很方便地在其上編寫並編譯自己所需的智能合約程式碼。

使用者透過這些高級語言編寫出較為複雜的智能合約程式碼後，對應的程式碼進而被編譯為可以在 EVM 上執行的 EVM 位元組碼，這些位元組碼再被上傳至以太坊區塊鏈從而使所有節點均可獲取程式碼段，從而使每個節點都能夠利用本地的 EVM 對位元組碼進行執行。EVM 在設計上具有如下的特性。

(1) 基於棧＋區分儲存型別：EVM 是一種基於棧的虛擬機器，其對棧的大小不做限制，但限制棧呼叫深度為 1024；使用 256 位元的機器碼，用於智能合約位元組碼的執行；同時，以太坊區分為臨時儲存和永久儲存，其臨時儲存（Memory）存在於 EVM 的每個實例中，而其永久儲存（Storage）則存在於區塊鏈狀態層。

(2) 圖靈完備＋Gas 限制計算量：EVM 是圖靈完備的。然而，圖靈完備則會導致一些問題，比如某些惡意節點可能上傳無限執行的智能合約程式碼從而達到消耗以太坊計算資源的目的。因此，EVM 中引入了 Gas 的概念。以太坊節點在建立執行智能合約程式碼的訊息時，需要支付一定量的 Gas 用於「購買」執行智能合約所需的計算量。當 EVM 執行交易時，Gas 將按照一定的規則逐漸被消耗，執行完後剩餘的 Gas 會返還至支付節點。若在執行合約程式碼的過程中 Gas 被消耗殆盡，則 EVM 會觸發異常，將目前已執行的相關合約程式碼已進行的狀態修改還原，而不會將 Gas 回退給支付節點。Gas 可以透過以太坊購買，類似於雲端計算中對提交任務所佔用的計算資源進行付費的機制。

(3) 環境隔離：EVM 在節點上是一個隔離的環境，它保證了在其中執行的所有智能合約程式碼均不能影響以太坊節點中與以太坊 EVM 無關的狀態，從而保證了執行 EVM 的以太坊節點的安全性。

儘管以太坊所引入的智能合約概念極大地拓展區塊鏈的應用範圍，但其仍存在如下的一些缺陷。

(1) 缺少標準庫。目前，以太坊的各類智能合約編碼語言中均無高級程式語言

中常見的標準庫。因此，開發者進行編碼的難度較高，很多開發者爲了方便程式設計，會大段複製貼上一些開源智能合約的實現；一方面造成不必要的開發難度，另一方面也降低智能合約程式碼的安全性（若某開源實現中的智能合約程式碼存在漏洞，則直接複製其部分程式碼的其他智能合約程式碼也會沿襲其漏洞）；

(2) 受限的資料類型。目前，以太坊採用了極其非主流的 256bit 整數，降低了 EVM 的運算效率；同時，EVM 也不支援浮點運算，在一定程度上限制了以太坊的應用情境；

(3) 難以除錯和測試。目前 EVM 僅能拋出 OutOfGas 的異常，同時不支援除錯日誌的輸出；同時，儘管以太坊建立了測試網路私鏈的功能，供開發者區域性地對編寫的智能合約進行測試執行，但私鏈對公鏈的模擬極其有限，使得很多智能合約程式碼在部署前並不能經過充分的測試，可能會引起嚴重的後果；

隨著以太坊的不斷「進階」，以太坊社區正不斷地對這些缺陷進行改善，使人們能夠更方便地利用以太坊進行各類去中心化應用的開發，從而進一步擴大區塊鏈的應用範圍。

4. 典型以太坊應用

隨著以太坊的不斷發展，基於以太坊的開發者生態圈在目前已經相對完善。目前，已有數千個基於以太坊開發的 DApp 正在營運中。StateoftheDApps 網站集合了當前各類 DApp（其底層平臺包括但不限於以太坊）目前的使用者量、交易量以及使用者日活量等資訊。

表 4.8 是 StateoftheDApps 目前各平臺的 DApp 數目及相關活躍資訊的統計，可以看到，在目前可用的四類 DApp 開發平臺中，以太坊仍占據著較大份量。

表4.8　各平臺DApp現狀統計

平臺	DApp數目	日活躍使用者	日交易量	智能合約數目
以太坊	2197	29.06k	79.06k	5.25k
EOS	103	28.34k	983.7k	164
POA	13	19	1.49k	40
Steem	22	0	0	28

總而言之，目前 DApp 所涉及的領域囊括遊戲、社交、賭博、金融、管理、媒體、安全、儲存、能源、保險等 16 個領域。截至筆者定稿時，基於以太坊開發的 DApp 數目最多的四類 DApp 及其代表專案分別如下。

- 遊戲類：目前有 390 個活躍的遊戲類 DApp，包括近 50% 的收集類遊戲如加密貓（CryptoKitties）、以太星際（0xUniverse）等，20% 的模擬養成類遊戲如以太小精靈、加密少女等，還有部分策略類遊戲如 LORDLES、Imperial Throne 等；

- 賭博類：目前有 373 個活躍的賭博類 DApp，包括提供任意點到點之間的匿名賭博平臺 Ninja Prediction、以太坊彩票遊戲平臺 Fire Lotto、撲克遊戲 King Of Poker 等；

- 金融類：目前有 199 個活躍的金融類 DApp，包括借貸平臺 MakerDAO、點到點銷售平臺 Dether 等；

- 社交類：目前有 193 個活躍的社交類 DApp，主要包括各種側重於不同方向（如婚戀、慈善、匿名聊天等）的社交應用。

實際上，目前各類 DApp 的使用者量及使用者活躍度都十分有限，以太坊本身的效能無疑是限制 DApp 發展的一個重要因素。有評論認為，目前在以太坊上開發 DApp，相當於在 60 年代的硬體上進行計算。畢竟，以太坊交易的吞吐量、持續時間都遠不及中心化系統，同時，在以太坊中進行資訊記錄的開銷也十分大。

以太坊同時也提供一些基礎設施服務，典型代表是以太坊域名服務（Ethereum Name Service，ENS）。ENS 是以太坊基金會開發的 DApp，它是建立在以太坊平臺之上的分散式域名系統。簡單來說，即是在以太坊系統中提供類似電腦網路中的域名服務（Domain Name Service，DNS）。

我們在前邊的章節中提到過，以太坊的地址通常都是較長的一段無規律的字串，難以記憶和索引（例如 ENS 的智能合約地址為 0x6090A6e47849629b7245Dfa1Ca21D94cd15878Ef，十分閱讀不友好且難以記憶），類似於因特網中的 IP 地址。用這類地址進行轉帳等操作時，很容易出現錯誤，也容易受到攻擊（例如，使用者若透過複製貼上來輸入一個轉帳地址，則駭客可能透過將使用者貼上板中儲存的地址調換為自己的地址，從而達到讓使用者錯誤轉帳給駭客的目的）。因此，ENS

旨在為部分乙太網地址提供一個便於記憶的、簡短易讀的域名（就像 DNS 會為部分 IP 地址提供一個有意義的域名一樣），在後續給對應地址進行轉帳時，透過直接指明對應地址的域名，即可成功進行操作。

ENS 提供的域名格式是 yourname.eth，其中 yourname 是自定義選項（需要至少八個字元），.eth 是固定項。註冊 ENS 域名是一個完全去中心化的過程。透過執行 ENS 對應的智能合約，使用者透過抵押一定量的以太幣，參與到某一域名的拍賣之中，拍賣成功則需要把對應以太坊存在的註冊合約鎖定至少一年，從而獲取域名的使用權。

ENS 的拍賣過程採用維克里拍賣（Vickrey auction），或稱「次價密封投標拍賣」。競拍流程主要分為三個階段：(1) 競標：從域名開標到競價截止，共計七十二個小時，此階段接受任何人的競標，但所有人的競標價都會被保密；(2) 揭標：此階段共四十八小時，規定參加第一階段的所有競價者必須揭標，否則其提供抵押的 99.5% 的競價金將被銷毀；(3) 結標：此階段在揭標階段之後，所有揭標者中的出價最高者以揭標者中第二高的價格獲得待拍域名，投標過程中的多餘款項會被退回。

至筆者截稿時，ENS 平臺上已拍賣出的最貴的域名為 darkmarket，價值 20,103.101 以太幣；目前 ENS 平臺已拍賣出 265,014 個域名，共發起 777,042 次拍賣，共收到 419,606 個投標，其中 275,018 次拍賣已結標。同時，隨著 ENS 專案的不斷發展，部分錢包應用也開始對 ENS 提供支援，其中較有代表性的是 Myether-wallet 和 Imtoken，使用者可以透過 ENS 域名進行轉帳，同時也可以透過這兩個錢包進行 ENS 域名的註冊。

5. 以太坊與 ICO

儘管 V 神啟動以太坊專案的初衷是為 DApp 開發者們提供開發去中心化分散式應用的平臺，以太坊的大規模推廣以及以太幣的大幅度增值，都與 ICO 的大範圍開展和 ERC 20（Ethereum Request for Comment-20）標準的發布息息相關。

ICO 以群眾募資的方式換取投資者手中的資金（通常為比特幣或以太幣）。而 ERC 20 標準，則是以太坊的代幣設計標準，它提供了一系列基於以太坊智能合約建構的數位代幣的規則和標準。利用以太坊智能合約，任何人都能夠按照 ERC

20 標準中所要求的規則進行填充，編寫對應的智能合約程式碼，從而發行自己的 ERC 20 代幣，這大大降低了發行代幣的門檻。

顯然，比起 DApp，以太坊在數字代幣發行方面的應用也很受關注。隨著區塊鏈技術的影響的擴大，在 2017 年及 2018 年年初曾掀起了一股 ICO 熱潮。由於發幣的成本大幅度降低，利用以太坊，甚至在十分鐘內就可以發行一個所謂的「加密虛擬貨幣」。一時間，ICO 專案魚龍混雜，一方面極大地提升了以太坊專案本身的影響力，另一方面又使得 ICO 專案整體的公信度急劇下降，給普通群眾一種「割韭菜」的不良印象。

截至 2018 年 10 月 31 日，CoinMarketCap 網站統計了全球範圍內的 2,086 個加密虛擬貨幣和 15,545 個加密虛擬貨幣交易所，全體加密虛擬貨幣的市值約 2,035 億美元（其中比特幣市值佔比為 54%），過去二十四小時交易量約 106 億美元；但 DappRadar 網站統計了以太坊及其上的 1,137 個分散式應用，發現過去二十四小時活躍使用者數只有 12,521 人，其中只有二個分散式應用的二十四小時活躍使用者數超過或接近 1,000 人，而且比較活躍的分散式應用集中在遊戲、博弈和加密資產交易等領域。

4.4.3　超級帳本

超級帳本（Hyperledger）是一個由 Linux 基金會帶頭並創立的開源分散式帳本平臺，超級帳本於 2015 年 12 月被正式宣布啟動，由若干個各司其職的頂級專案構成。與其他區塊鏈平臺不同，Hyperledger 的各個子專案都是錨定「平臺」的，僅是提供一個基於區塊鏈的分散式帳本平臺，並不發幣。

超級帳本專案的整體目標是區塊鏈及分散式記帳系統的跨行業發展與合作，並著重發展效能和可靠性，使之可以支援主要的技術、金融和供應鏈公司中的全球商業交易。它的目標為開發一個「開源的分散式帳本框架，建構強大的行業特定應用、平臺和硬體系統，以支援商業級交易」。加入超級帳本聯盟的首批成員，大多是銀行、金融服務公司或 IT 公司。但隨著時間的推移，越來越多的公司加入了該專案。截至 2018 年 9 月 26 日的官方名單顯示，有超過 270 家來自不同領域和地區

的組織加入了超級帳本這一專案。參與者中不乏知名巨頭公司及初創公司，涉及行業從物流到醫療保健，涉及領域囊括從金融到政府組織等多個方向。截至 2018 年 7 月，超級帳本擁有了十個子專案，涉及程式碼 360 萬行，近 28,000 名參與者參加了超級帳本的全球 110 多場相關主題聚會。

　　自成立以來，超級帳本社區已吸引了國內外各行業的大量關注，並獲得了飛速的發展。社區的各類參與者包括會員企業、開源平臺開發者等，共同構造了完善的企業級區塊鏈生態。在專案之外，超級帳本開源社區的發展也極為繁榮。整體來說，社區目前的結構是「三駕馬車」領導結構。

- 技術委員會（Technical Steering Committee），負責對技術相關的工作進行領導，下設多個技術工作組，具體地對各個專案的發展進行指導。
- 管理董事會（Governing Board），負責整體社區的組織決策，其代表座位成員從超級帳本會員中推選。
- Linux 基金會（Linux Foundation）：負責基金管理和大型活動組織，協助社區在 Linux 基金會的支援下健康發展。

　　作為聯合專案（Collaborative Project），超級帳本由面對不同目的和情境的子專案構成。目前，Hyperledger 大家庭主要包括 Burrow、Fabric、Indy、Iroha、SawTooth 5 個框架平臺類的專案以及 Caliper、Cello、Composer、Explorer、Quilt 五個工具類的專案，如圖 4.4 所示。

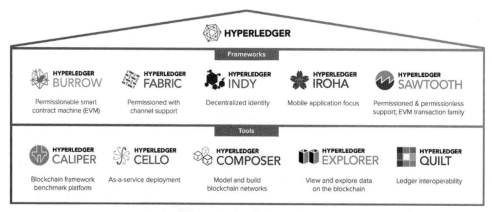

圖4.4　Hyperledger大家庭

Burrow 是最早由 Monax 開發的專案，它是一個通用且帶有許可權控制的智能合約執行引擎，同時也是 Hyperledger 大家庭裡面第一個來源於以太坊框架的專案，智能合約引擎遵循 EVM 規範。

Fabric 是一個功能完善的支援多通道（多鏈）的主要面對企業應用的區塊鏈系統，後文有更詳細的介紹，這裡不再贅述。

Indy 是一個著眼於解決去中心化身分認證問題的技術平臺，該專案由 Sovrin 基金會帶頭。Indy 可以為區塊鏈系統或者其他分散式帳本系統提供基礎元件，用於建構數位身分系統，它可以實現跨多系統間的身分認證、互動等操作。

Iroha 可以簡單方便地以模組的形式應用於任何分散式帳本系統中，其設計理念之一便是專案中的很多元件可以為其他專案所引用，同時 Iroha 區別於其他 Hyperledger 專案的一大特點是主要面對於移動應用。

Sawtooth 是一個支援許可（permissioned）和非許可（permissionless）部署的區塊鏈系統，是功能完整的區塊鏈底層框架。它提出的共識演算法——時間流逝證明（Proof of Elapsed Time, PoET），開創性地使用了可信執行環境（Trust Execution Environment, TEE）來輔助共識達成。PoET 可以在容忍拜占庭攻擊的前提下，降低系統計算開銷，是較為高效且低功耗的共識演算法。Sawtooth 可以應用於多種情境，包括金融、物聯網、供應鏈等。

Caliper 是一個區塊鏈效能基準測試工具（benchmark tool），開發者可以使用該工具內建的測試範例來測試區塊鏈每秒執行交易數（Transactions Per Second, TPS）、延遲（latency）等效能。

Cello 是一個區塊鏈的模組工具包，主要用於管理區塊鏈的生命週期，在各種物理機、虛擬機器、Docker 等基礎設施上提供有效的多租戶鏈服務。可用於監控日誌、狀況分析等。

Composer 是一個開發工具框架，協助企業將現有業務和區塊鏈系統整合。開發人員可以藉助 Composer 快速建立智能合約及區塊鏈應用。透過強大的區塊鏈解決方案，推動區塊鏈業務需求的一致性。

Explorer 是一個區塊瀏覽器，提供一個簡潔的視覺化 web 介面。使用者可透過該工具，快速的查詢每個區塊的內容。包括區塊頭中區塊號、雜湊值等資訊，也包

含每筆交易的讀寫集等具體內容。

Quilt 透過實施跨帳本協議（Interledger Protocol, ILP）提供分類帳系統之間的互操作。ILP 主要是支付協議，旨在跨分散式分類帳和非分散式分類帳中傳輸價值。

以上所有專案都遵守 Apache V2 許可，並約定共同遵守如下基本原則：

- 重視模組化設計：包括交易、合約、一致性、身分、儲存等技術情境；
- 重視程式碼可讀性：保障新功能和模組都可以很容易新增和擴充套件；
- 可持續的演化路線：隨著需求的深入和更多的應用情境，不斷增加和演化新的專案。

Hyperledger Fabric（本書後續在沒有歧義的情況下簡稱 Fabric）是超級帳本專案中的基礎核心平臺專案，它致力於提供一個能夠適用於各種應用情境的、內建共識協議可插接的、可部分中心化（即進行許可權管理）的分散式帳本平臺，是首個面對聯盟鏈情境的開源專案。本節以 Hyperledger Fabric 為例講述該專案的核心思想、整體架構、關鍵技術。

1. 核心思想

Fabric 是一個帶有節點許可管理的聯盟鏈系統。在傳統的區塊鏈系統中，系統對節點的加入沒有限制，這使得系統的治理非常複雜。為了利用區塊鏈的特性，同時避免複雜的系統治理，Fabric 採用了帶有許可認證的節點管理方式，也就是系統是在一系列已知的、具有特定身分標識的成員之間進行互動。雖然對於系統來說節點本身身分是已知的，但是節點之間並不互相信任，所以節點之間還是需要一個一致性的演算法來保證數據是可信的。區別於比特幣等公鏈系統的 PoW 演算法，在節點可知的 Fabric 系統中，可以採用傳統的類似於 BFT 的共識演算法。

Fabric 另外一個具有創新意義的做法是採用「執行排序驗證提交」模型。傳統的區塊鏈系統採用的是一種順序執行的方式，交易是在排序完成之後或者是排序的過程中執行智能合約（order excute update）產生的，這使得所有節點都必須要按順序執行智能合約，限制系統的可擴充套件性和效能。Fabric 使用了一種不一樣的架構，被稱為「執行排序驗證提交」，使得 Fabric 有更好的擴充套件性和靈活性；而且交易預先執行的方式避免了非確定性的狀態，也使得系統能夠抵抗一些惡意攻擊，如資源耗盡。在這樣的模型基礎上，Fabric 能夠將交易拆分為建構區塊和更新

狀態兩個階段，一方面使得系統可以將交易的執行、排序、提交單獨剝離出來，讓系統的架構更加靈活；另一方面也使得系統架構更加具有擴充套件性，開發者可以針對不一樣的企業需求，對執行、排序、驗證、提交各個階段定製不一樣的服務。

2. 整體架構

在前面的設計思想基礎上，Fabric 充分利用了模組化的設計，容器技術和密碼學技術，使得系統具有可擴充套件，靈活和安全等特性。總體來說，在具體架構設計上它主要採用了以下的幾個核心思想：

(1) 靈活的鏈碼（Chaincode）信任機制。在 Fabric 系統中，鏈碼即智能合約。鏈碼的執行與交易背書、區塊鏈打包在功能上被分割為不同節點角色完成，且區塊的打包可以由一組節點共同承擔，從而實現對部分節點失敗或者錯誤行為的容忍。而對於每一個鏈碼，背書節點可以是不同的節點，這保證了交易執行的隱私性、可靠性。

(2) 高效的可擴充套件性。相比於其他區塊鏈系統中所有節點對等的設計方式，Fabric 中交易的背書節點與區塊鏈打包的 orderer 節點解耦，這能保證系統有更好的伸縮性。特別是當不同鏈碼指定了相互獨立的背書節點時，不同鏈碼的執行將相互獨立開來，即允許不同鏈碼的背書並行執行。

(3) 隱私保護。為了保護使用者、交易的隱私及安全，Fabric 制訂了一套完整的資料加密傳輸、處理機制。同時，透過將不同的業務或使用者透過通道（Channel）隔離，實現數據的隔離，從而進一步保護隱私。

(4) 共識演算法模組化。系統的共識由 orderer 節點完成，並且在 Fabric 允許各類共識演算法以外掛的形式應用於 orderer 節點，比如 Solo 共識、Kafka 共識、PBFT 共識等。

從系統邏輯架構的角度來看，Fabric 系統主要提供成員管理、區塊鏈服務、智能合約服務、監聽服務等功能。Fabric 的系統邏輯架構見圖 4.5，各個服務的介紹如下。

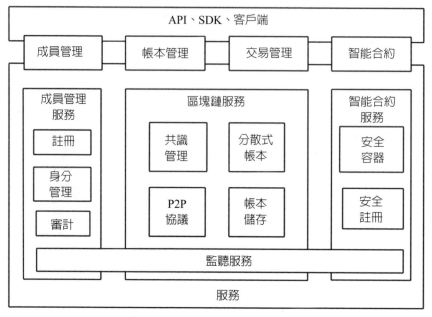

圖4.5　Fabric系統邏輯架構

(1) 身分管理

身分管理為網路節點提供了管理身分、隱私、機密和審計的功能。Fabric 採用了 PKI 公鑰體系，每一個網路節點首先需要從證書頒發機構（CA）獲取身分證書，然後使用身分證書加入 Fabric 網路。節點發起操作的時候，需要帶上節點的簽名，系統會檢查交易簽名是否合法以及是否具有指定的交易或者管理許可權。

(2) 帳本管理和交易管理

區塊鏈服務主要包含交易管理和帳本管理。Fabric 中客戶端送出交易請求，背書節點進行背書，透過共識管理模組將交易排序打包產生區塊檔案，主記帳節點獲取到區塊之後，透過 P2P 協議廣播區塊到不同的記帳節點中，拿到區塊之後，記帳節點透過帳本儲存管理模組寫入本地帳本中。上層應用程式還可以透過帳本管理模組來查詢交易，包括透過交易號、區塊編號、區塊雜湊值等。

(3) 鏈碼管理

Fabric 採用 Docker 作為其鏈碼的安全執行環境。一方面可以確保鏈碼執行和

使用者資料隔離，保證安全，另外一方面可以更容易支援多種語言的鏈程式碼提供智能合約開發的靈活性。

　　從系統部署架構的角度來看，Fabric 系統常見的網路部署架構如圖 4.6 所示，在常見的部署方式中，Fabric 區塊鏈系統一般是由多個組織構成的，每一個組織有自己的 orderer 節點、背書節點、主節點和記帳節點。系統中主要包含 CA、客戶端、orderer 節點和 peer 節點。其中 orderer 節點功能比較單一，主要完成交易排序的功能。Peer 節點根據不同功能可以劃分為背書節點、記帳節點、主節點。某一個 peer 網路節點可能有多個功能，因為 peer 節點的功能獨立，這也使得節點的加入和退出比較靈活。

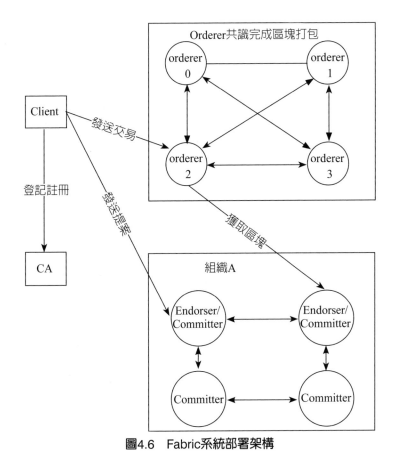

圖4.6　Fabric系統部署架構

Peer 節點：Peer 節點是整個 Fabric 系統中的核心節點，同時承擔著 endorser 和 committer 兩個角色，其具體作用分別如下。

- 被某個客戶端指定的 endorser 需要完成相應交易提案的背書處理。具體的背書過程為：收到來自客戶端的交易提案後，首先進行合法性和許可權的檢查，若檢查透過，則 endorser 在其本地對交易所呼叫的鏈碼進行模擬執行，並對由交易導致的狀態變化進行背書並返回結果給客戶端。
- Committer：負責維護區塊鏈帳本結構，對區塊進行落盤。

主節點：該節點會定期從 Orderer 獲取排序後的批量交易區塊結構，對這些交易進行落盤前的檢查，並最終對交易進行落盤（寫入帳本）。一般主節點也是記帳節點。

Orderer：負責對交易進行排序的節點。Orderer 即為網路中所有合法交易進行全域性排序，並將一批排序後的交易組成區塊結構，傳送至 committer 進行區塊落盤的動作。

CA：負責網路中所有證書的管理，實現標準的 PKI 架構。

客戶端（client）：客戶端是呼叫 Fabric 服務的節點。要發出一個對 Fabric 系統的存取，首先客戶端需要獲取合法的身分證書來加入 Fabric 網路內的應用通道。客戶端在發起交易時，首先要構造交易提案（Proposal），提交給 endorser 進行背書。在蒐集到足夠的背書後，可以組裝背書結果構造一個合法的交易請求，發給 orderer 進行排序處理，orderer 排序確認後再最終被發至 committer 完成交易的落盤。

3. Hyperledger Fabric 交易流程

區別於比特幣的 UTXO 模型，Fabric 專案使用的模型是帳戶 / 餘額模型。類似於日常所使用的銀行卡，銀行系統記錄了銀行卡對應帳戶所剩餘的餘額，當我們需要使用銀行卡去交易的時候，銀行會在批准交易前檢查以確保我們有足夠的餘額。帳戶餘額模型更加的簡單和高效，基於 Fabric 的智能合約開發者可以直觀地根據帳戶是否有足夠餘額來判斷交易是否可以進行，因此也可以開發出更加複雜的智能合約。

在 Fabric 中帳戶資訊儲存在稱為世界狀態（World State）的對象中。世界狀態

代表了當前帳本所有帳戶的最新值，使用者可以直接根據帳戶獲取最新的帳戶資訊最新值，而不需要遍歷整個區塊檔案進行計算。在實際實現中，Fabric 世界狀態是透過 key value 對象儲存的，每一筆交易都會對世界狀態中某個 / 多個 key 值進行讀取、更新或者刪除操作，Fabric 將這種交易結果抽象成讀寫集對象。讀集包含了鏈碼（智能合約）中對世界狀態中 key 的所有讀操作以及對應讀操作讀取到的版本，版本用對應 key 最後一次合法交易更新的交易所在區塊編號和交易編號表示；寫集包含了待更新的所有 key 和對應的 value。Fabric 利用交易的讀寫集來保證對世界狀態更新的全域性一致性。整個交易的過程如圖 4.7 所示。

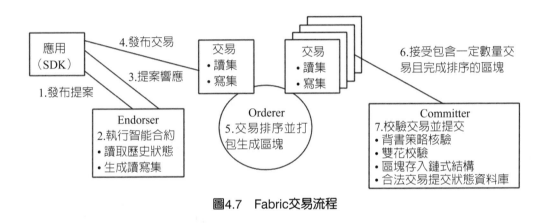

圖4.7　Fabric交易流程

(1) 客戶端 SDK 發送提案給 endorser，提案中包含呼叫者的簽名和應用程式產生的交易號，endorser 和 committer 可以透過交易號檢查是否有重複的交易。

(2) Endorser 呼叫對應的鏈碼程式執行交易操作，產生讀寫集。鏈程式碼程式會查詢世界狀態中對應的 key 值產生讀集，然後執行一系列鏈程式碼中所寫的業務邏輯，最後計算出對世界狀態中的 key value 更新。Endorser 對這個過程進行記錄，最後的結果產生了一個讀寫集對象。

(3) Endorser 將背書結果返回給客戶端 SDK，其中包含了讀寫集對象。

(4) 客戶端 SDK 將包含讀寫集的背書結果打包成交易發送給 orderer。

(5) Orderer 會接收到來自不同客戶端的並行交易，它在內部將交易排序編號，然後組裝成區塊。

(6) Committer 從 Orderer 拉取區塊。

(7) Committer 驗證區塊合法性。例如驗證交易是否符合背書規則，交易是否存在雙花等。如果交易驗證透過，則將區塊寫入到本地的區塊鏈帳本，同時將區塊中合法的交易包含的寫集內容寫入到世界狀態資料庫中。這樣一次完整的交易就完成了。

4. Hyperledger Fabric 共識設計

共識服務在 Fabric 系統中佔有十分重要的地位。所有交易在發送到 Fabric 系統中以後，都要經由共識服務對交易順序進行共識，然後將交易按序打包進入區塊鏈，保證了任意一筆交易在區塊鏈中的位置，以及在整個 Fabric 系統中各節點的一致性和唯一確定性。

在 Fabric 1.0 版本以前，共識服務並未分離成獨立的功能模組。Fabric 1.0 版本以後，共識服務被抽像成了單獨的功能模組，稱之為 orderer 模組，可以獨立對外提供共識服務。同時，orderer 模組定義了共識服務的標準接口，以供開發者開發新的共識方法來支撐共識服務。

目前官方 Fabric 共識服務主要支援的有 solo 和 Kafka 兩種共識演算法，社區曾經在 1.0.0 的 alpha 版本中嘗試加大對 PBFT 共識方法的支援，該方法是簡化的 PBFT 共識方法。這幾種演算法簡要介紹如下：

- Solo：提供單節點的排序功能。只能起一個節點，只是為了測試使用，不能進行擴充套件，也不支援容錯，不建議在生產環境下使用。
- Kafka：提供基於 Kafka 集群的排序功能。支援 CFT，支援持久化，可以進行擴充套件，是允許 CFT 情況下 Fabric 目前推薦在生產環境下使用的共識方法。
- PBFT：實用拜占庭容錯演算法是一種狀態副本複製演算法，不同共識節點儲存了一個狀態機副本，副本裡面儲存了服務的操作和狀態。在系統可能存在 f 個失效節點的情況下，如果能保證系統總的節點個數大於 3f+1，那麼在 PBFT 演算法下系統總能達成一致狀態。

從模組內部細分看，共識服務 orderer 模組主要包含對外介面、共識方法、共識帳本、公用模組，其架構如圖 4.8 所示。

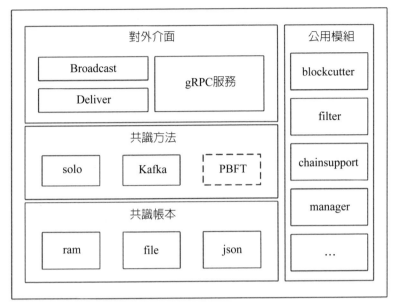

圖4.8 Fabric共識模組架構

- 對外介面：主要包括 Broadcast 和 Deliver 兩個介面，分別用於接收客戶端發來的交易和處理 Fabric 系統中的各類節點發來的獲取區塊的請求。
- 共識方法：主要用於對接收到的交易進行排序，保證交易在區塊鏈中的順序在 orderer 模組的所有節點裡是一致的。目前，開源 Fabric 系統中主要依靠 solo 和 Kafka 兩種共識方法實現。
- 共識帳本：主要用於提供區塊鏈的儲存方式，目前支援 ram、file 和 json 三種方式儲存區塊鏈，其他模組可以透過簡單介面存入或者讀取區塊鏈。
- 公用模組：主要用於為其他基礎模組提供一些公用功能，包括 blockcutter、filter、chainsupport、manager 等。

5. Hyperledger Fabric 智能合約

智能合約是區塊鏈的重要組成部分之一，在 Fabric 系統中，智能合約被稱之為鏈碼。鏈碼分為兩類，分別是系統鏈碼和使用者鏈碼。

系統鏈碼是主要實現系統管理的功能，他主要提供系統內建的功能，因為在系統中內建，減少了鏈碼和背書節點通訊的開銷。主要包括生命週期管理鏈碼

（LSCC）、配置管理鏈碼（CSCC）、查詢管理鏈碼（QSCC）、交易背書鏈碼
（ESCC）和交易驗證鏈碼（VSCC），其功能分別介紹如下：

- LSCC：管理在背書節點上的鏈碼部署。主要包括鏈碼的安裝、實例化、升級。

- CSCC：管理在 peer 側的配置。包括加入新的通道和查詢給定通道的對應配置。

- QSCC：提供查詢記帳節點的帳本數據的功能，包括區塊、交易數據和區塊鏈資訊。其支援的介面包括 GetTransactionByID（根據交易號查詢交易）、GetBlockByNumber（根據區塊號獲取區塊）、GetBlockByHash（根據區塊雜湊獲取區塊）、GetBlockByTxID（根據交易號獲取區塊）和 GetBlockChain-Info（根據通道名稱獲取最新區塊鏈資訊，例如帳本高度等）。

- ESCC：提供對交易結果的轉換和對交易進行背書的功能。

- VCSS：主要是在記帳前提供區塊和交易的驗證功能。

使用者鏈碼是使用者編寫的智能合約。Fabric 支援使用 Golang、Node.js、Java 語言來編寫鏈碼，這些語言對大多數應用開發者來說並不陌生，能夠快速上手，有利於區塊鏈應用的快速開發。鏈碼執行在容器中，使得智能合約的執行和 endorser 程序及帳本分離開來。在 Fabric 系統中，以及使用者鏈碼的整個生命週期中，使用者鏈碼主要有開發、安裝、實例化、升級、執行五個階段。各階段簡要介紹如下：

- 開發：使用者基於 Fabric 所提供的鏈碼介面（ChaincodeStub）操作狀態數據塊以完成智能合約程式碼。最終形成的是 Golang 或者其他語言的程式碼檔案。

- 安裝：管理員指定鏈碼的名稱和版本號，呼叫 SDK 將鏈程式碼檔案打包發送給 endorser。Endorser 將鏈碼包以鏈碼名稱和版本號的組合形式（例如 mychaincode.1.0），儲存在本地特定的目錄下。在很多公有雲端服務供應商提供區塊鏈服務的情況下，鏈碼的安裝和後續實例化及升級都可以一鍵完成，增強了區塊鏈的易用性。

- 實例化：管理員指定通道、鏈碼名稱、版本號、背書策略和鏈碼初始化函數，向 endorser 發起實例化請求，endorser 從本地鏈碼包獲取鏈碼檔案。根

據不同的鏈碼語言，endorser 使用對應語言的編譯器編譯鏈碼檔案，進而產生可執行檔案，並將可執行檔案打包產生一個 Docker 影像，然後使用該影像建立一個執行對應鏈碼的容器。鏈碼啓動後和 peer 之間透過 gRPC 進行通訊。

- 升級：鏈碼升級過程主要是使用新的鏈碼檔案上傳到 endorser，然後產生新的鏈碼影像和容器的過程。鏈碼名稱必須要保持一致，鏈碼版本號必須是不一樣的，但是沒有大小規則，也就是最後升級的鏈碼就是最新的。

- 執行：在執行階段，鏈碼主要完成使用者的交易操作。使用者透過 gRPC 向 endorser 發起對應鏈碼的呼叫請求，endorser 將請求轉發給鏈碼。鏈碼執行智能合約邏輯，在此過程中，它會有多次和狀態數據進行互動的過程。包括從 endorser 狀態資料庫中讀取特定的值和向 endorser 狀態資料庫中寫入特定的值。

目前 Fabric 沒有提供對鏈碼的停止和啓動操作。當鏈碼本身寫的有問題時，鏈碼可能會發生異常，最終導致鏈碼容器退出。使用者需要自己透過 Docker 來管理鏈碼生命的終止。

6. Hyperledger Fabric 安全及隱私保護

區塊鏈的安全和隱私主要體現在下面幾方面的需求：交易數據安全保密、不可更改，交易匿名，符合監管和審計的要求。爲了滿足這些需求，Fabric 採用了密碼學相關的技術，包括對稱加解密、非對稱加解密、數位摘要等。

如圖 4.9 所示，爲了實現更加靈活的安全隱私服務，Fabric 將安全服務模組化劃分爲通道管理、通訊管理、身分管理、區塊鏈密碼服務管理模組。

- BCCSP 服務：區塊鏈密碼服務管理，它提供了一組密碼學的工具，透過這個工具集來實現上面應用層的數據安全和隱私保護。它提供了包括非對稱加密（RSA）、塊加密演算法（AES）、橢圓曲線簽名（ECDSA）、雜湊演算法（HASH）、雜湊訊息認證碼（HMAC）、X509 證書、標準的安全介面（PKCS11）等演算法。比如，爲了支援國密演算法，則需要擴充套件 BCCSP 服務。

- 通道管理服務：通道（channel）是 HyperLedger Fabric 的一種保護機制，用

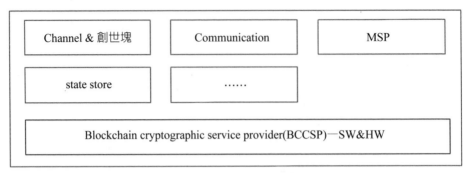

圖4.9　Fabric安全服務模組

於交易參與方安全地和 Peer 進行通訊而對其他參與方不可見，另外對於一個通道而言具備自己獨立的服務空間，也就是說背書、鏈碼、鏈碼執行環境都是獨立的，部署和升級鏈碼也只是影響當前的通道。管理員透過通道配置檔案（configtx.yaml）建立創世塊，創世塊裡面儲存了一些配置和安全標識；創世塊會被客戶端從 endorser 獲取回來，作為加入通道的依據。

- 身分管理服務：身分管理服務（Membership Service Provider, MSP），通常直譯為成員關係服務提供者。作用類似於，在一個執行的 Fabric 系統網路中有眾多的參與者，MSP 就是為了管理這些參與者，辨識驗證哪些人有資格，哪些人沒資格，既維護某一個參與者的許可權，也維護參與者之間的關係。MSP 中也使用了 BCCSP 提供的密碼學服務，因為 MSP 維護了參與這個的許可權，一旦泄露，對系統可能產生不可估量的損失。

- 通訊管理服務：不同節點之間通訊是透過 gRPC 通訊的，主要透過安全傳輸層（Transport Layer Security, TLS）來保證通道的安全。

7. Hyperledger Fabric 應用開發

關於 Fabric 應用的設計開發，圖 4.10 是 Fabric 的參考應用架構。通常區塊鏈應用可分為呈現層、應用層、業務層和數據層。

- 呈現層：呈現層包含了我們通常所說的用戶介面，比如註冊介面、交易介面、應用管理介面等，這一層和傳統的 Web 應用和移動 App 並無差別，使用者在這一層中對區塊鏈的存在無感知。

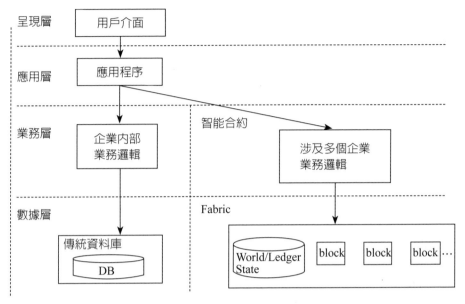

圖4.10　Fabric的參考應用架構

- 應用層：應用層為應用邏輯所在的一層。這一層處理使用者輸入數據，根據這些數據判斷出具體的業務，然後呼叫相應的業務處理介面。如果為企業傳統內部業務則透過傳統的業務介面（如資料庫）處理，如果為區塊鏈業務則透過區塊鏈智能合約呼叫介面處理。

- 業務層：業務層封裝了 Fabric 應用的全部業務邏輯，是整個應用的核心部分。業務層可分為兩類：企業內部傳統業務邏輯和跨企業／區塊鏈業務邏輯。企業傳統內部業務邏輯和傳統應用業務邏輯實現方法一樣，跨企業／區塊鏈業務邏輯則由智能合約具體實現。

- 數據層：數據最終的儲存是在數據層。數據層分為傳統資料庫儲存和 Fabric 儲存。企業內部邏輯的數據會存在傳統資料庫中，這部分數據是企業內部隱私數據。另外涉及多個企業業務邏輯的數據則存在 Fabric 區塊鏈中，各企業間透過 Fabric 區塊鏈共享這些數據。

總而言之，相對於其他區塊鏈平臺，Fabric 具有如下的幾點拓展性和優化性。

- 高效的可拓展性：相比於其他區塊鏈系統中所有節點對等的設計方式，Fabric 中交易的 endorser 與區塊鏈打包的 orderer 節點解耦，這將保證系統有更好的伸縮性。特別是當不同鏈碼指定了相互獨立的 endorser 時，不同鏈碼的執行將相互獨立開來，即允許不同鏈碼的背書並行執行。

- 更強的隱私保護：為了保護使用者、交易的隱私及安全，Fabric 實現了一套完整的數據加密傳輸、處理機制。同時，其特有的智能合約執行流程也對使用者隱私進行了一定程度的保護。

- 可插拔的共識演算法：Fabric 系統將共識交由 orderer 節點完成，並且允許各類共識演算法以外掛的形式應用於 orderer 節點，從而使使用者能夠根據具體的應用情境選擇不同型別和特性的共識演算法。

4.5 | 本章小結

區塊鏈自誕生於比特幣以來，就以一個獨立於比特幣的脈絡向前發展。本章第一節以時間為索引，概括性地描繪了區塊鏈技術的發展歷程。第二節以區塊鏈平臺的迭代為索引，闡述了區塊鏈到目前為止的三代平臺型別。第三節則以參與者的不同關係為索引，說明了區塊鏈的三種組成形態，分別是公有鏈、聯盟鏈和私有鏈。最後，本章以比特幣、以太坊和超級帳本為代表，介紹了三種不同框架的關鍵技術和特性。本章以宏觀的視角，幫助讀者俯瞰區塊鏈技術，對區塊鏈進行系統的瞭解。

第 5 章

區塊鏈技術趨勢

　　區塊鏈裡有一個三元悖論，三元是說衡量區塊鏈好壞的三個指標：高效性、去中心化和安全性。悖論是講這三條不可能同時取得最佳，提高其中某一個的指標必然以損害另外一個或者兩個作為代價。

　　這三條又要區分對待。安全性最重要，區塊鏈的不可篡改性決定了對錯誤的零容忍，將錯就錯只能是不得已的選項，最好沒有任何錯誤。安全性不能退讓，只有越變越好一條路。安全級別高，剩下的辦法是在高效性和去中心化之間尋求平衡。去中心化雖然是區塊鏈最重要的一個特性，但在實行中可以適當弱化，以「準去中心化」或者是「多中心化」來換取高效。

　　除了三元悖論，多鏈並存的現狀也是困擾區塊鏈的一大問題。沒有哪一個或者哪幾個區塊鏈系統優秀到足以覆蓋其他所有系統，所以，跨鏈仍然是一個不可迴避的問題。

　　區塊鏈的從業者試圖從技術上解決這些難題，本章將分別從效能、安全隱私、跨鏈以及圖結構這些方面來討論區塊鏈技術。

5.1 │ 區塊鏈性能

5.1.1 當前存在的問題

　　比特幣誕生時還只是駭客的玩具，對其有了解的人還很少。隨著比特幣知名度的提高，越來越多的交易湧向比特幣系統，其效能問題就突顯了出來：交易確認時間久，吞吐量低。比特幣每 10 分鐘出一個區塊，區塊最大為 1MB，換算下來就是每秒鐘可以處理的交易數是 7 筆，這與目前很多的金融系統相比實在太少。

　　吞吐量過低是比特幣系統的嚴重問題，這會大大限制其可用情境。後來為數不少的公鏈專案都以改進效能為首要目標，或者增加區塊大小，或者提高出塊頻率。在比特幣的框架下，靠調整這類參數雖然可以一定程度上改善吞吐量，但其上限也就是每秒幾百筆交易，很難有本質上的突破。而作為聯盟鏈代表的 Hyperledger Fabric，其吞吐量也只有每秒幾百到幾千筆交易的量級，並不能滿足目前金融系統對吞吐量（幾萬筆交易每秒）的需求。

吞吐量過低的根因，其實在於共識過程。在一個完全去中心化的環境裡，要得到多數節點認可，往往需要多次互動，而每次互動又均伴隨著網路延遲，在此兩者的共同影響下，區塊鏈系統的吞吐量註定難以提高。

但是，總有另闢蹊徑的人。

5.1.2 常用解決方法

1. 非同步共識

在共識協議裡，主流的做法是每出一個塊，所有節點之間要進行同步，共識透過以後再繼續出下一個塊。另有一類做法是出塊以後無須立即達成共識，每個節點在遵循某種規則的前提下，盡最大的能力出塊。如果規則制定得足夠巧妙，各自為戰的節點在經過一段時間之後，仍然可以達成一致。

這就是著名的非同步 Graph 演算法。IOTA、HashGraph 就是其中的佼佼者。Graph 演算法比較複雜，後續另闢一節詳細介紹（見第 5.4 節）。

2. 隨機共識

全網所有節點參與共識效率較低，那麼一個提高效能的直接想法就是用部分節點間的共識代替全網共識。然而，如何證明「部分」＝「全部」呢？其實，這個證明並不存在。但是，「部分」能否極大程度地代表「全部」呢？這個其實有解決辦法：如果「部分」是完全隨機地從節點中抽取，在達到一定樣本量時，統計學上是可以表達「全部」意義的。

Algorand 演算法在「隨機抽樣」上研究了一套演算法，將整個共識過程分為若干步驟，每個步驟隨機選舉出若干節點組成的委員會，由這個委員會完成共識。而下一個步驟又是隨機選出的另外一個委員會，在更長的時間跨度內，實現了公平，也達到了高效共識的目的。

可驗證隨機函數（Verifiable Random Functions, VRFs）是 Algorand 演算法的核心，每個節點憑此函數獲知是否在加密抽籤中獲勝。獲勝的使用者進入「驗證者」委員會，接下來的共識過程便可以在「驗證者」中直接完成。

Algorand 有近乎完美的數學設計。但因流程較為複雜，使其在實際網路中的

表現還有待驗證。

3. 分區方案

區塊鏈系統，單純從資料儲存的角度來看屬於分散式日誌資料庫。那麼，分散式日誌資料庫中用來提高效能的方案理應可以用於區塊鏈系統。資料庫的技術已經非常成熟，在處理大數據時，分區是不二選擇。所以，區塊鏈系統理應也可以分區。

怎麼分區是分區方案的關鍵，可以選擇的方式有很多：按交易發送者地址分，按交易 ID 分，按交易類型分，按地域分，按市場分等。分區技術的瓶頸是跨區資料交換，資料交換主要受限於網路頻寬。另外，特別地針對區塊鏈系統，交易之間衝突的解決、不可篡改特性的保證以及交易確認時間不能過長，都將是區塊鏈分區方案所面臨的直接問題。不過，分區依然是很有前途的方案，但這方面的研究，甚至是產品並不多，原因是實現難度大，同時對智能合約的使用限制明顯。

需要指出的是，以太坊的分片並不是分區技術。分片更接近下面說的子鏈，每一個片是內部耦合度很高的自治區，片與片之間的資料交換較少；而分區同屬於一個整體，區與區之間的資料交換量較大。

4. 子鏈／側鏈技術

一條鏈的區塊鏈系統性能較差，那麼一個直接的想法就是多鏈並行可以提高區塊鏈系統的效能表現。閃電網路（Lighting Network）是子鏈技術的代表：它指的是 A 和 B 兩人用多重簽名的方式凍結自己的比特幣，然後進行鏈下交易，交易參與方可以隨時關閉交易通道，關閉時的餘額資訊會寫回比特幣區塊鏈。

閃電網路是運用比特幣的擴充套件。還有走得更遠的方案，類似於銀行結算系統，交易在某個子鏈內發生，只有最後結算的資訊回寫到主鏈。這個子鏈可以是某個很大的市場，比如淘寶、京東等，而主鏈則可以對應銀聯。

5. 可信執行環境

如果某類節點的執行環境具備如下特徵：一旦執行必然可靠，無法被外界做任何修改，那麼這類環境便可稱為可信執行環境。運用可信執行環境假設而設計的共識可以進行一定程度上的簡化，因為不必考慮節點，可以任意篡改共識邏輯，也就是不必考慮拜占庭攻擊，所以通常應用可信執行環境可以提高區塊鏈的效能表現。

6. 隱形中心化

區塊鏈界有一種說法：完全去中心化並無必要，受限制的中心化更貼合現實情況。具體來說，受限制的中心化可以是多個中心，也可以是中心節點輪換的形式。

典型地，DPoS 就是中心輪換的共識演算法。EOS 便採用了 DPoS 共識演算法，其中的超級節點權力很大，已經有了中心化的特徵，可以看作是區塊鏈系統對於去中心化這一特性的妥協。

而實際上，大多數共識協議都或多或少會引入一些隱形中心化的假設。如果協議中有「領導者」「超級」「委員會」這類概念，那麼其實就已經賦予了某些節點以特權。在現在的區塊鏈技術發展階段，如果能改善效能，受限制的特權（前提是特權沒有大到擁有絕對的控制力）還是可接受的。

5.2 ｜ 區塊鏈隱私保護

5.2.1 目前存在的問題

區塊鏈是一個分散式帳本，具有公開、透明、不可篡改等優點。但區塊鏈應用到現實商業世界的時候，還有很多問題亟待解決，首當其衝就是隱私保護問題，如何解決公開、透明與隱私保護之間的矛盾，一直是區塊鏈技術發展的重要方向，至今仍未完全解決。

比特幣有較好的匿名性，是因為比特幣的帳戶地址，是以非對稱金鑰的公鑰經過一系列運算得到的。比特幣在網上傳輸的所有交易，都是公開的，也就是沒有隱私。普通民眾，很難把公鑰和真實世界的人的身分對應起來，從而給人造成一種比特幣隱私保護能力較好的「假象」。

例如銀行間轉帳，採用區塊鏈系統來記錄交易過程，雖然嚴格一致的帳本，省去了繁雜的對帳工作，但沒有任何一家銀行希望自己的資金往來，完全暴露在眾目睽睽之下。在使用區塊鏈聯盟鏈的情境下，雖然交易不會被公眾知曉，僅僅是聯盟內成員可見，但依然是不可接受的。試想聯盟記憶體在 A、B、C 三家銀行，A 和 B 銀行的資金往來，A 和 B 銀行的客戶帳戶資訊，肯定不希望被 C 銀行知曉。

　　除了在企業領域，在個人消費者領域，隱私保護的要求也愈來愈高。在 2018 年 5 月 25 日，史上最嚴格的歐盟隱私保護法案 GDPR（*General Data Protection Regulation*，《通用數據保護條例》）付諸實施。一旦有使用者個人資料上鏈，區塊鏈服務提供者（如果有區塊鏈服務提供者而非公鏈的話），必須保證用戶數據的隱私性。在 GDPR 中，規定了公民對個人資訊的若干隱私保護權利，包括：知情權、存取權、更正權、被遺忘權、限制處理權、拒絕權、資料可攜帶權、免受自動決策權等。對於沒有服務提供方，參與者完全對等的公鏈，例如比特幣或以太坊，已經暴露一些隱私保護方面的難題：如果有人將其他人的隱私資訊，以一條交易資訊的附加資訊的方式，記錄到以太坊的公鏈上，則沒有人可以將這條資訊刪除，這條資訊永久存在於以太坊的公鏈上。

　　對鏈上資料加密，僅交易參與的雙方可以解密，這可以解決大部分隱私保護的問題，但區塊鏈系統必須直接面對這樣一個問題：如何在鏈上資料加密的情況下，達成多方校驗和共識，從而完成一筆交易。

5.2.2 常用解決方法

1. 同態加密技術

　　密碼學中的同態加密技術被引入到區塊鏈領域，用以保障區塊鏈在金融交易情境的隱私性。同態加密（Homomorphic Encryption）是一種特殊的加密方法，對密文直接進行處理，與對明文進行處理後再對處理結果加密，得到的結果相同。從抽象代數的角度講，保持了同態性。一般包括四種類型：加法同態、乘法同態、減法同態和除法同態。以加法同態爲例，它的基本思想是：如果有一個加密函數 f，滿足 $f(A) + f(B) = f(A + B)$，我們將這種加密函數叫作加法同態。

　　在做金融轉帳交易時，在區塊鏈智能合約中看到的是同態加密後的密文資料，由密文資料直接運算，得到轉帳後的金額。整個運算過程中的資料，包括區塊鏈帳本記錄的資料，都是由同態公鑰加密後的資料，只有持有對應私鑰的客戶端節點，才能夠解密個人相關的資料，檢視到明文資訊，其他節點無法獲取明文內容，從而保證了整個金融交易的隱私性。

目前可以達到商用水準的同態加密技術，只有加法同態技術。在世界上一些頂尖科技公司，也在發展全同態加密方案，即一個加密函數，同時滿足加法同態和乘法同態。但因為乘法同態加密的效能還較差，目前還沒有公開可見的支援全同態加密的商用產品。

2.零知識證明技術

零知識證明（Zero Knowledge Proof），是由 S.Goldwasser、S.Micali 及 C.Rackoff 在 20 世紀 80 年代初提出的。它指的是證明者能夠在不向驗證者提供任何有用的資訊的情況下，使驗證者相信某個論斷是正確的。零知識證明是代數數論、抽象代數等數學理論的綜合應用，如果不是數學科班出身，很難真正理解零知識證明的內部原理。在此，筆者嘗試剖析其內部數學原理，感興趣的讀者可以翻閱零知識證明的基礎性論文 *The knowledge complexity of interactive proof systems* [1]。

在區塊鏈領域中，交易的隱私保護和交易的多方校驗、共識之間的矛盾，正是零知識證明技術要解決的問題。

舉一個實際的情境：利用區塊鏈系統，多家銀行組成聯盟鏈。聯盟中某銀行的 A 帳戶給另外一家銀行的 B 帳戶轉帳 100 元，我們不希望區塊鏈系統各節點看到 A 給 B 的具體轉帳金額，同時，又需要確定 A 給 B 的轉帳是有效的。何為有效呢？① A 的當前餘額足以支撐這筆轉帳，即 $Ac>At$（Ac：A 目前餘額，At：A 轉帳金額）；② A 轉帳後剩餘的金額加上轉帳金額，等於原來的金額，即 $Ac2+At=Ac$（$Ac2$：A 轉帳後餘額，At：A 轉帳金額，Ac：A 轉帳前餘額）；③ A 減少的金額，等於 B 增加的金額，即 $At=Bt$（At：A 轉出的金額，Bt：B 接收到的金額）。為了保證交易金額的隱私性，A 帳戶給 B 帳戶的轉帳金額，在整個區塊鏈系統中都是採用上一節提到的同態加密技術進行加密的，對於執行智能合約的節點，當它執行 A 給 B 的轉帳邏輯時，面對的是一堆加密過後的金額，那麼如何判斷以上三個條件是成立的？

---

[1] SHAFI GOLDWASSER, SILVIO MICALI and CHARLES RACKOFF, The knowledge complexity of interactive proof systems. In Society for Industrial and Applied Mathematics, 1989, pp. 186 208.

　　在以上的情境中，可以利用零知識證明相關的技術來完成加密後交易有效性驗證，結合約態加密隱私保護能力，完成完整的交易隱私保護和校驗流程。

　　目前在區塊鏈領域，應用的零知識證明技術有幾種，包括 zk SNARKs、ZK-Boo、zk STARKs 等，其中以 zk SNARKs 應用最為廣泛。

　　zk-SNARKs 是在一種非常適合於區塊鏈的零知識證明技術，它的全稱是 zero knowledge Succinct Non Interactive Arguments of Knowledge（零知識，簡潔，非互動的知識論證）。它可以實現驗證節點在不知道具體交易內容的情況下，驗證交易的有效性。聽起來是非常不可能的事情，但確實是可實現的。感興趣的讀者，可以參閱 Zcash 的論文和部落格：「Zerocash: Decentralized anonymous payments from bitcoin.」[2]、https://z.cash/technology/zksnarks.html[3]。

　　Zcash 是 zk-SNARKs 技術的第一個成功的商業應用，它成功實現加密虛擬貨幣交易過程中交易金額和交易方身分的完全隱藏。透過 Zcash 應用我們可以看出，zk SNARKs 零知識證明技術具有證明材料產生慢（幾十秒）、驗證快（毫秒級）、證明材料體積小（288 位元組）的特點。與比特幣區塊鏈系統相比，單筆交易的時間延遲較大，但最耗時的證明材料產生過程，是在交易發起方節點完成，而鏈上交易的驗證過程是快速的，因此係統整體吞吐率與非零知識證明加密虛擬貨幣相比並沒有顯著差異。

　　zk-SNARKs 零知識證明技術目前也在飛速發展中。在 Zcash 2017 年 9 月對 zk SNARKs 技術的更新中，已經大幅度地提升零知識證明的計算效能，證明的產生時間由 37 秒縮短到 7 秒，證明材料產生過程中的記憶體消耗，也由大於 3GB 降低到 40MB。相信在不久的將來，zk SNARKs 技術在移動裝置的應用，將變得更加可行。

　　zk-SNARKs 技術有一個讓人詬病的地方——它的演算法依賴於初始的公共

---

[2]　Eli Ben Sasson, Alessandro Chiesa, Christina Garman, Matthew Green, Ian Miers, Eran Tromer, and Madars Virza. Zerocash: Decentralized anonymous payments from bitcoin. In Proceedings of the 2014 IEEE Symposium on Security and Privacy, 2014, pp. 459 474.

[3]　查閱地址 https://z.cash/technology/zksnarks.html

參數作為信任設定（trusted setup）。這個公共參數是隨機值，由它來產生 zk SNARKs 的證明公鑰（proving key）和驗證公鑰（verify key），這個原始隨機值使用完之後需要立刻銷毀，一旦泄露，擁有原始隨機值的人可以隨意偽造證明，從而使得零知識證明的正確性蕩然無存。目前，學術界採用多方安全計算的方案，來降低原始隨機值泄露的機率。利用安全多方計算構造原始隨機值的過程可簡單描述為：每一方都產生原始隨機值的一部分，多方拼湊成隨機值整體，而且每一方無法知曉其他方的隨機值部分，在原始隨機值利用完之後，只要有任意一方銷毀了自己持有的隨機值部分，將無法再還原這個隨機值，從而保證了整個零知識證明系統的安全。

誕生於以色列理工學院的 zk STARKs 技術是最近興起的區塊鏈零知識證明技術。公開資料顯示，該技術與 zk SNARKs 技術相比，優點是不需要信任設定（trusted setup），並具有後量子安全性（在量子計算這種運算能力更加強勁的破解手段出現後，所應用的加密手段依然具備安全性），缺點是零知識證明材料的長度由 zk SNARKs 的 288 位元組上升至幾百 KB。另外，截至目前，還未有公開專案使用 zk STARKs 技術。

3. 其他隱私保護技術

除此之外，密碼學中的群簽名、環狀簽名等技術也被引入到區塊鏈系統中，用以提升系統的隱私保護能力。群簽名是驗證者利用群公鑰來驗證簽名訊息的正確性，但是不能確定群中哪個成員進行了簽名。雖然一定程度上保護了隱私性，但群簽名中存在管理員的角色，群管理員可以最終揭示簽名者。而環狀簽名則在群簽名的基礎上，去掉了群管理員的角色。在區塊鏈交易中，環狀簽名透過模糊身分認證，只能證明簽名者屬於某一個組，卻不知道是屬於具體哪個人，從而使得區塊鏈交易具有高度的匿名性。

可信執行環境（Trusted Execution Environment, TEE）也被用到區塊鏈的隱私保護領域中。TEE 在系統中（包括手機終端、伺服器），是一個獨立的環境，受硬體機制保護，與現有系統隔離，提供從檔案到記憶體的全方位的安全能力。它可以為區塊鏈中金鑰保護提供硬體級別的加密能力。同時，TEE 作為一個安全、可靠、中立的環境，可以用來執行區塊鏈系統中，隱私性要求比較高的業務邏輯，比

127

如前文提到的密文狀態的交易有效性驗證，在 TEE 內部，可以將密文解密成明文再進行運算，而不用擔心明文數據被竊取，在數據離開 TEE 環境時，先轉換成密文，再返回通用操作系統。

這裡需要提一點，區塊鏈系統仍會繼承現有的中心化系統的隱私保護問題，因此，常規系統的隱私保護安全防護，在區塊鏈系統裡同樣重要。同時，區塊鏈系統應該給使用者足夠的安全及隱私保護提示，很多時候不是系統不夠安全，而是使用者把鑰匙交給了駭客。因此，如何防範透過社交工程學相關的手段來破壞區塊鏈系統的安全性及隱私性，同樣是區塊鏈設計者需要考慮的問題。

再回到本章開始提到的問題，對鏈上數據加密，並透過數學手段驗證交易的有效性，確實能夠解決區塊鏈大部分的隱私保護難題，尤其是企業數據上鏈的情況。但對於個人數據的隱私保護，尤其對於 GDPR 中提到的公民對個人數據的更正權、被遺忘權，與區塊鏈的不可篡改性依然是相衝突的。也有可能個人隱私數據上鏈是個偽命題（不真實或不合常理的事）——個人的隱私數據，並不適合在區塊鏈上傳播。但也有可能在不遠的將來，真的出現「可篡改」的區塊鏈，當然，區塊鏈的篡改過程，也是在多方見證和共識下完成的。

5.3 ｜ 跨鏈技術

5.3.1 目前存在的問題

區塊鏈為我們帶來了防篡改、去中心化、不可逆、智能合約等極具價值的特性，我們可以使用一個獨立的區塊鏈系統建構一個完美的分散式帳本。但是，多條區塊鏈之間互聯互通，也是非常必要的。

在區塊鏈最傳統的加密虛擬貨幣領域，有些使用者則傾向於使用比特幣，有些使用者則傾向於使用以太幣，或者其他加密虛擬貨幣。大多數區塊鏈加密虛擬貨幣都是獨立的價值網路，大多都無法參與自身之外的資訊互動和價值轉移，從某種程度上講，可以視其為一個「資訊孤島」，區塊鏈上的價值流通也大大的受限。這裡以一個例子來描述跨鏈技術在加密虛擬貨幣領域的意義，見圖 5.1 比特幣網路與以

太幣網路跨鏈實例：

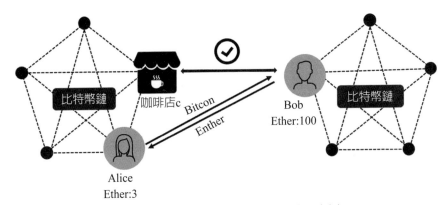

圖5.1　比特幣網路與以太幣網路跨鏈實例

　　Alice 是比特幣的使用者，持有 3 個比特幣；Bob 是以太幣的使用者，持有 100 個以太幣；咖啡店 C，支援比特幣支付，且一杯咖啡的售價為 1 個比特幣，但不支援以太幣支付；Bob 透過跨鏈機制（比特幣、以太幣之間的跨鏈機制）從 Alice 手裡兌換到一定比例的比特幣，再使用比特幣從咖啡店 C 買到了想要的咖啡，最終完成了使用自己持有的以太幣從咖啡店購買一杯咖啡的交易。

　　對於跨鏈技術來講，更為重要的應用領域是在區塊鏈企業業務中。如果把區塊鏈分散式帳本類比於多家企業共同建立的一個分散式資料庫，那每條區塊鏈就相當於資料庫中的一張資料表。對於複雜的企業業務情境，必然要採用多張表才完成業務。而每張資料表不可能都是孤立的，必然存在著一定的關聯性、依賴性或者數據的一致性。以稅收的情境為例，每個地域的企業可以與相關的稅務部門組成一條區塊鏈，記錄納稅資訊，但是，企業還會涉及採購、銷售等上下游的相關企業，這些企業可能處於其他地域，這其中又涉及增值稅數據的抵扣。所以，不同地域的區塊鏈帳本之間，數據存在一定的關聯性和一致性。

　　跨鏈技術可以解決企業業務情境下的一個重要的問題——在保證業務共同性的情況下，儘可能地提升區塊鏈系統的整體業務效能。透過跨鏈技術，將具有緊耦合的業務，放到一條區塊鏈上，對於松耦合的業務，拆分到不同的鏈上，由跨鏈技術

實現業務的共同和事務的一致性。

總體來說，目前的區塊鏈系統都是相對獨立的系統。不管是從效能上，還是從支撐的業務複雜度上，都已經成爲區塊鏈技術的發展瓶頸，必須要透過合適的跨鏈技術，實現區塊鏈業務系統的互聯互通和高效能。

目前設計與實現跨鏈的技術難點，主要集中於以下兩方面。

1.交易驗證問題：如何設計區塊鏈系統之間的信任機制，使得一個區塊鏈可以接收並且驗證另一個區塊鏈上的交易？

2.事務管理問題：跨鏈交易包含多個子交易，這些子交易構成了一個事務，如何確定子交易是否被最終確認、永不還原，及如何保證交易的原子性？所有子交易要麼都成功，要麼都失敗。

5.3.2 常用解決方法

在多個區塊鏈間進行跨鏈是一個複雜的過程，對於加密虛擬貨幣領域，有側鏈、中繼、雜湊鎖定等跨鏈實現方案，來完成數位資產的價值交換和轉移。

1. 側鏈

側鏈是相對於主鏈而言的一個概念，它是以錨定某種原鏈上的代幣爲基礎的新型區塊鏈，正如比特幣錨定到以太幣。側鏈概念的提出主要是爲了實現比特幣和其他數位資產在多個區塊鏈間的轉移。通俗地講，側鏈就是使區塊鏈代幣在不同區塊鏈間轉移的機制。側鏈不像之前其他的區塊鏈系統，對已有的區塊鏈系統具有較強的排斥性，主鏈與側鏈的關係如圖 5.2 主鏈與側鏈：

如圖 5.2 所示，可以將主鏈與側鏈看成兩個不同的系統，而虛線側是數據流向，主、側鏈的相互作用，可以簡單地看作是兩個系統間進行數據傳輸的過程。側鏈的主要工作方式分爲單一託管和合約聯盟。目前的側鏈系統中，有以下具有代表性的方案：

BTC Relay，它是被認爲區塊鏈上的第一個側鏈，主要原理是透過一種安全去中心化的方式把以太坊網路與比特幣網路連線起來，BTC Relay 基於以太坊的智能合約功能，讓使用者可以在以太坊網路上進行比特幣交易。

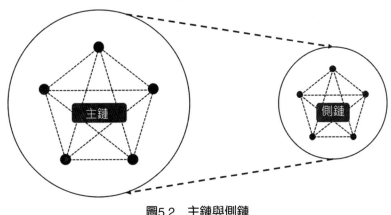

圖5.2　主鏈與側鏈

Elements（元素鏈），作為比特幣側鏈，其最具創新意義的特性莫過於私密交易。私密交易中的金額僅由該交易的參與者知道（或其他指定的人可以知道）。比特幣用地址來保證隱私，同時公開交易讓別人驗證。

元素鏈在保護個人隱私上更進一步，因為其引入一種新地址型別，稱為私密地址，私密地址含有一個盲化因子，因此比普通比特幣地址更長，這種地址在元素鏈Alpha版本中是預設地址。

對於中繼、雜湊鎖定等公鏈跨鏈技術，感興趣的讀者可自行網上查詢。

對於在企業業務情境，應用更為廣泛的區塊鏈聯盟鏈，還可以採用公證人機制實現跨鏈。

2. 公證人機制

這種模式相對簡單，易於理解，和現實世界中的「公證人」很類似。假設 A和 B 不是互相信任的，那就引入 A 和 B 都能夠共同信任的第三方充當公證人作為仲介。這樣的話，A 和 B 就間接可以互相信任。此模式中，透過外部的公證人驗證跨鏈訊息的可靠性，公證人驗證透過後必須對跨鏈訊息簽名。具有代表性的方案是瑞波實驗室提出的跨鏈價值傳輸協議（Interledger Protocol, ILP）。ILP 旨在連線不同帳本並實現它們之間的共同。Interledger Protocol 適用於所有記帳系統，能夠包容所有記帳系統的差異性，該協議的目標是要打造全球統一支付標準，建立統一的網路金融傳輸的協議。Interledger Protocol 使兩個不同的記帳系統可以透過第三

方「聯結器」或「驗證器」互相自由地傳輸貨幣。記帳系統無需信任「聯結器」，因爲該協議採用密碼演算法用聯結器爲這兩個記帳系統建立資金託管，當所有參與方對交易達成共識時，便可相互交易。

ILP 整個交易流程分成兩個方向的流程：

(1) 由發送者向接收者。

(2) 由接收者向發送者。

每個流程又會由各自「帳本」上的子交易組成，子交易包括託管建立和託管確認。

如圖 5.3 所示，連線者同時處在發送者鏈上帳本和接收者鏈上帳本上，它與發送者透過發送者所在的鏈上帳本進行交易，與接收者透過接收者鏈上帳本進行交易。從發送者到接收者方向，會在所有帳本上建立「託管」交易，「託管」交易在未被確認完成時，其交易內指定的資產轉移不會眞正發生。只有當接收者對「託管」交易確認完成後，從接受者向發送者的方向上，各個「託管」交易才會被確認，此時所有帳本上的「託管」交易才會被確認，各個「託管」交易內指定的資產才會眞正轉移。

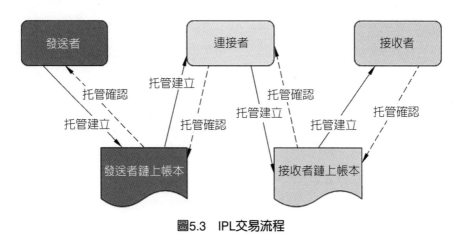

圖5.3　IPL交易流程

而對於在企業業務情境中，應用廣泛的區塊鏈聯盟鏈平臺——Hyperledger Fabric，引入了通道的概念，它支援多通道並行執行，其中每個通道有一個獨立的

區塊鏈帳本，多個通道之間鏈結構相同，相互隔離，我們可以透過分散式事務技術，實現多條通道之間帳本的共同和一致性。利用類似 Hyperledger Fabric 系統的水準擴充方案，將一個主鏈分成若干個同構的子鏈。每一條子鏈的效能都是類似的。使用者的業務可以承載在其中一條鏈上，透過跨鏈技術完成多業務之間的互動。系統的交易可以在多個子鏈上並行處理，達到了水準擴充的效果，從而使區塊鏈系統的整體效能得到十倍甚至是百倍的提升。

5.4 ｜ 圖結構區塊鏈

5.4.1 目前存在的問題

　　共識機制，是指由特殊節點對一個提議（在帳本技術中很可能是包括了若干條交易的一個區塊）進行投票，並完成對此提議的驗證和確認的機制，通俗的說，對一筆交易的共識，就是由共同參與帳本的幾個節點達成一個一致的結果，如果達成否決的結果，則交易不記錄進帳本或者在帳本中標記為無效，否則應正常記錄進帳本。目前成熟的區塊鏈共識機制主要是運用鏈式結構，

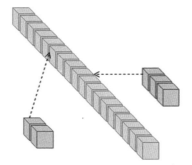

圖5.4　基於區塊首尾相連結構的鏈

如圖 5.4 所示，主要的共識演算法有：PoW、PoS、DPoS、PoI、PoP、PBFT 等。

　　可以透過圖 5.4 看到，運用以上共識演算法產生的共識機制（結合鏈式結構），帳本都會以單條鏈為準，好比有五家銀行面對普通使用者聯合開放了一種特殊的優惠證券，不過購買時需要經過五家銀行的信任評估，但是只開放了一個受理點，由於購買人數量較多，所有排隊等待的人都需要經過漫長的等待，這個大大限制了辦理的效率，同時信任評估需要五家銀行現場連線確認，如果又有三家銀行想要加入並提供信任評估，那麼這個確認的時間也會隨著新加入銀行的數量而變大，可以看到運用鏈式結構的共識機制對於效能會有很大的限制，可以總結問題要點如下：

1.吞吐率低——在單位時間內可以完成確認的交易筆數較少，區塊產生效率低下，不足以支撐現實情境中的高頻交易，類似 VISA 信用卡交易。

2.共識節點擴充有限——尤其對於支援拜占庭容錯的共識，節點數量過多時，將使得通訊開銷過大，從而極大地降低共識效率。

3.能耗大——這主要是針對類似 PoW 的共識機制，比拚運算能力最終演化成比拚電力。

5.4.2　常用解決方法

為了能攻克這些問題，業界有不少組織正在積極探索運用圖結構的共識機制，例如，我們使用有向無環圖（Directed Acyclic Graph, DAG），如圖 5.5 所示。

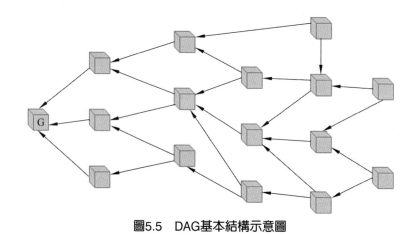

圖5.5　DAG基本結構示意圖

有向無環圖原本是電腦領域一種常用數據結構，因為獨特的拓撲結構所帶來的優異特性，經常被用於處理動態規劃、導航中尋求最短路徑、數據壓縮等多種演算法情境。而由於圖結構比鏈式結構更益於區塊的並行建立，所以普遍認為運用圖結構的共識機制可以克服區塊產生效率低下的問題。

傳統區塊鏈和圖結構區塊鏈的區別，簡單地說是拓撲。區塊鏈是由區塊組成的單鏈，只能按出塊時間同步依次寫入，好比單核、單執行緒 CPU；圖結構區塊鏈是由交易單元組成的網路，可以非同步併發寫入交易，好比多核、多執行緒

CPU。目前較有代表性的圖結構區塊鏈的共識協議有：Tangle、Hashgraph、SPEC-TRE/PHANTOM 等。

1. Tangle

　　Tangle 是 IOTA 專案背後的共識協議，早在 2013 年就已經提出。協議概述：以交易來組織網路，一個節點發起新交易時，在 tangle 網路中找到兩筆合法的歷史交易作為父交易，並將自己的新交易指向這兩筆交易作為子交易，指向的過程中也對父交易進行了驗證。至於如何選取驗證的父交易，Tangle 採用馬爾可夫蒙特卡洛（Markov Chain Monte Carlo, MCMC）隨機遊走的方法，其目的是保證儘可能均勻地選出目前已記入帳本的交易作為父交易，從而提升整體網路的確認度。同時，為提高產生交易的門檻，Tangle 中加入了交易的權重指標，由產生該交易完成的工作量決定交易權重的大小（如雜湊值開頭是幾個 0 等），每個交易都具有累積權重，即該交易的權重加上所有直接、間接確認該交易的權重總和，代表著交易的確認度。

　　另一方面，Tangle 給每個交易進行評分，其分數由該交易直接或間接確認的交易的總權重構成，並限定新交易只能確認分數達到一定標準的舊交易作為父交易，從而避免新交易過多選取過舊交易作為父交易的行為，保證網路的健康成長。

　　Tangle 的優勢有如下幾點：(1) 由於新交易的加入較為輕量且方便，Tangle 網路中沒有記帳費用，對小額支付情境十分友好；(2) 由於 Tangle 網路中交易相互確認的特性，使得該網路具有交易量越大，交易越快被確認的特點。

　　然而，Tangle 目前也存在一定的問題：(1)Tangle 中的共識是一種脆弱的共識，也就是隨時間推移，交易確認度不一定上升；因此在整體 Tangle 網路中節點較少的當前，Tangle 放置了一個閉源的協調者，該協調者發送 milestone 交易，並設定由該交易直接或間接確認的交易均為可信度 100% 的交易；然而，該協調者目前仍是中心化的實現，其降低了 Tangle 網路的去中心化程度；(2)Tangle 中的共識是由全網交易確定的，理論上講，如果有人能夠產生 1/3 的交易量，就可以將無效交易變成有效交易；(3)Tangle 網路中交易無手續費，所以沒有礦工激勵，其面臨著拒絕服務攻擊和垃圾資訊攻擊的可能。

2. Hashgraph

根據 Hashgraph 白皮書定義，其本質上是一種資料結構和共識演算法，旨在解決非同步拜占庭容錯問題。根據 FLP 定理，在網路可靠且存在節點失效的非同步分散式系統中，不存在一個可以解決一致性問題的確定性演算法，可見 Hashgraph 也並非一個完美的非同步拜占庭容錯演算法。Hashgraph 對確定性做了些許放寬，即在特定條件下，共識演算法可能無法終止（即區塊鏈中無法給出交易排序結果），但這種事件發生的機率極低，隨著更多資訊的匯入，共識演算法無法終止的機率無限趨近於 0。Hashgraph 主要透過互相投票（Gossip about Gossip）以及虛擬投票（Virtual Voting）來實現共識過程，概述如下：

(1) 用事件記錄交易，每個事件包括：交易、兩個父節點的雜湊值、時間戳、簽名。

(2) 基於 Gossip 協議，隨機產生帳本。透過 Round 劃分階段，運用前後節點之間的連線關係，確定每個階段的 Famous Witness，再由 Witness 確定 DAG 中的事件的順序。

其特點在於：(1) 公平：帳本具有一致的時間戳，可以對每筆交易進行定序；(2) 安全：其所使用的非同步拜占庭容錯（Asynchronous Byzantine Fault Tolerance，ABFT）系統，有相當的安全理論證明，驗證簡單；(3) 速度快：可達到 250,000TPS 的吞吐量。

Hashgraph 目前存在的問題主要包括：(1) Gossip 演算法在大規模公鏈環境下的應用可能會遇到問題；(2) 其中的每個共識節點均需要儲存全網數據，數據壓縮問題不易解決。

3. SPECTRE/PHANTOM

SPECTRE 和 PHANTOM 是由 DAGLabs 公司推出的運用 DAG 結構的區塊鏈擴充共識協議。DAGlabs 是一家位於美國加州舊金山的區塊鏈技術服務公司。主創人員包括了 SPECTRE 和 PHANTOM 的聯合作者 Yonatan Sompolinsky 和 SPECTRE 的聯合作者 Yoad Lewenberg。SPECTRE Protocol 採用了 BlockDAG 的技術，可以並行挖礦，從而帶來更大的吞吐量和更快的交易確認時間。2018 年 2 月運用 SPECTRE 改進的擴充協議 PHANTOM 發布，能夠大大擴充網路交易容量，並

兼容智能合約。不同於閃電網路等鏈下解決方案，PHANTOM 是鏈上擴充方案。PHANTOM 主要透過使用具體偏序變全序的演算法，以確定整個 DAG 上區塊的線性排列，從而達到對整個 DAG 組織裡的區塊的共識。雖然 PHANTOM 實現了區塊在 DAG 上的線性排列，並大大提高了整個網路的交易容量，但它並不保證迅速地確認區塊時間。

凡事都有兩面性，DAG 的結構天然支援了區塊的並行建立，讓人有直接的感覺，可以輕鬆地提升吞吐量。

但運用 DAG 結構的共識協議，一致性未得到有效的驗證和認可，同時應用情境也不同於傳統區塊鏈那麼廣泛；但 DAG 結構的優勢和運用 DAG 結構的共識創新已經慢慢出現到人們的視野之中，相信不久的將來，會有愈來愈多運用 DAG 結構的創新專案、共識機制會成熟地出現到各類應用之中。結構的創新專案、共識機制會成熟地出現到各類應用之中。

雖然目前運用 DAG 結構的共識機制還未完全解決以上所述問題，我們可以適當保持理性的態度，將其視爲區塊鏈技術的一個必然的探索方向，大膽地去嘗試，大膽地去創新。

5.5 ｜ 本章小結

目前的區塊鏈技術尚處於發展的初級階段，在技術層面上仍存在許多問題。本章主要從兩個方面來講述區塊鏈的發展趨勢，分別是目前存在的問題以及解決問題的思路。第一個趨勢是隱私保護，由於有許多領域的數據是不適合公開的，因此目前這種完全公開透明的區塊鏈就需要被改進。目前主要的解決方案有同態加密、零知識證明以及利用可信執行環境等。第二個趨勢是跨鏈交易。區塊鏈作爲一種價值網路，必然會需要在不同的鏈之間進行價值交換，因此跨鏈交易就顯得尤爲必要。目前的解決方案有側鏈和公證人機制。第三個趨勢是圖結構的區塊「鏈」。由於目前的區塊鏈技術存在一定程度的擴充套件性問題，人們開始考慮區塊鏈並不一定要是一個鏈狀結構。有向無環圖作爲一種常用的數據結構，被一些研究人員用來替代區塊鏈的鏈狀結構，目前已有的實現有 Tangle、SPECTRE 和 HashGraph 等。本章能夠幫助讀者深入地思考未來區塊鏈的發展趨勢，把握區塊鏈的創新潛力。

第二部分

區塊鏈應用

　　隨著區塊鏈技術的逐步發展，其應用潛力正得到越來越多行業的認可。從最初的加密虛擬貨幣到金融領域的跨國結算，再到供應鏈、政務、數位版權，甚至已經有初創公司在探索運用區塊鏈的電子商務、社交、共享經濟等應用。只要涉及多方共同、不存在一個可信中心的情境，區塊鏈均有用武之地。當前區塊鏈應用處於發展初期，主流的區塊鏈應用均是利用了區塊鏈的特性，在原有業務模式下進行的改進式創新，區塊鏈作為從協議層面解決價值傳遞的技術，理應有更廣闊的應用情境。我們有理由相信下一個基於區塊鏈技術的「爆紅」應用將帶來巨大的模式創新，並將顛覆原有的產業模式。

第6章

區塊鏈應用的價值和情境

比特幣作為區塊鏈技術的第一個應用，其出現為區塊鏈技術在眾多領域的使用和推廣拉開了序幕。從最初的加密虛擬貨幣到後來的金融應用，再到近年來在各大行業領域的廣泛使用，區塊鏈技術正以其獨特的價值深入影響和改變人們的認知與生活。

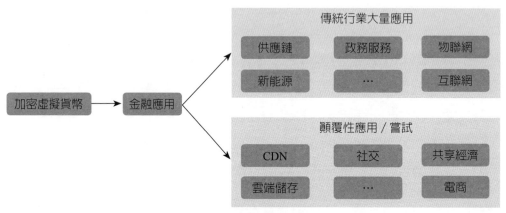

圖6.1　區塊鏈應用的趨勢

從圖 6.1 中我們可以看到，區塊鏈具體應用領域在不斷擴展，而這正是由於我們對區塊鏈的認識和理解不斷深入而逐步發展的。最初我們只是片面地認為區塊鏈只用於虛擬貨幣交易，然而隨著對其鏈式結構原理和不可篡改等特性的了解，我們驚喜地發現區塊鏈適用的交易其實不只侷限於貨幣，一切金融界的交易都可以用區塊鏈來記錄。緊接著隨著我們對區塊鏈傳遞信任本質的領悟，大家恍然大悟，需要傳遞信任的地方就需要區塊鏈，金融業只是區塊鏈應用情境的一個分支。由此區塊鏈的應用領域一下被擴展到各種行業：供應鏈、政務服務、物聯網、新能源，甚至龐大的互聯網也只能說是區塊鏈領域的一個分支。我們更相信隨著區塊鏈應用領域的不斷拓展，區塊鏈應用規模的不斷擴大，未來將會催生出大量的以區塊鏈為創新點的顛覆性應用，我們的社會也由此向著可信社會的方向邁進。

6.1　區塊鏈應用的價值

　　區塊鏈提供一種在不可信環境中，進行資訊與價值傳遞交換的機制，是建構未來價值網際網路的基石，也符合中國十九大以來一直提倡的爲實體經濟提供可信平臺。區塊鏈發展到現在，我們可以從以下幾個方面來分析其應用的方向：

- 從應用需求視角可以看到，區塊鏈行業應用正加速推進。金融、醫療、數據存證／交易、物聯網裝置身分認證、供應鏈等都可以看到區塊鏈的應用。娛樂、創意、文旅、軟體開發等也有區塊鏈的嘗試。

- 從市場應用來看，區塊鏈也逐步成爲市場的一種工具，主要作用是減少中間環節，讓傳統的或者高成本的中間機構成爲過去進而降低流通成本。企業應用是區塊鏈的主戰場，具有安全准入控制機制的聯盟鏈和私有鏈將成爲主趨勢。區塊鏈也將促進公司現有業務模式重心的轉移，有望加速公司的發展。同時，新型分散式合作公司也能以更快的方式融入商業體系。

- 從底層技術來講，有望推進數據記錄、數據傳播和數據儲存管理模式的轉型。區塊鏈本身更像一種網際網路底層的開源協議，在不遠的將來會觸動甚至會最後取代現有的網際網路底層的基礎協議（建築在現有網際網路底層之上，一個新的中間層，提供可信有宿主具價值的數據）。把信任機制加到這種協議裡，將會是一個很重大的創新。在區塊鏈應用安全方面，區塊鏈安全問題日漸突顯，安全防衛需要技術和管理全域性考慮，安全可信是區塊鏈的核心要求，標準規範性日顯重要。

- 從服務提供形式來看，雲端的開放性和雲端資源的易獲得性，決定了公有雲端平臺是目前區塊鏈創新的最佳媒介，利用雲端平臺讓運用區塊鏈的應用快速進入市場，獲得先發優勢。區塊鏈與雲端計算的結合越發緊密，有望成爲公共信用的基礎設施。

- 從社會結構來看，區塊鏈技術有望將法律、經濟、資訊系統融爲一體，顛覆原有社會的監管和治理模式，組織形態也會因此發生一定的變化。雖然區塊鏈技術與監管存在衝突，但矛盾有望進一步調和，最終會成爲引領人們走向運用合約的法治社會的工具之一。

　　什麼領域適合區塊鏈技術？我們認為在現階段適合的情境有三個特徵：第一，存在去中心化、多方參與和寫入數據需求；第二，對數據真實性要求高；第三，存在初始情況下相互不信任的多個參與者建立分散式信任的需求。

　　典型的應用案例如：華為物流部運用區塊鏈進行貨物跟蹤，該區塊鏈應用提升了數據安全性、隱私性、共享性，解決了商品轉移過程中的追溯防偽問題，有效提高物流行業在結算處理效率，節約 20% 以上物流成本；運用華為雲端區塊鏈所打造的供應鏈金融平臺，該平臺加強了供應鏈金融業務中多方資訊的共享，簡化企業間的互擔保、風險分攤、機構信用評估等流程，提升企業融資效率，融資過程從半個月降低到二天，同時也降低違約處理成本；運用華為雲端區塊鏈實現數據內容版權區塊鏈平臺，數據內容版權公司能夠為大量作品提供低成本、高效率的版權存證方案，版權存證處理流程耗時由 10～20 天提升到即時版權存證，促進版權合理合法的快速流通。

　　區塊鏈應用的發展趨勢如圖 6.1 所示，從比特幣加密虛擬貨幣，到金融結算市場的優化，逐漸演進到創造性地重構傳統行業的大量應用，如供應鏈金融、供應鏈溯源、新能源交易系統、物聯網等。隨著應用情境日益豐富，應用將推動著區塊鏈技術不斷完善，區塊鏈與雲端的結合日趨緊密，該技術也會逐漸地應用於新興市場經濟，如房屋租賃共享經濟、社交網路、內容分發網路等情境中。區塊鏈系統以其特有的價值實現在資料流通過程中不可逆，從而保障資料的可靠性；區塊鏈資料流通的可信性，將有效簡化流程、提升效率、降低成本；區塊鏈的系統架構和優勢使建構產業生態更加容易並降低產業成本。可以預見，區塊鏈是價值網路的基礎，將逐漸成為未來網際網路不可或缺的一部分，區塊鏈技術也將逐步適應監管政策要求，逐步成為科技監管領域的重要組成部分。

6.2　區塊鏈應用情境

　　高盛在 2016 年發布的一份區塊鏈產業報告中指出，區塊鏈獨特的性質使得它不僅有潛力優化現有市場，也有能力重構市場和創造新市場，具體包括以下幾點：

- 在創造新市場方面，其代表案例如個體家庭住宿的興起，至 2020 年，30～

90 億美元的新生市場訂房費用增量，區塊鏈可以安全地儲存和整合使用者的線上交易資訊，並檢查身分驗證和支付認證的歷史記錄，使得各方建立信任更加容易。

- 在創造性地重構市場方面，其代表案例如智慧電網的分散式售電系統，會帶來價值 25 億～70 億美元的美國分散式能源市場，區塊鏈可以連線本地的能源生產者（比如有太陽能板的鄰居）與該地區的消費者，使得分散式的即時能源交易市場成為可能。
- 針對優化現有市場，代表案例如金融結算情境，採用區塊鏈系統可以顯著縮短交易的結算時間，甚至是從幾天縮減到數小時，這也可以幫助減少全流程的資本需求、營運成本和託管費用，實現每年全球 110～120 億美元的成本節約。

在未來 5～10 年，區塊鏈有可能觸及很多行業，最可能產生顛覆性的行業包括金融業、共享經濟和社交網路、儲存和內容分發網路等。

首先在金融業領域，區塊鏈為金融機構系統性地解決全業務鏈的關鍵和頑疾。區塊鏈技術可以被應用在不同的銀行業務，從支付結算、票據流通、供應鏈金融、到更複雜的證券發行與交易等各核心業務領域。區塊鏈技術帶來的收益將惠及所有的交易參與方，包括銀行、銀行客戶、銀行的合作方（如平臺企業等）。

目前金融服務各流程環節存在效率瓶頸、交易時滯、欺詐和操作風險等關鍵，大多數有望在區塊鏈技術應用後得到解決，規避現有流程中大量存在的手工操作。比如區塊鏈技術的應用可以幫助跨國支付與結算業務交易參與方節省約 40% 的交易成本。金融業典型的應用情境包括：

- 虛擬貨幣：隨著電子金融及電子商務的崛起，虛擬貨幣安全、便利、低交易成本的獨特性，更適合運用網路的商業行為，將來有可能取代紙本貨幣的流通，中國央行也在研究法定虛擬貨幣，用以提高貨幣發行，使用及調控的便利性，區塊鏈技術是可能的底層技術之一。
- 跨國支付與結算：區塊鏈將摒棄中轉銀行的角色，實現點到點快速且成本低廉的跨國支付。透過區塊鏈的平臺，不但可以繞過中轉銀行，減少中轉費用，還因為區塊鏈安全、透明、低風險的特性，提高了跨國匯款的安全性，

以及加快結算與清算速度，極大提高資金利用率。

- 票據與供應鏈金融業務：藉助區塊鏈的技術，可以直接實現點對點之間的價值傳遞，不需要特定的實物票據或是中心系統進行控制和驗證；傳統仲介的角色將被消除，也減少人爲操作因素的介入。供應鏈金融也能透過區塊鏈減少人工成本、降低成本及操作風險、提高安全度及實現端對端的透明化。

- 證券發行與交易：區塊鏈技術使得金融交易市場的參與者享用平等的數據來源，讓交易流程更加公開、透明、有效率。透過共享的網路系統參與證券交易，使得原本高度依賴仲介的傳統交易模式變爲分散的平面網路交易模式，實現準即時資產轉移，加速交易清算速度。

- 客戶徵信與反欺詐：記載於區塊鏈中的客戶資訊與交易記錄有助於銀行識別異常交易並有效防止欺詐。區塊鏈的技術特性可以改變現有的徵信體系，降低法律合規成本，防止金融犯罪。在銀行進行客戶身分識別（Know Your Customer, KYC）時，將客戶的數據儲存在區塊鏈中。客戶資訊及交易記錄不僅可以隨時更新，同時，在客戶資訊保護法規的框架下，如果能實現客戶資訊和交易記錄的自動化加密關聯共享，銀行之間能省去許多 KYC 的重複工作。

在共享經濟和社交網路應用中，區塊鏈天生就具備去中心化的特性，這一點與共享經濟的宗旨高度吻合。

- 區塊鏈作爲一個去中心化的一致性共享數據帳本，在此架構下，整個系統的運作都是公開透明的，它將讓共享經濟變得更加容易。比如可以將智能合約運用於自行車租賃、房屋共享等領域，如果這種智能合約運用於今天當紅的共享單車領域，也許會給整個行業帶來全新的改變，國外企業在此領域基於區塊鏈技術做了如下的嘗試：

- Synereo 社交網路是運用加密、去中心化和點對點的網路平臺，無需中央伺服器，這意味著資訊不會被阻擋或者被竊取。相反，Synereo 平臺由大量分散的節點支撐，由使用者來營運，跟比特幣的運作方式很相近。這就是說沒有中心化實體能監視使用者的行爲，刪除發帖，包括 Synereo 自己。使用者只要能夠連線網路，就可以加入這個社交網路。發帖並不暴露使用者身分。

如何平衡政府監管和使用者隱私保護是該系統商業成功與否的非常關鍵的因素。

- Slock.it 致力於發展共享經濟的未來基礎設施。我們將其稱爲通用共享網路（USN）。依託於公共以太坊區塊鏈，通用共享網路將爲使用者提供一套可移動的桌面應用程式，透過它們，使用者可以從世界任何地方找到、定位、租賃和調控由智能合約媒介的對象。

- OpenBazaar 是一個結合了 eBay 與 BitTorrent 特點的去中心化商品交易市場，相對於易趣與亞馬遜這些提供中心化服務的電子商務平臺，透過 OpenBazaar 不需要支付高額費用、不需要擔心平臺蒐集個人資訊，而導致個人資訊泄露或被轉賣用作其他用途。

在儲存和內容分發網路（Content Delivery Network, CDN）領域，傳統型和雲端服務型廠商受限於昂貴的 CDN 建立成本，其 CDN 加速節點往往只能在大城市布點。如果這種大型節點遭受攻擊，受影響的是千千萬萬的使用者。而區塊鏈+CDN，按照每個區塊鏈硬體使用者都成爲一個加速節點的實際情況，加速節點是無限的，同時安全效能隨節點數增加而無限疊加，這是因爲區塊鏈技術特有的分散式計算保證了無論是任意一個節點，乃至成千上萬個節點同時遭受攻擊，剩餘的節點數據都能無限期儲存，面對這樣一個滴水不漏的全覆蓋網路，可以大幅度地提升抵禦攻擊的能力。已經有 CDN 服務供應商在該領域做嘗試，共享者透過共享家庭閑置頻寬和儲存，獲得激勵，而 CDN 服務供應商透過共享者提供的資源獲得大量的廉價頻寬和儲存，給使用者提供有競爭力的 CDN 服務。

6.3　區塊鏈應用潛力

在區塊鏈目前已有的落實情境中，大多數是現有業務的改進，還沒有發揮區塊鏈的潛在威力。前端的研究認爲區塊鏈會催生一種自組織商業模式的興起，即以區塊鏈爲基礎架構，人工智能爲驅動引擎，讓相同層次將同利益對等訴求的相似／互補之人聚合到一起，安全透明的交互形成新的商業生態。

區塊鏈在金融產業以主角現身，在以後的發展中，區塊鏈更有可能隱身到幕

後。如果說互聯網是訊息的高速公路，區塊鏈就是價值的安全航線和可信的價值互聯網。它從網上無序混亂，眞僞難辨的數據中提取有潛在價值的部分，以擁有者的信用作背書，在完成共識後，實現並放大價值。在整個過程中，區塊鏈是互聯網和應用（智能合約）的連接層，向下遮蔽垃圾數據，向上輸送可信行爲。

在新型的自組織模式中，人工智慧是搜尋者的角色，它在 A 需要一個人時，就把 B 送到 A 跟前，而 B 正是 A 所尋找的那一個。一些創業公司正在探索這種模式。

一個例子來自健康行業。穿戴設備的興起讓人體的眞實數據有了可靠的醫用價值，個人數據成爲一種資產，可以授權，可以轉賣。而醫療研究機構急需這樣的數據。如果雙方能夠找到合適的結合點，醫用數據的增加有助於讓保健部分代替醫療。

還有創意娛樂業的實行。內容提供者把自己的創作定向發布，獲取打賞。作品在打賞中升值，進入更大的傳播空間，而觀衆也可以自由選擇。

6.4　本章小結

本章從加密虛擬貨幣到金融領域，逐漸擴展到需要傳遞和建立信任的各個領域闡述了區塊鏈應用的發展趨勢，並從應用，市場，底層技術，服務提供形式，社會結構等方面分析了區塊鏈應用的發展方向。本節論述了適合區塊鏈情境的三個特徵即去中心化多方參與，對數據眞實性要求高，需要逐漸建立多方信任關係。此後本章運用高盛區塊鏈產業報告，進一步闡述了在優化現有市場，重構市場和創造新市場的分類中典型的區塊鏈應用的案例。

第 7 章

金融應用案例

在區塊鏈應用領域，金融行業一直是最活躍的地方，常見的情境如跨國清算、中小微型企業的貿易融資、銀行客戶身分識別。中國人民銀行原行長周小川曾表示：「央行認為科技的發展可能對未來支付業務造成巨大改變，央行高度鼓勵金融科技發展。數位資產、區塊鏈等技術會產生不容易預測到的影響。在發展過程中出現的問題，需要進行規範。」

隨著區塊鏈技術的發展，包括中國央行、摩根大通、匯豐銀行等眾多頂級金融機構，開展了豐富的研究與試驗性落實。相比傳統的金融行業，更能夠從安全、效率、互信建立等方面帶來優秀的解決方案，本文透過以下幾個情境來進行闡述。

7.1　區塊鏈在跨國結算情境中的應用

7.1.1　業務情境

商業銀行開展跨國結算業務有兩種操作模式，即代理模式和結算模式。所謂代理模式，主要是指中資行委託外資行作為其海外的代理行，境外企業在中資企業的委託行開設人民幣帳戶的模式；而結算模式主要是在指在中資行境內總行和境外分支行之間進行的業務，即境外企業在中資行境外分行開設人民幣帳戶。

——摘選自百度百科

在跨國結算情境中，平時使用者可見的流程僅為：前往金融機構填寫申請表並支付費用，等待對方收到帳目。但是其實中間有一串冗長的流程，如圖 7.1 所示，即從匯款人開始匯款、匯款行帳戶行、各幣種結算系統、收款行帳戶行、收款行和收款人，途中經歷了五個環節。每個環節中還要經歷三至五個小環節，大量的仲介機構參與其中，一筆 10,000 美元的匯款大概二至三日才能到帳。

圖7.1　傳統跨國交易模式

7.1.2　行業現狀和業務關鍵

目前傳統的跨國支付主要是採用傳統的 SWIFT 網路完成，但是在每一個銜接的環節仍然需要大量的人工複查，傳統 SWIFT 業務系統本身成本高、耗時長。在 KYC 過程中，不同的金融機構對客戶資訊的真實性控制有限，也會遇到共享的安全問題。主流的代理模式為了保證交易的準確性，需要實現全流程每個機構、每筆交易的資訊確認，導致效率低，差錯率高。

可見跨國結算存在效率低、成本高、交易不透明等關鍵。區塊鏈與跨國支付的結合，利用區塊鏈去中心、分散式帳本特點，實現點對點交易。打通中間環節、建構可信交易，最大限度提升效率，節省成本開支，如圖 7.2 所示。

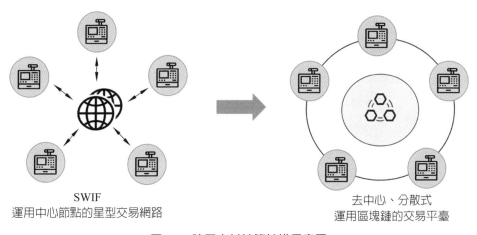

SWIF
運用中心節點的星型交易網路

去中心、分散式
運用區塊鏈的交易平臺

圖7.2　跨國支付結算結構示意圖

7.1.3 運用區塊鏈的解決方案

運用區塊鏈平臺的銀行結算是網狀結構。整個網路有多個節點中心，每個參與者（節點）都是權利和義務均等的個體，依靠所有參與者之間的相互約束建立信任。每個參與者都會記錄這個區塊鏈上發生的所有清算交易數據，具有不可抵賴性。交易資訊也可經過加密處理，只有交易相關角色方可解密。另外，監管方也參與到區塊鏈的網路中。目前監管對銀行來說是非常重要又頭疼的角色。一方面需要維持金融秩序，另外一方面需要配合監管提供大量的檔案和材料。如果監管也能成為結算環節中可隨時獲取資訊的角色，那麼監管就可以儲存全量數據，並擁有檢視每一筆交易以及參與者管理的許可權，極大提高了監管的效率。

我們以招商銀行實現的跨國支付結算為例：招商銀行作為代理結算行，完成從香港永隆銀行向永隆銀行深圳分行的人民幣頭寸調撥業務。三方又完成了以招商海通貿易有限公司為匯款人，前海蛇口自貿區內海通（深圳）貿易有限公司為收款人的跨境人民幣匯款業務。透過總行與海外分行間的直聯通道，實現快捷便利的跨境支付功能，採取日間墊付、日終雙邊差額結算的模式。招商銀行透過區塊鏈平臺進行點對點跨國支付，實現跨行跨國高效清算，提升資本運轉效率，交易時間從一週降低為 2 小時。

區塊鏈為基礎的跨國支付，需要所有參與環節全部加入支付鏈中，交易各方不再依賴一個中心化的系統，使用者可以即時的檢視資金的流向，在這個過程中節省的不僅是人力、時間成本，使用者體驗也大幅提升。

與此同時，各大銀行也積極地展開區塊鏈相關業務的驗證與開發，如工商銀行運用區塊鏈的點對點金融資產轉移和交易服務，江蘇銀行區塊鏈積極展開微眾銀行的聯合貸款、銀行微粒貸聯合貸款的結算和清算等。

在貿易金融融資情境中，區塊鏈可以發揮使用者網路效應和應用共同效應。貿易金融業務的特點是規模大、情境龐雜、參與者眾、難以用一個系統或一個機構服務所有客戶和全部情境，因此傳統上採用「分而治之」的方式建設系統，這就帶來了一個問題：不管是按照行業劃分還是按照業務類型劃分，都很難最大化地發揮使用者的網路效應以及情境的共同效應。而區塊鏈技術的應用，則可以讓平臺儘可能

承載更多業務情境，在同一個平臺實現數據、使用者的統一，使不同業務情境可在同一個平臺上實現互動共同，從而發揮網路效應和共同效應。區塊鏈可以整合更多的數據源和政府資源。貿易金融業務是一個社會系統工程。它的順利展開離不開政府部門（工商、稅務、海關、法院、交通等）以及眾多貿易服務商的參與。這就涉及各方數據傳輸和資源整合的問題。區塊鏈技術為貿易金融平臺提供了一個更為靈活、開放的系統架構。運用區塊鏈技術的貿易金融平臺能夠很好地解決傳統上依靠人工，業務效率低，融資成本高，重複融資、虛假融資風險大等貿易金融難題。

區塊鏈金融服務還可以延伸到傳統業務難以覆蓋的邊遠地區。例如，小額匯兌因為交易費用低不被重視，利用手機加上區塊鏈技術是解決這個問題的可行方法之一。

7.2 ｜ 區塊鏈在供應鏈金融情境中的應用

7.2.1 業務情境

供應鏈金融是貿易金融的一個典型情境，如圖 7.3 所示，它是指在供應鏈的業務流程中，以核心企業為依託，運用自償性貿易融資的方式，對上下游企業提供綜合性金融產品和服務，整個行業在全球占據萬億級的市場。舉個簡單的例子來說明供應鏈金融，一家企業和供應商 A 簽訂採購合約，金額為 1,000 萬元，合約在十二個月後到期，當然合約款也是在十二個月後才能付清，然而供貨的生產需要 600 萬元的資金，傳統金融思路是供應商不得不想辦法去金融機構貸款，並支付高額的利息，從而間接增加了生產成本，同時金融機構一方放款可能並不及時，放款金額也和該供應商的資格、信用甚至是抵押物有關。供應鏈金融就是試圖使用新的方式來解決過程中各方的金融需求，比如將業務過程中的採購合約作為抵押物，金融機構校驗合約真實性後就可以和供應商 A 簽訂貸款合約，同時提前放款 600 萬元給供應商，十二個月採購合約到期後，企業直接付 600 萬元的本金和相應利息給金融機構，剩餘的錢直接付款給供應商 A，因此銀行的風險極大降低。

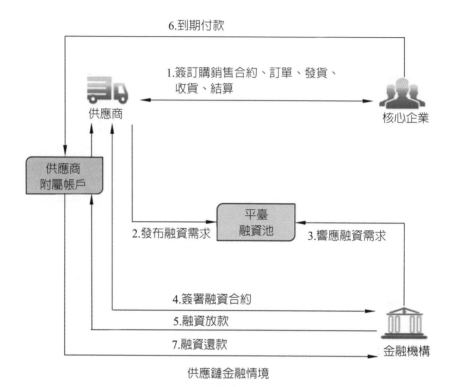

供應鏈金融情境

圖7.3　供應鏈金融情境

7.2.2 行業現狀和業務關鍵

　　從例子中我們看到這是一個三贏的局面，企業和供應商的業務可以正常開展，金融機構也從中受益，所以供應鏈金融思路的核心就是打通傳統供應鏈中的不通暢點，讓業務流中的資金都可以順利地流動起來。當然其中的過程有很多關鍵點，比如合約是否真實，合約額有沒有被非法的篡改，企業有沒有不誠信記錄，合約到期後企業能否按時順利的付款等。

　　另外，在現行金融貿易領域中，存在高成本的人工核查，眾多銀行之間的訊息不流通，監管難度大，中小企業申請銀行融資的成本高等問題。銀行在為客戶辦理業務時，通常透過人工的方式進行情報資料蒐集，訊息對比驗證，現場實地考察和監督，來了解客戶情況和貿易背景，展開業務風險控制以及管理。

　　供應鏈金融領域目前的難點有如下幾點：

　　首先，高度依賴人工的交叉核查，即銀行須花費大量時間和人工判定各種紙本貿易單據的眞實性和準確性，且紙本貿易單據的傳遞或差錯會延遲貨物的轉移以及資金的收付，造成業務的高度不確定性；其次，金融貿易生態鏈涉及多個參與者，單個參與者都只能獲得部分的交易訊息、物流訊息和資金流訊息，訊息透明度不高；再次，資金管理監管難度大，由於銀行間訊息互不聯通，監管數據獲取遲滯，例如不法企業「鑽空子」，以同一單據重複融資，或虛構交易背景和物權憑證；四是中小微型企業申請金融融資成本高。由於以上幾個難點，爲了保證貿易融資自償性，銀行往往要求企業繳納保證金，或提供抵押，質押，擔保等，因此提高了中小微型企業的融資門檻，增加了融資成本。

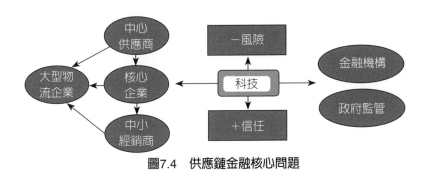

圖7.4　供應鏈金融核心問題

　　總結來看，供應鏈金融的核心問題有三點：融資難，風控難，監管難。

7.2.3　運用區塊鏈的解決方案

　　供應鏈金融情境中的關鍵需求是——如何存證供應鏈的關鍵訊息；如何確保可信資格的評估；如何保障交易各方的權益；供應鏈的上下游核心企業和供應商之間如何建立互信，降低融資的成本。區塊鏈技術提供的特性和這些需求吻合度很高，數據不可篡改可以讓數據很容易追溯，公私鑰簽名保證不可抵賴，這些機制可以讓上下游企業建立互信，區塊鏈中的智能合約，可以保障各方約定的合約可以自動執行。運用區塊鏈可信機制的供應鏈金融解決了供應商單方面數據可信度低，核驗成本高的問題，打通企業信貸訊息壁壘，解決融資難題，提升供應鏈金融效率，透過

供應鏈中各方協商好的智能合約，可以讓業務流程自動執行，資金的流通更加透明，極大地提供公平性。華爲雲端 BCS 服務利用自身在供應鏈和區塊鏈方面的業務和技術累積，攜手合作夥伴，積極支持其供應鏈金融結合區塊鏈技術的創新，服務平台提供新型的智能合約引擎支持複雜的智能合約和高效的查詢，提供創新共識算法支持峰值可達 10D TPS 的高性能併發交易，爲該行業的進一步發展提供了良好支撐。

如圖 7.5 所示，透過多級鏈結合起來，在每一級區塊鏈中實現當前範圍的可信數據共享，並運用授權，按需把數據推送到下一級區塊鏈系統中。運用共享帳本以及智能合約，不但解決數據互信問題，同時提升各方交易的效率。

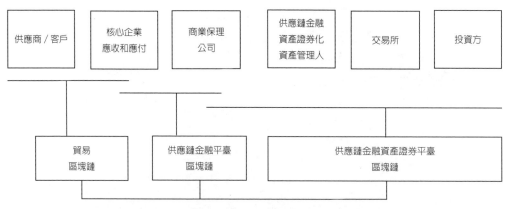

圖7.5　運用區塊鏈的供應鏈金融解決方案

7.3　區塊鏈在用戶共享情境中的應用

7.3.1　業務情境

在區塊鏈金融領域應用中另一個典型的情境是銀行「認識你的客戶」（Know Your Customer, KYC）系統。R3 公司曾在一份報告中提出：「傳統的 KYC 流程非常複雜，而且重複度也較高。這種自我主權模式允許企業客戶建立、管理自己的身分數據，包括相關資料文件等，然後他們可以授予多個參與者存取這些身分數據的

許可權。」

KYC 情境不僅會在金融領域碰到，現在會有眾多的企業需要知道誰是他們的客戶，以便能夠保持安全和遵守政府的規定，例如集團公司內，各個子公司之間使用者交叉共享；不同金融機構之間使用者背書等，都需要涉及使用者身分的確認。

這裡我們透過金融機構之間使用者背書的情境，來介紹 KYC 的現狀以及運用區塊鏈的解決方案：運用某銀行的 I 類帳戶以及已有的 KYC 資訊背書，免 KYC 過程開通另外一個銀行的 II 類帳戶。要求使用者身分等資訊需要加密，避免暴力破解，同時提供運用身分資訊的快速查詢。

7.3.2　行業現狀和業務關鍵

目前 KYC 已經成為許多金融機構、大企業商業中不可或缺的環節。目前的 KYC 流程很大程度上滿足了商業與監管的要求，但是其流程越來越複雜，成本也越來越高。同時由於很多監管的需求，資訊流通成為業務建立的阻礙。

現階段 KYC 的標準流程分四個部分：

1.獲取使用者資訊：根據業務要求提交客戶的姓名、帳戶開戶資訊、聯繫方式等要素資訊。

2.審核使用者資訊：機構根據聯網數據進行用戶數據的核實。

3.儲存使用者資訊：運用單點或者中心化的結構進行用戶數據的儲存。

4.監控、更新、使用使用者資訊。

運用目前的業務流程，最大的業務關鍵是數據監管與數據獲取。用戶數據屬於隱私保護範疇，現在政府的監管法要求越來越高，各個國家、行業的標準也不盡相同。機構之間如何理解、執行 KYC 程式造成很多業務對接困難，及數據監管困難的情況。另外數位化的資訊如何安全的共享獲取，更是一把雙刃劍，如何在既保障使用者隱私的前提下，同時提供可信的數據共享，是目前迫切需要解決的問題。

7.3.3　運用區塊鏈的解決方案

在我們的 KYC 案例中，如圖 7.6 所示，A 銀行將使用者的身分資訊透過雜湊

產生唯一的加密後的數據存入區塊鏈中；B 銀行不需要 A 銀行共享實際的用戶數據，只需要使用者提供基本的資訊，透過雜湊計算及區塊鏈查詢兩個步驟就可以進行身分確認。顯著降低了金融機構的成本，同時為使用者提供了良好的使用者體驗。

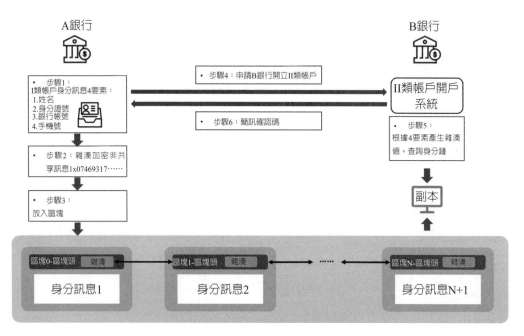

圖7.6　運用區塊鏈的KYC解決方案

當使用區塊鏈後，這些問題都迎刃而解，運用安全隱私的前提下，企業建立自己的身分數據，允許其他業務存取所需數據，而不泄露使用者資訊。同時企業可以提供運用身分的共享，快速建構企業間可信數位身分體系，這不但為企業之間業務建構打通了快速通道，同時為使用者提供了一致的使用者體驗，增強客戶黏性。

7.4 ｜ 本章小結

本節主要闡述了在區塊鏈應用最活躍的金融領域的典型案例，分析了常見的金融情境如跨國結算、中小微型企業的貿易、融資和銀行 KYC 的用戶關鍵問題和

運用區塊鏈的解決方案所帶來的優勢。區塊鏈與跨國支付的結合，利用區塊鏈去中心，分散式帳本特點，實現點對點交易，打通中間環節，建構可信交易，最大限度提升效率，節省成本開支。區塊鏈技術與供應鏈金融結合，保障數據不可篡改，讓數據很容易追溯，公私鑰簽名保證不可抵賴，讓上下游企業建立互信；區塊鏈中的智能合約可以保障各方約定的合約可以自動執行，降低核驗成本，打通企業信貸訊息壁壘，解決融資難題，提高供應鏈金融效率；透過供應鏈中各方協商好的智能合約可以讓業務流程自動執行，資金的流轉更加透明，極大提供公平性。區塊鏈技術與銀行 KYC 的結合，銀行企業可以建立自身客戶的身分數據，且可以提供運用身分的共享，快速建構企業間可信數字身分體系而不泄漏用戶的訊息。

第 **8** 章

供應鏈應用案例

8.1 | 業務情境

供應鏈是人類社會活動中非常複雜的一套系統工程，參與者包括商業活動中的核心企業、供應商、物流運輸企業、客戶等，內容包括整個流程中的資訊流、物流、資金流。如圖 8.1 所示，一般來說製造業的供應鏈從採購的原料開始會涉及生產、加工、包裝、運輸、銷售等環節，所以供應鏈在主體

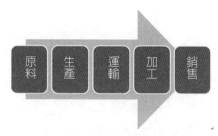

圖8.1 傳統供應鏈流程圖

上會涉及不同的行業和不同的企業，在地域上可能會跨越不同的城市、省份甚至是國家，供應鏈整個流程中的上下游本質上是一層層供應商和一層層客戶的關係，每個前端的業務和發展都和後端的供應有密切的關係。

從業務上看，供應鏈有多種，如製造供應鏈、食品供應鏈、危險化學品供應鏈等，他們的共同特點就是不同的企業相互合作，結合自身優勢組合成一個規模龐大的、有競爭力的商業聯盟在市場上為使用者提供商品或服務。整體表面是一條供應鏈，同時它也是一條價值鏈，透過每個節點的加工、運輸、包裝都提高了整個商品的價值，也為每個節點帶來了利潤。每個環節對整個業務參與者都至關重要，每個節點的材料品質、供應效率都會直接影響整體的效率和收益。一個案例[1]如 2000 年 3 月 17 日夜晚，飛利浦的半導體生產基地發生了一場火災，雖然火很快被撲滅，但是已經使得大量生產線陷於癱瘓，飛利浦是多家手機廠商的供應商包括愛立信和諾基亞，這次火災直接影響到了下游客戶廠商諾基亞和愛立信的手機業務，諾基亞根據自己在供應鏈管理中的經驗和敏銳性迅速調整，增加晶片供應商，將損失降到最少。而愛立信由於上游廠家無法及時供貨，沒有及時識別風險，供應鏈反應機制遲緩導致了後續業務上的損失。

---

[1] 案例引用來源於 http://www.sohu.com/a/278589630_472865

8.2 　行業現狀和業務關鍵

　　供應鏈的管理對於鏈上的企業生命都至關重要，高效的、低成本的運作是供應鏈管理的目標，傳統的供應鏈管理在資訊網路技術的基礎上已經有很大進步，包括常用的 OA 系統、ERP 系統等都有效地支撐了供應鏈系統的運轉，然而由於傳統的技術架構的限制，各端的訊息系統數據無法做到有效可信的同步，資訊流的同步較爲低效，其次各端系統的數據都是各端獨立集中的管理，有一定風險會遭受到有意無意地篡改，對於外部不法駭客的防護也只能在系統的外部增加防火牆策略和安全裝置，不能透過技術底層協議來解決這類問題。

　　供應鏈資訊孤島現象不能有效解決是影響提高整體行業效率的重要原因，比如在涉及進出口的供應鏈業務情境中，相關企業都需要到海關辦理相關手續，這些流程往往需要專人甚至專門部門負責，從而也還帶動了報關行業的發展。但是報關手續的流程複雜、業務情境面廣、容易出錯都會影響企業進出口的效率，這些現象的有效解決可以帶動整體經濟的發展，可以減少貨物積壓，提高通關效率，加快供應鏈的物流、資金流、資訊流的傳遞。目前，政府也在積極推動無紙化的報關落實，此舉也會加快該行業業務的資訊化、自動化落實。

8.3 　區塊鏈如何賦能供應鏈及對應價值

　　區塊鏈技術的出現進一步爲供應鏈中幾個關鍵問題從協議層帶來了很好的解決方案。如圖 8.2 所示，區塊鏈中聯盟各方都持有帳本數據，並且數據的增加、修改、刪除等動作都必須執行各方共同制定的智能合約並共識後才能落入最後的數據帳本中。由於帳本數據會儲存在聯盟各方中，這種方式很好地保證了數據的高可靠性，任意一方數據的丟失和損壞都不會

圖8.2　供應鏈＋區塊鏈中的各聯盟方

造成太多影響，它可以快速從其他方恢復數據。另外，這種技術架構也可以很好地保證任意一方都不能私自對數據進行變更，所以和各方的相關業務方面的權利義務

都可以透過智能合約來保障，有效地解決了公平、安全的問題。

我們從如下幾個方面總結來看區塊鏈給供應鏈行業帶來的幾個方面的好處：

1. 可追溯性

可追溯性是區塊鏈的特點，也是供應鏈行業的需求和關鍵。社會上近幾年發現的醜聞也都和沒有高效的可追溯機制有關，如食品方面的三聚氰胺事件、藥品方面的假疫苗事件等。由於系統複雜，資料過多和分散，導致不能快速、有效、精準地追責和召回有問題的商品。區塊鏈系統由於數據不可篡改，並且數據儲存在聯盟各方，過程中產生的數據可以即時獲取，精準定位和追溯。區塊鏈中記錄的數據包括產品原料從哪裡取材、中間在哪家工廠生產、商品在哪裡包裝和加工、由哪家企業負責運輸、銷售到了哪些城市和哪些超市等，這些資訊在區塊鏈系統中可以快速地獲取，對於緊急處理社會公共事件有很好的幫助。

2. 不可篡改性

一方面，傳統的系統中數據經常會遭到駭客的攻擊，入侵後數據修改對業務會造成很大的影響，企業的品牌影響力也會下降；另一方面，系統內部的管理員存在為了各種目的對數據進行獲取和修改的風險，這些情境都從技術層面無法保證，需要額外的管理成本來解決此類問題，而區塊鏈技術透過巧妙地利用數位簽名、加密演算法、分散式儲存等技術有效的從協議層面解決了篡改的問題，極大增加篡改難度，從技術上保障了數據不可篡改性。

3. 透明性

透明性體現在多個方面，數據方面由所有鏈上商業方共有，所有數據對每個節點都是透明的，任何一方都可以即時獲取數據進行核查和分析，比如供應鏈金融上的金融機構可以看到業務方的銷售情況，經銷商可以看到產品的檢驗報告等，這些特性會極大提高業務商業互信，加快鏈上物流和金融的流通效率；透明性的另一個方面主要體現在智能合約上，供應鏈上的智能合約由商業各方共同制定，內容和各方的利益息息相關，它們利用智能合約代替傳統的契約和合約，讓它不以其中一方或者多方的意志為轉移，達到公平的效果。

這三個特點是區塊鏈技術的優勢，同時也是供應鏈行業的關鍵問題，所以區塊鏈技術在供應鏈行業應用和落實有著天時地利的條件，不少細分行業中業務全流程

資訊視覺化、業務數據的一致認可、降低合作成本等方面有著強烈的訴求，社會也期待在這些行業中有實質性的技術創新和進步，包括食品安全、疫苗溯源、藥品和器件溯源等都是全社會關注的重點問題。在食品安全領域，面臨的主要挑戰包括食品安全事故時責任方不願拿出數據，物流資訊視覺化一對一對接導致運作成本高。區塊鏈的分散式帳本以其多方記帳、不可篡改的特性恰好解決該領域的問題，實現供應鏈追蹤，保障食品全流程安全。典型的案例如 IBM 和沃爾瑪合作，對食品從種植、加工、運輸、上架等全部環節進行記錄和追蹤。IBM 在 2017 年 8 月宣布和雀巢、沃爾瑪、泰森食品、聯合利華等建立食品安全聯盟，在更大範圍探索食品領域的應用。

從業務角度講，區塊鏈技術可以解決供應鏈和溯源的兩大問題，一是提高業務參與方的造假成本、二是在出現商品事故後可以提高定位和召回效率。

由於聯盟鏈的加入有准入機制，而且特殊的行業中業務參與方還會包括政府的監管單位，加上寫入區塊鏈的數據都會包含參與方的數位簽名，所以一旦發現數據真實性問題，相關的企業和組織無法抵賴，假數據的操作會對其誠信和品牌造成極大惡劣影響，甚至要負法律責任，因此提高了企業的數據造假成本。溯源的區塊鏈系統會對商品的基礎屬性、檢驗資訊、物流和加工資訊做詳細的記錄，出現事故後可以在區塊鏈上快速找到商品的銷售地域情況，對控制事故影響範圍和召回工作有很大幫助。

華為公司內部有不少部門也處在供應鏈業務生態的一方，他們既是上游核心企業，也是下游供應商和生產商，每年有大量的人力和物力投入在供應鏈交付的情境中，所以公司內部也在積極探索區塊鏈技術於供應鏈的創新。

情境一：圖 8.3 是一個基於華為雲端區塊鏈服務 BCS 建構的商品溯源業務情境圖，該系統是一個典型的聯盟鏈，參與方包括生產方、加工企業、運輸企業、銷售公司和監管單位，該系統的建構利用了 BCS 基於租戶模型的聯盟鏈建構能力，各方作為獨立的雲端租戶，對應的數據、資源和網路相互隔離、互不可見。共識機制採用了高可靠性的拜占庭共識演算法，智能合約規定了商品的生產、加工、運輸、銷售整個生命週期的狀態變化，透過判斷各方每次交易所帶的數位簽名，保證商品的狀態更新都有對應的角色完成，從而維護了各聯盟方對數據操作更改的權

利。該解決方案透過各參與方維護商品生產週期中和自身業務相關的數據,從而完善了商品從生產到銷售的過程跟蹤。後續透過定製化增加海關和港口聯盟適用於涉及進出口的物流情境,系統能力透過增加積分模組還可以解決物流中資金流的管理和維護,進一步提高物流系統效率。

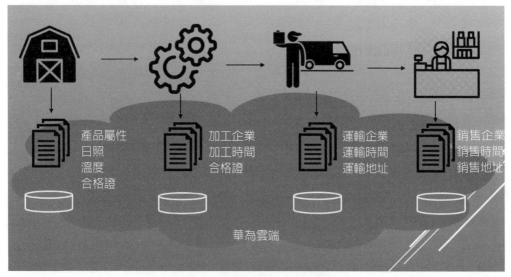

圖8.3　商品溯源業務情境圖

　　情境二:基於華為雲端區塊鏈服務的物流運輸區塊鏈解決方案,華為本身是製造大廠,有大量的裝置如基地台和伺服器需要透過物流發送給客戶,物流過程參與方眾多,流程複雜(如圖 8.4 所示),各參與方分別使用不同的資訊和物流管理軟體,存在以下幾方面的困難和挑戰:承運商簽收不即時,簽收單返回週期長導致結算週期長;收貨地址變更管理不佳;客戶簽單後投訴未收到貨;沒有有效防遺失手段;簽收單大部分為紙本單據,不便於管理;多層轉包的情況下,物流過程不能做到即時化和視覺化。

物流商用範圍和流程

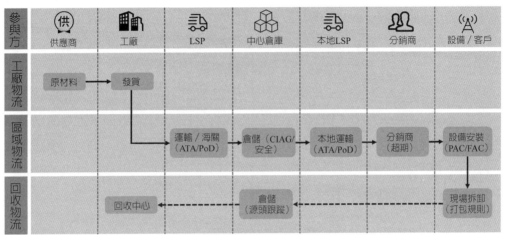

圖8.4　物流商用範圍和流程圖

區塊鏈物流解決方案流程，流程如圖 8.5 所示，具體流程包括：

圖8.5　區塊鏈物流流程圖

(1) 將各業務參與方，包括製造商、物流承運商、幹線運輸商、末端派送商、

客戶，組成一個聯盟，利用區塊鏈平臺，以適當的手段激勵各個節點進行數據記錄。業務發生時數據多方同時確認並提供不可篡改的紀錄。

(2)運用區塊鏈技術，定義各方所需要上傳區塊鏈的資訊，承運單號綁定貨物資訊，並依次與下游或下級合作伙伴指定要透過區塊鏈共享的資訊。

(3)分包商的單號綁定，以承運單號串起貨物的整個物流過程，整體打通華為、承運商、幹線運輸商、區域配送中心（RDC）、末端派送等各參與方孤立的訊息系統，各參與方流轉資訊即時上傳區塊鏈。開發供各參與方使用的應用程式（如APP或小程式），參與方分配帳號，透過登錄帳號掃瞄單號轉移與接收，確認貨物的當前責任承擔方。並透過帳號授權管理，只有指定帳戶才能發起地址變更，從而完成客戶地址變更管理。帳戶透過應用程式確認接收，等同於該帳戶所有人簽字接收，帳號所有人可透過帳號授權他人代簽。

(4)物流過程中各方追溯資訊追蹤記錄儲存在區塊鏈上，達到即時貨到付款（PoD），區塊鏈上資訊眞實有效、不可篡改，便於精確追溯與責任界定，防止貨物無故丟失。

(5)呼叫後臺管理系統，Web端視覺化展示物流過程，實施全面電子化管理，紙本單據作爲參考。

(6)實際物流過程中承運商、幹線運輸商、末端派送各級分包商等各參與方的客戶身分識別及管理，可對其進行相應的評分。

(7)區塊鏈加密演算法和授權存取機制，讓數據安全性和隱私性俱佳。

情境三：華爲雲端BCS和SAP BaaS合作，開發展覽裝置臨時海關進出口（ATA Carnet）區塊鏈管理創新項目，如圖8.6所示。展覽裝置臨時海關進出口是世界海關組織爲暫準進口貨物而專門創設的。中國海關通常免稅再進口期限爲6個月，要求貨物原狀原樣原箱再進口，與出口時完全一致。每年需要到全球各大展區進行裝置展覽，需要將裝置從國內發送到各國展區，物流和運輸涉及眾多參與方，同時需要進行臨時海關報關和合規性檢查，目前物流訊息系統爲各方獨立擁有，無法有效全程跟蹤和管理，迫切需要提高和改善整個物流和海關合規申報流程。

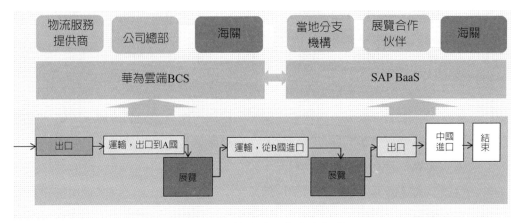

圖8.6　區塊鏈跨國物流流程圖

臨時展品進出口流程涉及多國海關，華爲雲端 BCS 和 SAP BaaS 計畫合作基於雙方區塊鏈平臺開發建構可信共享、全程可追蹤的區塊鏈跨國物流管理創新專案，如圖 8.6 所示，將 ATA 單據、物流過程、處理流程、貨物狀態都記錄到帶時間戳不可篡改的共享帳本中，各參與方尤其是海關可直接檢查和跟蹤臨時展品進出口即時狀況，這將極大改善跨國物流和海關合規申報流程，對整個流程即時追蹤，提高效率。

8.4　區塊鏈結合供應鏈面臨的機遇和挑戰

挑戰一：業務數據是否眞實無法單獨透過區塊鏈技術來保證，基於區塊鏈技術的溯源情境是供應鏈的一個細分行業，包括食品溯源、藥物溯源、器件溯源等情境，它們共同的訴求都是希望業務過程中產生的數據對各方透明、容易被追溯、數據眞實可信、產品安全可靠。然而業務數據是否眞實無法單獨透過區塊鏈技術來解決，參與方寫入數據是否和現實數據一致，目前主要由管理手段來規範，迫切需要結合物聯網技術保證數據來源的可靠性。

挑戰二：供應鏈的區塊鏈系統需核心企業的上下游多方共同參與，任意一方的缺失都會導致整個商品生命週期資訊的缺失，這也是目前該行業的重大挑戰。供應

鏈系統能否順利建立及長久營運，關鍵在於業務各方對該模式的認可程度。

面臨的兩大挑戰需要社會先驅者不斷探索實行、總結經驗教訓、摸索新的解決方案，目前區塊鏈系統可以增加聯盟各方的造假成本，提高業務流整體效率，在一定程度上推進了區塊鏈的普惠程序，區塊鏈技術在活供應鏈的業務轉型過程中將會在該行業掀起一波創新巨浪，協議層使用區塊鏈技術保證數據的可靠、可信，同時加快資訊流動和數據共享，提高業務效率。業務層結合供應鏈情境、金融情境解決商品數據的溯源、物流資訊的追蹤和上下游企業的融資問題，跨境情境還可以利用數據共享能力提高通關效率、減少貨物積壓時間，支付情境可以利用區塊鏈來完成商業企業間的自動支付和跨國支付等工作，提供資金的流動效率，降低資金清算成本。

據有關機構預測，中國到 2020 年供應鏈的市場規模將達到 3 萬億美元，所以供應鏈行業對整個城市和國家的經濟發展舉足輕重，各行業巨頭企業包括華為、IBM、沃爾瑪等公司都在積極探索和驗證，利用區塊鏈技術解決自己在供應鏈行業的難題，相信經過幾年的探索實行，區塊鏈技術一定會大規模應用在供應鏈領域，創造出新的商業運作模式，進一步提高人類的合作效率。

隨著區塊鏈的供應鏈系統的逐步發展和完善，該行業會迎來重大機遇，後續根據鏈上企業的業務行為表現，還可以建構企業誠信檔案，為完善社會企業誠信建設提供數據和技術支撐，稅務、證券、工商等機構也會希望加入這個可信的大生態系統中，既可多維度完善社會企業可信數據，又可以從其中獲取可靠的數據來支援自身工作的高效開展。如證券公司可以透過授權從企業的供應鏈系統區塊鏈上獲取其交易數據，為廣大投資者提供有效可靠的數據。基於此類科技和業務的有效結合和發展，人類社會將會更加智慧、更加可信。

8.5　本章小結

供應鏈和物流參與方眾多、沒有強中心化組織、流程複雜，這些特點在傳統的中心化結構中存在過程不透明、難以追蹤、管理困難等問題，而區塊鏈的多方共享、不可篡改帳本，多方共識，全程可追蹤等特點剛好適合供應鏈和物流行業。業

內普遍認為供應鏈和物流是最適合區塊鏈落實的情境之一。本節系統性地介紹了供應鏈和物流情境、行業發展的現狀和面臨的關鍵。透過基於華為雲端的幾個供應鏈和物流行業的應用創新專案，為讀者闡述了在實際應用情境中如何透過區塊鏈解決供應鏈和物流面臨的調整和困難，達到優化流程、提高效率、降低成本的效果。

第 **9** 章

政務服務應用案例

也會進一步推動政務「網際網路＋」的建設，並對政府部門和廣大群眾帶來非常大的影響。2017 年 5 月 26 日，中國國務院總理李克強向中國國際大數據產業博覽會發了賀信，並首次提及區塊鏈。李克強總理在賀信中表示：「目前新一輪科技和產業革命席捲全球，大數據、雲端計算、物聯網、人工智慧、區塊鏈等新技術不斷湧現，數位經濟正深刻地改變人類的生產和生活方式，作為經濟增長新動能的作用日益突顯。」區塊鏈技術作為下一代全球信用認證和價值網際網路基礎協議之一，愈來愈受到政府的重視。本章節主要透過房屋租賃案例、稅務案例及財政票據案例闡述區塊鏈技術如何應用於政務服務。

9.1　區塊鏈在房屋租賃情境中的應用

9.1.1　業務情境

2016 年 2 月 29 日，中國國務院總理李克強主持召開國務院專題會議，提出對北京城市副中心和集中承載地的具體要求。3 月 24 日，習近平主持召開中共中央政治局常委會會議，同意定名為「雄安新區」。2017 年 4 月 1 日，中共中央、國務院印發通知，決定設立河北雄安新區。通知中將此新區定位為「千年大計、國家大事」，「是繼深圳經濟特區和上海浦東新區之後又一具有全國意義的新區」。新區主要任務是成為「北京非首都功能疏解集中承載地」。

2017 年 12 月 6 日，李克強總理在國務院常務會議中指出：「打通數據查詢互認通道，逐步滿足政務服務部門對自然人和企業身分覆驗、納稅證明、不動產登記、學位學歷證明等 500 項數據查詢等需求，促進業務共同辦理，提高政務服務效能，避免企業和民眾辦事多頭奔波。」國家政務系統應號召在多個業務系統中啟動政務解決方案區塊鍊，如雄安將建構住房租賃平臺。

傳統的房屋租賃的業務主要是透過下面幾步才能完成一個房子的出租。首先是找房階段：租客一般在租房資訊網上查詢房源或者透過電話聯繫仲介，確認好房屋的位置和時間，然後去看房，在經過多次看房後選擇出自己可以接受的價格位置，付定金、簽合約、準備入住。第二是入住期間：選擇仲介租房的，一旦簽訂合約，

租客和房東都要支付仲介費；相當數量的租賃房需要租客自己購置傢俱、家電裝置。第三是退房環節：由於租房期間的自然損耗，押金往往無法全額退還；租客自己購置的傢俱家電裝置處理是難題，無論是搬家還是賤賣都是麻煩。另外，租客最大的困擾是，即使簽訂租房合約，也會面臨房東隨時解約或漲房租的風險。

雄安房屋租賃則是由政府主導的新模式，因為過度依賴土地財政推動城鎮化建設的發展模式，一定程度上抑制了居民消費和市場主體活力，出現資源配置失衡、投機炒作、房地產價格上漲，易產生經濟執行和金融風險等問題。中央給雄安的定位有一點，就是改革開放的先行區，也包括對房地產管理的改革。能不能透過雄安找出一個既能夠發展房地產，又能夠控制房地產價格，還能保證更多需要有住房的人有房住的解決方案，是區塊鏈情境需要解決的重要問題。

9.1.2　行業現狀和業務關鍵

近年來，中國推出多項舉措，大力推進住房租賃市場發展，以促進中國住房市場「租購併舉」。住房租賃市場廣闊，從去年開始，多家網際網路機構和不少知名房地產企業進入住房租賃市場。

目前，主要存在於租房情境中的一個核心問題，就是如何確定「真人、真房、真住」。譬如，通常租房第一步大都是找仲介，而有不少人在找仲介時，遇到了不少黑心仲介，被欺騙了時間和金錢。租房找到了好房源，往往需要商談租房的費用，這其中就涉及仲介費和押金的問題。租房人群中有相當一部分就是剛畢業的大學生，對押一付三的押金，他們有很大的壓力，所以他們會尋找無押金或押一付一的房子，所以也會中一些黑心仲介的陷阱。房子住進去之後也不可以放輕鬆，房屋維修的後續服務是需要關注的。某些租賃公司出租後的服務態度不友好，在日常的房屋維修上，也不會給予相應的幫助，只有租客自己動手解決。同時，房地產交易市場在交易期間和交易後的流程中，還存在缺乏透明度、手續繁瑣、欺詐風險、公共記錄出錯等問題，這就大大影響了租賃市場的健康發展。

對於政府等監管部門來講，傳統的仲介式租房模式也有很大的弊端。合租房的非法改建，電線、電器裝置不達標，存在消防安全隱患，曾出現過的出租屋火災事

件就是導致這種問題的一個典型例子。由於個人出租房屋的極度分散性，政府無法監管流動人口，成爲對毒犯、逃犯等高危人群的監管漏洞。房租一般都是私人轉帳完成，沒有財務帳目體系，沒法有效徵稅，造成稅收損失。

9.1.3 區塊鏈解決方案對房屋租賃的價值

雄安新區管委會曾發布雄安新區購房政策的相關資訊，明確提出要將房產等相關資訊儲存在區塊鏈平臺中。雄安新區管委會在闡述「數位雄安」的框架時，也提到了三個重要領域：公民個人數據帳戶系統、雄安房屋租賃大數據管理系統和數位誠信應用平臺。2018 年 2 月 10 日，河北雄安新區管委會召開研討會，以住房租賃積分爲切入點，探討住房租賃管理新模式。北青報記者獲悉，雄安新區探索的住房租賃積分制度，將從住房租賃市場主體屬性、政策激勵、租賃行爲三方面，運用區塊鏈、大數據等前端技術，建立科學、有效的住房租賃積分全生命週期管理機制，營造活力、健康、有序、可持續的住房租賃生態。

在租房領域，虛假房源氾濫、黑心仲介橫行，租客和房東之間缺乏信任、行業交易效率低下等問題一直存在。區塊鏈的核心優勢之一就是資訊透明、不可篡改性，透過區塊鏈記錄的各種資訊會完整、安全地儲存在數據區塊中，這樣達到了數據的公平與客觀。區塊鏈技術的應用可達到對土地所有權、房契、留置權等資訊的記錄和追蹤，並確保相關檔案的準確性和可核查性。此外，可藉助區塊鏈技術達到無紙化和即時交易。從具體的操作上看，區塊鏈技術在房屋產權保護上的應用，可以減少產權搜索時間，達到產權資訊共享，避免房產交易過程中的欺詐行爲，提高房地產行業的執行效率。

基於區塊鏈的雄安住房租賃平臺會同教育局，財政局，房管局，社保局和房屋營運企業建構起一條聯盟鏈，在雄安一些仲介也作爲房屋營運企業參與其中。按理說，區塊鏈技術的應用首先應消除的就是仲介，但從仲介的積極參與中，我們似乎看到了仲介在去仲介化過程中的另一種可能，即「從仲介變爲資訊服務商」，成爲提供房源租賃資訊服務的角色。除了房東的個人信用、之前的出租記錄、房客評價等資訊會被上傳到鏈上，租房人的個人信用、租房記錄、房東評價也會記錄在鏈

上。同時，租售同權即租賃存證、租賃合約、轉帳資訊等資訊也會上鍊，如圖 9.1 所示，租賃過程、結果透明公開達到公平租賃；使用分散式帳本來保證資訊共享互通達。租房各個環節資訊都記在區塊鏈上，它們之間的每個流程都會進行相互驗證，租客就不必再擔心遇到假房東，租到假房子，最終達到「讓民眾少跑腿、少煩心、多順心」，讓民眾辦事「只跑一次」。

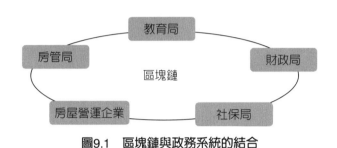

圖9.1　區塊鏈與政務系統的結合

9.2 ｜ 區塊鏈在稅務變革情境中的應用

9.2.1 業務情境

　　政務系統的另一個典型是：它與每個人息息相關，個人貸款、納稅都離不開它。傳統的辦理流程如下：有貸款需求的納稅人登錄銀監局平臺申請辦理貸款，需要提供納稅資訊時，跳轉到稅務網廳指定頁面，查詢到相關納稅資訊（稅務與銀監局事先確認的互動內容），確認發送指定商業銀行，網廳平臺請求稅務外部數據交換平臺將相關資訊發給銀監局平臺，銀監局平臺發給相關商業銀行，完成上面流程才能確認此人是否有資格進行貸款。而企業貸款是根據一段時間內的稅務信用等級、銷售收入、利潤、增值稅、企業所得稅等關鍵指標所反映的企業的信用狀況和盈利能力，適用於作為銀行評估中小微企業貸款能力的一個指標與憑證。為了確保個人及企業納稅憑證的真實有效，稅銀貸款業務通常以紙質材料形式辦理。在票據方面，是透過「以票控稅」，我們主要依靠發票來證明業務的真實發生。而繳納個人所得稅，開完稅證明需要跑到稅務局現場才能辦理。

　　如果基於區塊鏈的稅務示範系統優化上述情境的問題將帶動區塊鏈在政務應用

的爆發性增長。

9.2.2　行業現狀和業務關鍵

近年來，稅票在各領域作用日益突顯，納稅人辦理各項事務時，經常需要提供完稅證明。過去，這些稅票必須到辦稅服務廳申請開具，辦理時間、地點受到很大限制。納稅人來到辦稅大廳、排隊、叫號，再列印稅票，遇到人多的時候，從開始到拿到完稅證明，再去申請個稅補貼，往往需要花上很長一段時間。

另一個關鍵就是貸款方面，微型企業用款講究的是「短、小、頻、急」，傳統銀行信貸業務的風險控制體系主要是基於線下的核實調查和審查，以客戶的身分資訊、資產資訊、資金流資訊為主要的數據源，覆蓋使用者有限且效率低。銀行要打破原有的傳統審批方式貸款才能真正服務微型企業融資，足夠剛性的數據成了關鍵。

稅務系統以票控稅，對消費者而言，傳統發票在完成交易後，需等待商家開票並填寫報銷單，經過報銷流程才能拿到報銷款；對商戶而言，傳統發票在消費者結帳後需安排專人開票，開票慢、開錯票等問題很容易影響消費體驗。有些人還會大量虛開發票，甚至是「暴力虛開」，為稅務管理和行政監管帶來了極大的挑戰。

9.2.3　區塊鏈解決方案對稅務系統的價值

國家倡導「讓數據多跑路、群眾少跑腿」，稅務部門也在透過區塊鏈技術踐行國家倡導。騰訊聯合深圳國稅及金蝶軟體，打造了「微信支付——發票開具——報銷報帳」的全流程發票管理應用情境；華為目前跟某稅務部門聯合完成了運用區塊鏈的稅票管理系統的原形驗證，採用區塊鏈系統後整體方案如圖 9.2 所示，將總局、各省市稅務局、各地方銀行建構起聯盟鏈，將地方稅務數據即時上鍊，保證總局可以檢視地方稅局的數據，各個地方稅局無法互相檢視，地方稅局和地方銀行之間也建立通道，保證銀行可以從稅局取到相應的用戶數據。為了滿足大量使用者貸款、簽證、報稅等大併發量業務存取，華為 BCS 服務提供創新的共識演算法，最大可達 10KTPS；為了保護個稅隱私資訊可驗證但不泄露，BCS 服務提供同態加密

和零知識證明機制，達到保護隱私的能力。

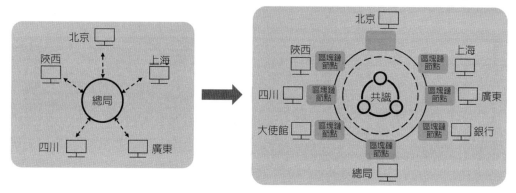

圖9.2　區塊鏈技術在稅務方面的應用

　　為解決微型企業貸款審批問題，將區塊鏈技術應用於線上稅銀貸業務，由貸款企業授權銀行查詢納稅數據後，銀行根據內部風險控制模型給予企業授信額度，以此快速達到稅、銀、企三方數據對接。採用區塊鏈技術，不僅能夠達到電子納稅憑證的鑑真，而且智能合約可保證數據使用授權執行、控制操作許可權，並存證全部流程應對爭議。

　　區塊鏈技術在開電子發票可以有兩個重要作用：一方面，確保從領票、開票到流轉、入帳、報銷的全環節流通狀態完整可追溯；另一方面，稅務部門、開票方、流轉方和報銷方四方可以共同參與記帳，發票資訊難以篡改。如果採用區塊鏈發票後，消費者結帳後可以直接從網上申請開票、儲存、報銷，且報銷狀態即時可查，實現「交易即開票，開票即報銷」，基於區塊鏈分散式帳本的原理，納稅人的交易資訊將真實有效，且不可篡改，進而確保納稅人的每一筆業務將不再需要發票來證明真實性；商戶方則可以利用區塊鏈電子發票極大節省開票成本，提高店面效率以及開票體驗。同時，透過區塊鏈技術架構可以建立新型數位票據業務模式，藉助分散式高容錯性和非對稱加密演算法，可達到票據價值的去中心化傳遞，降低對傳統業務模式中票據交易中心的依賴程度，降低系統中心化帶來的營運和操作風險。區塊鏈技術還能完善監管流程，以有效規避假發票，解決發票流通過程中一票多報，

虛假報帳，真假難驗等難題。區塊鏈技術不可篡改的時間戳和全網公開的特性，還能有效防範「一票多賣」、「打款背書不同步」等問題。

　　此外，銀行能夠掌握納稅人的資訊十分豐富，如果能夠將納稅人在銀行的涉稅資金流（包括資金的轉入和轉出）資訊都回饋到稅務局，那麼稅務部門就能獲取到更加全面的涉稅資訊，提高稅務部門的徵稅效率，有效打擊偷稅漏稅行為。因此，在銀行與稅務部門之間建立能達到可控數據共享的聯盟鏈平臺是很有意義的。

9.3　區塊鏈在財政票據情境中的應用

9.3.1　業務情境

　　2017 年，中國財政部印發《關於穩步推進財政電子票據管理改革的試點方案》，以期全面提高財政票據使用便捷度，提升財政票據監管水準和效率，重點包括網上報名考試、交通罰鍰、教育收費、醫療收費等業務。該項工作此前已經在北京、廈門、廣西等多地展開試點工作。對於此次的全面推開，業內人士認為，這進一步奠定了政府非稅收入管理基礎，讓人民群眾能夠更加便捷地享受政府公共服務。同時達到財政管理創新，依託財政電子票據管理系統收集到的標準化數據資訊，建設財政電子票據大數據應用平臺，對財政電子票據數據進行挖掘分析，提供查詢、統計、預測、決策等各項數據分析服務，為相關財政管理和監督提供決策依據。

9.3.2　行業現狀和業務關鍵

　　傳統紙本財政票據的印製成本高、開具效率低下、管理不規範、不便於監督檢查等問題日益突出，越來越不適應現代資訊網路技術的發展，制約了網路繳款、電子支付等新興繳款模式在政府性收費中的應用。為解決上述問題而展開的財政票據電子化管理改革，運用電腦和資訊網路技術開具、儲存、傳輸和接收數位電文形式的憑證，正是藉助訊息技術推動財政管理創新的一次有益嘗試。

　　同時財政票據在社會主義市場經濟中有著重要的源頭控制作用，它是行政事業

單位財務管理和會計核算的重要憑證，是規範政府非稅收入管理的最基礎環節，更是有效預防腐敗的重要舉措和檢驗政府部門是否依法行政的重要依據。一般而言，財政票據電子化管理藉助先進的管理技術和手段，可以達到「印、發、審、驗、核、銷、查」全方位動態監督管理，對於貫徹落實財政工作科學化精細化管理要求，從源頭上預防和治理「三亂」現象，促進非稅收入收繳改革，完善財政票據管理內部控制等，有著重要的現實意義。

在財政票據電子化過程中需要解決的一個重要問題即是如何保證電子票據安全，需要建構財政電子票據安全保障體系，確保財政電子票據在產生、傳輸、儲存等過程中，始終保持真實、完整、唯一、未被更改。區塊鏈技術在解決這個問題上有著非常高的契合度。

9.3.3　區塊鏈解決方案對財政票據的價值

以醫院開具的財政票據情境為例，財政局、醫院、社保局、保險公司、審計部門等可以建立如圖 9.3 所示的區塊鏈聯盟鏈。

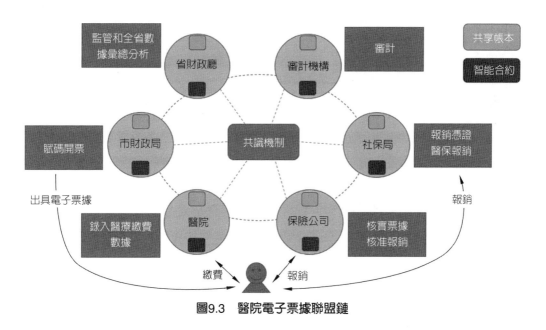

圖9.3　醫院電子票據聯盟鏈

　　個人在醫院進行診療並繳費後，本次診療的繳費記錄由醫院錄入到區塊鏈中並由財政局開出電子票據，同時此次診療繳費的資訊同步到區塊鏈上其他參與方的帳本中。在這個過程中，區塊鏈的技術特點將有助於在效率和安全性方面帶來如下價值：

- 共享帳本端對端打通了多個組織間的異質系統，使得票據數據在聯盟成員間完全透明化。從而各成員可以應用該數據達到不同的功能和服務，如保險公司和社保局用於報銷核實，上級財政部門用於監管下級部門及獲得準確的一手數據用於分析，審計部門獲得可信的數據進行審計等。並且在有許可權的一方對數據進行更改後，其他成員也能即時獲得更改後的資訊。比如一家保險公司對票據進行核銷後，其他保險公司均可獲知此狀態，票據將不能用於重複報銷。

- 智能合約和共識機制保證了鏈上數據的更改許可權掌握在必要的角色手中，避免了集中化的數據儲存方式中，管理員許可權過大可以任意篡改數據的情況。比如開票要求必須至少得到財政局的背書，防止假票據的產生。

- 多中心化和塊鏈結構帳本保證了票據數據難以被篡改，以及天然的容災備份，很大程度上防止了由於駭客攻擊等造成的安全威脅。並且由於票據的歷史記錄全部可以被回溯，使得審計工作的調閱成本大大降低，變得更加高效、透明、可信。而審計的工作越簡單高效，就使得審計越具有威懾力，形成良性循環。

　　綜上所述，區塊鏈技術不僅能夠為票據電子化填補上安全性這最核心的一環，並且能給上下游部門帶來更大程度的效率提升，使電子票據如虎添翼。

9.4　區塊鏈結合政務服務的機遇和挑戰

　　區塊鏈技術在國內外的政務系統中都有一些典型的應用。在澳大利亞，其郵政部門已準備選舉投票也使用區塊鏈來記錄，防篡改、可追溯和安全性將會成為使用區塊鏈系統的優勢，這一系統將從公司選舉和社區選舉逐步推廣應用到議會選舉中。在英國，福利基金的分配以及使用情況將被政府使用區塊鏈技術來跟蹤，並且

會逐步在稅收監管、護照發行、土地登記和食品供應鏈安全等相關方面推進。在瑞典，政府計畫使用區塊鏈技術完成土地註冊系統。區塊鏈會記錄所有土地交易，土地交易會被所有相關方面實施監控，確保交易安全、沒有詐騙行爲。這一系統還允許所有交易相關方面監控交易進展，包括不動產仲介機構、賣家、買家、相關銀行以及政府土地管理部門。

在中國，早在多年前就主張推行電子病歷，但由於患者隱私資訊易泄露和電子病歷易被篡改兩大安全顧慮而阻力重重。醫病爭議發生時，電子病歷也難以被法庭採納爲關鍵證據。運用區塊鏈技術的衛生部門電子病歷存證，電子簽名是將醫療責任落實到人的證據指向，而區塊鏈存證提供了不可篡改的電子證據驗眞記錄。只有充分保障數據流通的可信和安全，才能實現電子病歷的方便流通。區塊鏈技術可以應用於政務服務中如此多的情境，並且可能還有更多的情境沒有被發現，政府部門也積極在一些可能應用區塊鏈技術的業務中進行試驗，政策上也持鼓勵和支持的態度。

區塊鏈技術應用在政務領域會帶來如下的三大優勢：

優勢一：進一步實現「網際網路＋政務服務」的優化升級。「網際網路＋政務服務」已經成爲政府部門政務工作數位化建設和發展的趨勢。訊息技術已經開始廣泛應用於政府機構，支撐其進行數位化管理和網路化管理，把日常辦公、收集與發布資訊、公共事務管理等工作轉變爲政府辦公自動化、政府即時資訊發布、公民網上查詢政府資訊、電子化民意調查和社會經濟統計等方式。隨著區塊鏈技術的發展，「區塊鏈＋政務服務」的電子政務服務模式開始逐步加以使用，「區塊鏈＋政務服務」服務模式可以透過區塊鏈技術結合大數據作爲切入點，去解決開放共享數據所帶來的資訊安全問題，消除社會大眾對隱私泄露的擔憂，在改進政府管理能力的同時，保障公民的個人隱私不被盜用、公民自身的合法權益受到保護，每個人對自己的資訊所有權都能掌握，能夠達到發展的同時保證安全。區塊鏈技術自身具備的不可篡改、非對稱加密能力、數據可追溯等特性，使得透過區塊鏈傳輸的行政業務需求的數據資訊具有高度的安全性和可靠性，並且能夠基於共識演算法建構一個純粹的、跨界的「利益無關」信任網路的驗證機制，打造一條牢不可破的網路「信任鏈」，確保系統對任何使用者都是「可信」的，爲網路交易各方營造一個高度安

全、深度信任的數據流通環境。

優勢二：提升服務效率並降低訊息系統營運成本。政府各部門在本地部署他們的區塊鏈節點使得其分散式帳本與業務系統數據保持同步。同時，只有數據的雜湊值會被儲存到區塊鏈中，並不會同步完整的原始數據。每條數據的雜湊值只有數十位元組，可以以極小的數據頻寬消耗來達到數據記錄的安全同步。減少各部門的工作量使得他們的業務數據不用全部複製到中心化數據交換系統中，還能保護部門間的數據隱私，除非他們進行跨部門業務，從而降低了資訊化服務中心對中心化系統的維護負擔。據埃森哲 2017 年發布的報告統計，區塊鏈的應用將爲政府監管降低30% 至 50% 的成本，並在營運上節約 50% 的成本。

優勢三：進一步促進政務公開。根據中國國家政務公開的相關要求，政府透過大力進行資訊化建設，目前爲市民提供了便利的政務公示和查詢環境，但從技術上無法避免內部管理許可權泄露或被擅自使用的問題，導致違規對數據記錄進行更改，更改公示資訊、不予執行公示政策或不經大眾達成共識卻擅自執行，從而使信任隱患產生。使用區塊鏈對數據及多方雜湊進行記錄同步，能夠留下不可篡改且發生時間明確的數據記錄。基於此記錄，內部審查人員能夠清楚地做穿透式監管。此外，公眾可以透過區塊鏈網路中的可信節點對記錄在區塊鏈上的數據進行眞實性驗證。促使政務服務變得陽光、透明、可信。區塊鏈的應用使得政府部門的職能公信力與技術公信力疊加提升，從而更好地施行陽光型、服務型政府定位。

雖然區塊鏈技術在政務領域有如此多的優勢和情境，但是不可避免地還是會有很多的挑戰，和一些不好去解決的問題。以稅務爲例，當涉稅業務體量變得非常巨大的時候，涉及的部門領域就越來越多，需要確保數以億計納稅人的利益。去中心化的區塊鏈系統如何保證在如此大數據量的情況下正常運作，並且順利解決全國範圍內跨大量部門的涉稅數據按需共享並且相互保密，以及保證所有數據合法性、安全性受到有關部門的監管，這會是一個巨大的挑戰，也是我們今後繼續研究的重點和方向。

新技術的應用可能會存在一些技術及經濟上的風險，有關管理部門需要去積極引導，透過產業基金等方式爲積極研究和嘗試區塊鏈技術的企業提供一定的資金支援，引導和調動試驗應用區塊鏈技術的業務系統的企業積極性，並逐步促進他們成

熟發展。在加強區塊鏈基礎技術研究的同時，需要深入研究區塊鏈技術在政務領域各個方面的應用，包括政府在金融、教育、慈善、民政、審計等應用情境，透過實行完成一些典型應用專案的開發，不斷加強對區塊鏈技術及應用趨勢的較深層次的探索。

9.5 　本章小結

　　本章主要闡述了區塊鏈應用如何服務於政務情境，透過雄安的房屋租賃案例和稅務系統個稅繳納案例，分析了常見的政務系統在進行「網際網路+」建設過程中會遇到的問題和基於區塊鏈的解決方案所帶來的優勢。區塊鏈應用在雄安這個比較特殊的租賃市場，利用區塊鏈去中心、分散式帳本特點，實現點對點交易，打通中間環節，建構可信交易，最大限度提升效率，節省成本開支。區塊鏈技術還可以應用於個人稅務資訊統計、微型企業貸款、電子發票開具等領域，藉助分散式高容錯性和非對稱加密演算法，該技術不僅能夠達到電子納稅憑證的鑑真，而且智能合約可保證數據使用授權執行、控制操作許可權，並達到全部流程的存證，從而應對各種質疑。透過上述案例希望能為政務系統帶來一些整體性的思考，以期能對政務電子化帶來一定的幫助。

第 **10** 章

存證及版權應用
案例

版權保護，又稱著作權保護，實質上是一種控制作品使用的機制。作為調節創作者私人權利和全社會公共利益的機制，版權保護主要透過保護經濟權益來促進公益目標的實現，而且絕大多數版權糾紛也是因經濟利益而起。

作為數位產業最重要的版權制度，受基礎薄弱與數位技術的雙重影響，一直以來陷入發展困境，無法有效保護原創者權益，嚴重制約了數位產品的可持續供給。區塊鏈因其去中心、難篡改、可追溯、開放透明等優點，有望解決版權登記這一核心技術難題，從而為版權保護開闢一條新路。

10.1　業務情境

美國出版商協會定義的數位版權保護（Digital Rights Management, DRM）是指「在數位內容交易過程中對智慧財產權進行保護的技術、工具和處理過程」。DRM 是採取資訊安全技術手段在內的系統解決方案，於保證合法的、具有許可權的使用者對數位資訊（如數位影像、音訊、視訊等）正常使用的同時，保護數位資訊創作者和擁有者的版權，根據版權資訊獲得合法收益，並在版權受到侵害時能夠鑑別數位資訊的版權歸屬及版權資訊的真偽。數位版權保護技術就是對各類數位內容的智慧財產權進行保護的一系列軟硬體技術，用以保證數位內容在整個生命週期內的合法使用，平衡數位內容價值鏈中各個角色的利益和需求，促進整個數位化市場的發展和資訊之傳播。具體來說，包括對數位資產各種形式的使用進行描述、識別、交易、保護、監控和跟蹤等各個過程。數位版權保護技術貫穿數位內容從產生到分發、從銷售到使用的整個內容流透過程，涉及整個數位內容價值鏈。

目前數位版權保護方式主要透過傳統版權登記保護和電子數據登記備案方式，電子備案可以有兩種選擇：第一，在行業協會等第三方平臺進行電子數據登記備案；第二，選擇技術背景強並可信的第三方支撐平臺存證和認證，在數位版權歸屬權產生糾紛時，提供初步證據，結合官方人工登記，與防侵權相互補充。

10.2　行業現狀和業務關鍵

在網際網路數位新時代，資訊傳播異常簡單，普通人非常容易具備零成本複製、秒級傳播的能力，產品的生產與傳播日益快捷，在網際網路時代的數位版權具備這樣幾個特點：每個人都可以成為創作者和版權人；數位內容不斷進化，版權市場空前繁榮，版權意識全面提升，付費使用數位內容普遍化；數位作品碎片化日趨嚴重，隨時隨地產生，收費也趨向於小額快速結算；傳播途徑眾多：自媒體、行動網路、遊戲、短視訊、微博、微信、朋友圈、閱讀器等。

在這種環境下，侵犯版權幾乎不需要什麼代價。而在維權方面，目前業界還普遍沿襲紙質作品時代透過版權登記來確認版權所有人，然後結合公權力保障作品所有人的權益，這種在印刷品時代行之有效的版權登記確認方式，到了網際網路時代就顯示出其弊端，比如：流程煩瑣、成本非常高昂等。在中國，通常為一件作品登記到相關部門確定版權整個流程需要數百元到數萬元不等的費用，版權確定週期一般為半個月甚至幾個月，因此版權登記和確認的時間和經濟成本都非常高；而且即使這樣獲得版權也不能有效地保障作品權益，當版權被侵犯時只能訴諸法律，而舉證、確權、驗證等環節手段匱乏，難度和時間代價也非常大；即使最終能夠贏得官司，權利人維權獲得的收益與其付出也不相匹配；此外，法律制度的不健全也為侵犯版權這種不正之風提供了滋生的空間。

總而言之，現有數位存證和版權維護存在以下的問題：

- 傳統的版權保護效率低，無法應對大量數位作品，網路時代的數位作品具有產量高、傳播快的特點，經過登記再發布早已經喪失了內容的時效性。
- 傳統的版權保護成本過高，造成了大多數網路作者並不進行版權登記和保護，導致侵權頻發。
- 取證維權難。在抄襲行為被發現後，原創作者無法拿出侵權證據，因此作品未進行登記與保護的情況下，難以獲取具有法律效力的證據。
- 維權週期長。版權相關交易流程難以跟版權存證系統整合，導致交易週期拉長，內容生產者的活躍度受限。
- 難以形成有效市場。數字作品種類繁多，缺乏標準，內容消費的收益難以公

平有效地在原創作者和相關機構間分配，無法形成有效的市場。

綜上所述，侵權容易、維權難成爲數位時代版權保護首先要解決的難題。在目前網際網路時代，實名制還未有效實施，侵權人基本是匿名存在且人數衆多，侵權對象較難確定；付費體系和習慣沒有形成、網民版權意識薄弱，使這個問題更加難以解決。長此以往，將會導致知識創新者辛苦創新獲得的回報還不如不勞而獲的盜版者，使創新者失去創新的動力，整個社會將出現拿來主義盛行、創新意識淡薄的現象，此消彼長，給國家和社會帶來不可估量的經濟損失。

10.3　區塊鏈對數字存證和版權的價值

10.3.1　區塊鏈對數字存證和版權的價值

在網際網路環境中，原創憑證和維權依據能給原創者帶來巨大的價值，便捷、安全、可信、價格低廉的版權保護方式能更好地滿足作品的傳播及交易需求。

區塊鏈由分散式數據儲存、點對點傳輸、共識機制、加密演算法等技術組合擴充套件而來，具備不可篡改、資訊透明、可追溯和可信共享等特徵，區塊鏈和行業相結合將具備兩個非常有價值的特點：一是解決跨公司、跨利益團體等多個主體之間的信任問題，實現數據孤島的連通和資訊可信共享；二是商業流程自動化，在區塊鏈可信環境中執行智能合約，解決交易雙方的信任問題，提高交易的便利性。

基於區塊鏈技術的數位版權解決方案，利用區塊鏈的去中心化和可追溯效能更好地保護數位資產，表 10.1 從技術層面系統地總結了區塊鏈的特徵給數位版權帶來的價值。

總體來說，區塊鏈數位版權系統具備以下幾個方面的優點：

1. 能快速有效地保護作者的權益

網際網路時代數位產品的特點使數位版權面臨新的挑戰──如何快速有效地保護作者的權益。在網際網路時代，數據傳播的高速度使數位產業中的新技術幾乎不存在保密的特性。當一種新興技術被發明出來之後，數位產業往往比傳統產業快上數倍甚至數十倍的速度將這種技術在業內進行推廣，產業的特點讓技術更快地投入

表10.1 區塊鏈技術對數位版權的價值

區塊鏈特徵	對數位版權突破性的價值
多中心化	分散式儲存和共識能有效地去除第三方,解決因第三方帶來的維權難、週期長、成本高和賠償低的問題
開放性	透過加密技術等開放式的區塊鏈技術能有效減少數位產品發起人對產品的掌控,減少中間商賺取差價的問題
透明性	創作者能夠透過區塊鏈技術清楚地瞭解數位產品的使用和授權情況,並能直接和客群進行溝通,瞭解其對產品的真實想法
自治性	透過智能合約實現授權和交易透明,任何人都必須尊重版權並付出一定的費用才能獲得產品,減少盜版肆虐的情況
數據不可篡改	在發生版權衝突時,區塊鏈所記錄的數據和時間能夠起到重要作用,避免出現版權難舉證問題

實際的應用中,而這樣的過程讓知識創作者喪失了很多的權益。區塊鏈技術能夠讓作者的權益獲得最大的保護,讓其作品版權避免被他人所侵犯。

2. 去中心化版權保護,降低版權保護成本,提高維權效率

區塊鏈技術將給數位行業的版權保護帶來新的變革,在傳統的智慧財產權保護過程中,版權保護中心機構的執行效率和保護成本不盡人意,導致智慧財產權存在取證難、週期長、成本高、賠償低等問題,區塊鏈具有的功能剛好匹配這種市場的需求,將版權保護中心機構角色由裁判變為監督,將資訊儲存在互聯互通、多方儲存和即時共享的區塊鏈之共享帳本網路系統中,無法被任意篡改,極大地提升了維權的效率,降低了維權成本。

3. 打通版權資訊孤島,構築版權互信,形成有效數位市場,促進數位行業良性發展

區塊鏈也能很好地符合數位行業的特性。目前數位行業處於資訊孤島模式,各版權營運商各自維護一份帳本,這些帳本的擁有者都可以對其進行篡改或者編造,這對於數位版權原創性保護帶來極大麻煩。而區塊鏈技術可以有效地防止帳本被篡改,結合合法的時間戳,能做到入鏈即確權,快速地對版權的原創性進行追溯和問責。

數位產業的創新性很強,科技的依存度很高,對日常生活影響力最直接,版權

的有效保護對數位產業的發展方向具有決定性的作用。如果版權得不到保護，後果不堪設想，區塊鏈技術能很好地保護版權，進而糾正數位產業的發展方向，並有效地保障產業創作者等人員的收益。

10.3.2 區塊鏈數位版權原理介紹

區塊鏈技術和數位版權的結合為整個行業帶來顯而易見的變化，目前中國國內各大公司都在嘗試數位行業和區塊鏈的結合，這些公司基本上是透過建構區塊鏈聯盟鏈的方式來建立數位版權和存證系統，原理基本相同。

系統基於區塊鏈數位版權技術建立版權聯盟透過區塊鏈、大數據和人工智慧等技術來保證創作者的版權權益，由版權營運方、版權所有人、消費者代表和可信機構建立的區塊鏈版權聯盟鏈，每一條版權資訊任何人無法篡改且隨時可追溯。公證處和版權局作為聯盟鏈的組織和節點之一，區塊鏈版權存證所有資訊均即時同步至公證處，保證任何時刻均可出具公證證明，具有最高司法效力。國家授權中心提供可信時間戳。區塊鏈版權服務包括版權存證、版權檢測追蹤、侵權存證和版權資產共享四部分。

- 版權存證：將透過雜湊演算法計算出的存證數據指紋寫入區塊鏈，並根據使用者需求產生存在證書供使用者保留，也可根據使用者需求，提供紙本書面報告。在客戶需要對存證的指紋進行驗證時，提供數字指紋比對查詢。

- 版權檢測追蹤：根據版權作品的內容特性，產生 DNA 特性，並將其在聯盟鏈上進行登記；提供重點網站自動化網頁抓取程式，將監測到的內容與作品DNA 進行匹配，相似度達到閾值後自動進行侵權預取證操作；對已進行侵權預取證的內容進行持續追蹤及進一步分析匹配，待確認侵權則直接進行侵權取證。

- 侵權存證：當發現侵權行為時，快速呼叫版權服務中之侵權取證介面，對侵權網站進行頁面抓取取證，並將取證結果儲存在版權平臺中；將侵權行為固化為證據進行儲存，數據永久儲存且不可篡改，且具有法律效力。對於已進行侵權存證操作的侵權內容，版權服務提供持續性的侵權監控、侵權追蹤等服務，確保侵權方對於侵權內容採取相應處理。

- 版權資產共享：版權資產共享平臺在確認數位資產的所有者後，對於相關資產的運用做到可追溯性，安全性得到保障；版權的交易和存證相結合，實現內容消費的收益在原創作者和相關機構之間公平分配。

該方案有效地利用區塊鏈的獨特性，具備以下幾方面的優點：

- 安全可信：引入基於數字證書的身分標識，基於中心化的 PKI 體系，將版權局、公證處、內容平臺等生態參與方作為參與節點上鍊，保證各方在區塊鏈上進行安全、可信的合作。

- 即時登記：創作即確權，能夠快速與公證等節點進行確權資訊的確認，並即時、安全、可靠地儲存在區塊鏈上，設立多節點備份機制；便於第三方進行查證，其不可篡改的特性也保證了資訊的安全可靠。

- 公平公正：引入區塊鏈瀏覽器模組，提供鏈上資訊查詢服務，將所有版權確權、侵權存證等數據公開，任何個人和機構均可進行查詢，確保服務公平、公正、公開，促進行業健康成長。

- 統一業務平臺：任意節點都能完整備份鏈上節點資訊，原創作者和相關機構共同維護統一業務平臺，有利於便捷管理和公平透明地劃分內容消費收益。

10.4 　 區塊鏈存證和數位版權面臨的機遇和挑戰

區塊鏈為困難重重的中國版權保護事業帶來新的解決思路。展望未來，區塊鏈版權既面臨機遇，也面臨不小的挑戰。

10.4.1 區塊鏈存證和數位版權面臨的機遇

首先，中國政府積極扶持區塊鏈技術的發展及其向文化產業的影響。《「十三五」國家資訊化規劃》將區塊鏈作為重要戰略方向加以明確；中央網信辦、文化部等文化產業相關職能部門也公開倡導區塊鏈版權的應用，認為區塊鏈在智慧財產權保護領域會有很廣的應用前景。

其次，迅速的中國數字文化產業和區塊鏈產業將為區塊鏈版權提供巨大的市場需求。數據顯示，截至 2017 年 12 月，中國網民規模達 7.72 億人，手機網民規模

達 7.53 億人，網路遊戲使用者規模 4.17 億人，網路文學使用者規模 3.53 億人，網路直播使用者規模 3.44 億人，網路視訊和網路音樂使用者規模均超過 5 億人，而從產值上講，中國網路版權產業整體產值突破 5,600 億元，中國區塊鏈市場規模到 2020 年可達 5.12 億元。

再次，民眾付費意識和付費商業體系不斷增強，爲區塊鏈建構版權付費體系創造了良好的社會氛圍和消費環境。《2017 年中國網路新媒體使用者研究報告》表明，33.8% 的新媒體使用者已經產生過內容使用付費行爲，15.6% 未付費使用者有付費意願，《2017 年中國網路版權保護年度報告》顯示，2017 年中國使用者數位內容付費規模達到 2,123 億元，同比增長 28%；可見，中國網民的版權付費意識已大大改善。

10.4.2 區塊鏈存證和數位版權面臨的挑戰

第一，付費商業模式和付費意識不健全是對區塊鏈版權應用的極大挑戰。數位時代資訊大爆炸，知識產品資源、傳播資源相對於人們有限的注意力而言已不再稀奇，吸引使用者關注和流量反而成爲有使用價值和交換價值的事，電視臺、視訊網站免費提供資訊娛樂節目供使用者觀看，這些機構的商業模式就是透過免費的內容來吸引使用者，確切地說是把使用者的注意力作爲流量賣給廣告商，從而用廣告費負擔各種開支、實現盈利；這種獨特的商業模式已經在數位時代得到普遍應用，在這種環境下資源稀缺效能帶來最大的價值。

第二，區塊鏈本身的技術成熟度也會制約其應用規模。區塊鏈技術自 2008 年誕生至今不過 10 年時間，雖然其技術潛力有望催生顛覆性力量，但它目前還處於研發布局階段，許多技術風險和難關如效能、隱私保護和可擴充套件性還有待加強，也沒有形成全國範圍的統一的技術標準和規範，這對於區塊鏈及作爲其細分應用的區塊鏈版權來說，是能成功獲得商家和消費者認可，和獲得商業成功的一大障礙。

第三，現有法律體系對區塊鏈價值的認可和相容是區塊鏈版權能否深入發展的關鍵。版權制度從其誕生之初就是用以調節私人權益與公共利益的一種機制，如果

不能與其他法律的、政策的、經濟的、社會的、人文的因素相匹配，即使區塊鏈版權具有技術優勢，也沒有發揮潛力的空間。侵權是非常複雜的利益糾葛，需要結合法律、經濟、技術和社會等整合手段來解決，不能只指望區塊鏈在工具處理層面來完全解決。

可喜的是，目前在法律層面區塊鏈應用到數位版權有了兩個積極的事件：

首先，中國最高法院出台司法解釋，認可區塊鏈固定證據的「眞實性」。《最高人民法院關於網際網路法院審理案件若干問題的規定》（以下簡稱《規定》）已於 2018 年 9 月 3 日由最高人民法院審判委員會第 1747 次會議透過，自 2018 年 9 月 7 日起施行。《規定》第十一條提到，當事人提交的電子數據，透過電子簽名、可信時間戳、雜湊值校驗、區塊鏈等證據蒐集，固定和防篡改的技術手段或者透過電子取證存證平臺認證，能夠證明其眞實性的，網際網路法院應當確認。這是中國首次以司法解釋形式對區塊鏈技術電子存證進行法律確認。

其次，2018 年 6 月 28 日，杭州網際網路法院首次確認區塊鏈電子存證的法律效力，這也被認爲是中國司法領域首次確認區塊鏈存證的法律效力。該案件中，原告證明被告在其營運的網站中發表了原告享有著作權的相關作品。區塊鏈系統透過第三方存證平臺，進行了侵權網頁的自動抓取及侵權頁面的原始碼識別，並將該兩項內容和呼叫日誌等的壓縮檔計算成雜湊值上傳至區塊鏈中，並以此作爲提交法庭的證據。杭州網際網路法院審理後認爲，這一電子數據透過可信度較高的自動抓取程式進行網頁截圖、原始碼識別，能夠保證來源眞實。採用符合相關標準的區塊鏈技術對上述電子數據進行了存證固定，也確保了電子數據的可靠性；在確認雜湊值驗算一致且與其他證據能夠相互印證的前提下，該電子數據可以作爲本案侵權認定的依據。

杭州網際網路法院相關負責人表示：對於採用區塊鏈等技術手段進行存證固定的電子數據，應秉承開放、中立的態度進行個案分析認定；既不能因爲區塊鏈等技術本身屬於新型複雜技術手段而排斥或者提高其認定標準，也不能因該技術具有難以篡改、刪除的特點而降低認定標準，應根據電子數據的相關法律規定綜合判斷其證據效力。

中國銀行法學研究會理事肖颯在接受採訪的時候表示：「《規定》出台說明我

國司法領域對於『證據』的態度開放，區塊鏈作為一種『分散式儲存技術』具有不可逆、不可篡改等特性，對於固定證據的『真實性』可以起到重要作用。但是，我們必須理解，雖然區塊鏈技術本身對固定證據有優勢，但真實世界裡發生的事件，不能單純依賴區塊鏈技術，例如航空保險理賠糾紛。是否發生空難本身很難被區塊鏈完整記錄下來，很多時候是『人為』地記錄在鏈上觸發『共識機制』，因此，在證明某一行為是否真實發生時，還是需要傳統的書證、電子數據、物證等。」「同時，《規定》提及區塊鏈『入證』優先在網際網路法院適用，這是對應了網際網路法院的案件型別，在網際網路上發生、履行完畢，這樣就避免了前述保險糾紛的類似問題，從而大大增加了區塊鏈技術證明事件真實發生的可能性，我們判斷，受此利好影響，未來在區塊鏈創業領域，針對證據研發的課題會越來越多，創新和創業也會相應增加。」

10.5　本章小結

　　文化是社會進步和發展的基礎，在網路時代，各種數位作品包括影片、電子文章、網路新聞等是文化的主要媒介，數位作品在網路中能快速地複製和傳播，使人們獲取知識和文化的門檻大大降低，這極大地促進了文化的傳播和發展。但是數位作品這種特點也使傳統的版權保護方式如專利申請、著作權登記等遇到非常大的挑戰，數位作品的版權保護也無法得到有效的保護，如果不能有效地解決這個問題，將會形成創造難且無法保證利益、盜版容易又能獲得暴利的惡性循環，極大地降低人們的創作熱情。本節系統地介紹了如何透過區塊鏈技術解決數位作品的存證和版權保護難題，也介紹了業內該領域的解決方案。也介紹到目前區塊鏈面臨的挑戰和機遇以及法律界已經開始解決其中最大的挑戰，即如何讓法律認可區塊鏈在存證和版權保護方面的價值。筆者相信，區塊鏈技術是解決數位作品存證和版權問題的有效途徑之一，未來價值巨大，但需要較長時間技術和法律實行的累積。

第 11 章

能源領域應用案例

11.1 　業務情境

　　近年來，全球能源需求增長緩慢，能源轉型推動新能源快速發展，能源消費結構環保節能趨勢明顯。在新政策下，中國的能源需求增長速度每年穩定下降。能源消費構成中，煤炭和石油等傳統能源占比下降，天然氣、水電、核電和風電等能源供給一直在穩步增加。然而中國能源供給結構依然存在大量問題，包括供給壟斷、結構轉變緩慢、不夠環保、價格非理性和供給動力不足等。

　　2015 年，中國國務院印發《關於積極推進「網際網路＋」行動的指導意見》。關於能源電力，該《意見》提出：「透過網際網路促進能源系統扁平化，推進能源生產與消費模式革命，提高能源利用效率，推動節能減排。加強分散式能源網路建設，提高可再生能源佔比，促進能源利用結構優化。加快發電設施，用電設施和電網智慧化改造，提高電力系統的安全性、穩定性和可靠性。」

1. 推進能源生產智慧化

　　建立能源生產執行的監測，管理和排程資訊公共服務網路，加強能源產業鏈上下游企業的資訊對接和生產消費智慧化，支撐電廠和電網協調執行，促進非石化能源與石化能源共同發電。鼓勵能源企業運用大數據技術對裝置狀態、電能負載等數據進行分析、挖掘與預測，開展精準排程，故障判斷和預測性維護，提高能源利用效率和安全穩定執行水準。

2. 建設分散式能源網路

　　建設以太陽能、風電等可再生能源為主體的多能源協調互補的能源網際網路。突破分散式發電、儲能、智慧微網、主動配電網等關鍵技術，建構智慧化電力執行監測、管理技術平臺，使電力裝置和用電終端以網際網路進行雙向通訊和智慧調控，實現分散式電源的即時有效接入，逐步建成開放共享的能源網路。

3. 探索能源消費新模式

　　開展綠色電力交易服務區域試驗，推進以智慧電網為配送平臺，或電子商務為交易平臺，融合儲能設施、物聯網、智慧用電設施等硬體以及碳交易、網際網路金融等衍生服務於一體的綠色能源網路發展，實現綠色電力的點到點交易及即時配送和補貼結算。進一步加強能源生產和消費協調匹配，推進電動汽車、港口岸電等電

能替代技術的應用，推廣電力需求側管理，提高能源利用效率。基於分散式能源網路，發展使用者端智慧化用能、能源共享經濟和能源自由交易，促進能源消費生態體系建設。

4. 發展基於電網的通訊設施和新型業務

推進電力光纖到戶工程，完善能源網際網路資訊通信系統。統籌部署電網和通訊網深度融合的網路基礎設施，實現同纜傳輸、共建共享，避免重複建設。鼓勵依託智慧電網發展家庭能效管理等新型業務。

能源網際網路即是基於網際網路技術應用發展背景下的環保、高效的能源利用方式，在緩解環境污染問題的同時，得以提高資源利用效率以及資源整合重組程序，有助於有效地進行能源供給側改革。

中國政策鼓勵新能源應用，對於生產新能源的企業可提供減少稅收或直接提供補貼的優惠政策。其中中國對風電、光伏和生質能可再生能源發電的上網電價均有一定程度的優惠，中國各地政府也對新能源發電進行補貼。

11.2　行業現狀和業務關鍵

1. 消費者缺少選擇導致用電成本高

在能源領域，傳統上是透過公共的電力公司（也就是提供電力的中央電網）完成電力能源交易，以淨耗電量來計算電費，消費者沒有任何選擇權。因此導致公共事業費用很高，這些費用基本上都是來自於使用者在市場上的能耗支付所得。

儘管現在湧現出很多新能源發電手段，如太陽能電池模組，風力渦輪機等，但這些能源生產方法缺乏適當的基礎設施和技術來儲存多餘的能源。在沒有合適的生產分配手段的情況下，生產者也只能將產生的多餘能量賣回電網，而不是直接賣給他的鄰居。因此，電力的終端消費者在形成價格時並沒有真正的發言權，他們無法真正選擇所使用的能源來自哪裡，以獲得最高 CP 值。

2. 分散式電網管理控制困難

隨著新能源發電手段的普及，現在越來越多的家庭都裝上了自己發電、儲能的家用裝置（比如屋頂光伏、特斯拉 Powerwall）。而大量的分散式的小型發電端，

中心化電網是管不過來的。多餘的電力如何就近賣給社區使用者，而不用再經過中心化電網與高損耗遠距離傳輸成為一個需要解決的問題。

3. 碳資產開發流程不透明

2014 年，聯合國政府間氣候變化專門委員會發布報告，以超乎尋常的強烈用詞，警告全球必須在 2100 年之前把溫室氣體排放減少到零，否則恐將引發生態和社會災難。2015 年 12 月 12 日，《巴黎協定》在巴黎氣候變化大會上透過，該協定為 2020 年後全球應對氣候變化行動做出安排，主要目標是將 21 世紀全球平均氣溫上升幅度控制在 2℃ 以內，並將全球氣溫上升控制在前工業化時期水準之上的 1.5℃ 以內。

減少溫室氣體排放成為全球各國的統一目標，而碳排放的監控和交易即成為實現這一目標的重要手段。但碳排放的每項技術和政策途徑都依賴於在全球市場中準確測量，記錄和跟蹤各個控排企業的碳排放數據，配額和 CCER 的數量、價格，以及數據的真實性和透明性。然而傳統方法的透明度有限，標準不連貫，監管制度不統一，還存在嚴重的信任問題。中心伺服器無法對數據安全做到絕對的保障，而資訊的不透明也讓很多機構和個人無法真正參與進來。碳資產開發流程時間很長，涉及控排企業、政府監管部門、碳資產交易所、第三方覈查和認證機構等，平均開發時間超過一年，而且，每個參與的節點都會有大量的檔案傳遞，容易出現錯誤，影響最後結果的準確性。

此外，中國國家政策鼓勵新能源應用，對於生產新能源的企業可提供減少稅收的優惠政策。隨之帶來的一個挑戰是，企業是否如實上報所生產新能源的數量？是否存在非新能源發電「騙補」的問題？如何追蹤溯源新能源的交易？

11.3 區塊鏈解決方案及其價值和優勢

2018 年 3 月，華為雲端與招商新能源合作，為深圳蛇口三個光伏電站實現基於區塊鏈 FusionSolar 的智慧光伏管理系統，提供清潔能源發電數據溯源和點對點交易系統。透過區塊鏈技術實現可信交易和價值轉移，利用多方共識和不可篡改特性達成點對點交易，實現清潔能源創新盈利模式，打造新能源交易信任基石。

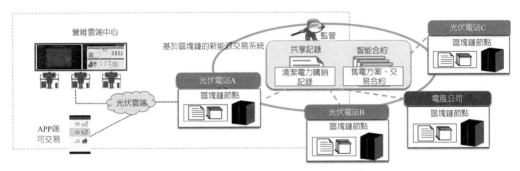

圖11.1　基於區塊鏈的新能源交易系統

　　該能源區塊鏈關注發電端和用電端，充分發揮了區塊鏈技術的可追溯和去中心化等特性，定點為社區提供清潔能源。在上述能源區塊鏈專案中，將其位於蛇口的分散式電站每日所發出的清潔電力放入能源網際網路平臺，華為提供電站數據接入的技術支援工作。使用者可以直接在平臺上選擇使用清潔能源或傳統能源，當用戶選擇清潔能源時，區塊鏈技術根據智能合約直接配對電站與使用者之間的點對點虛擬交易，同時第三方認證機構將為使用者出具權威電子證書，證明其所使用的是清潔能源電力。

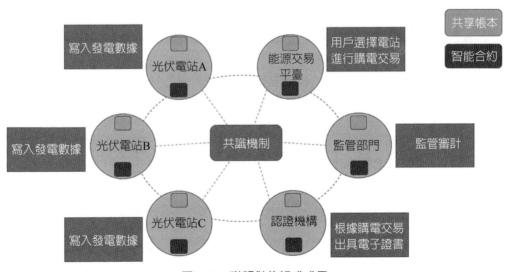

圖11.2　聯盟鏈的組成成員

清潔能源電力認證等環境資產原本有著識別和認證困難的問題，區塊鏈的不可竄改特性讓其成為解決這類問題的關鍵。清潔能源電力的產生及消費可以直接用區塊鏈技術進行記錄，使得後續無論是電力生產者向政府申請新能源發電補貼或電力消費者進行碳證交易都既可信又方便。

區塊鏈技術在能源網際網路領域有如下應用價值：

1. 不依賴第三方的去中心化交易平臺

很多年前曾經有人這樣幻想未來的電力布局：人類已經不再需要透過大型電廠遠距離將電輸送到每家每戶，而是可以透過太陽能電池模組，由地方居民自己生產電力，自己使用。人類將同時充當著電力的生產者、銷售者和消費者三種角色，實現「隔牆售電」。

應用區塊鏈技術可以提供一種完全去中心化的能源系統，能源供應合約可以直接在生產者和消費者之間傳達，還可以規定計量、計費和結算流程，這樣有助於加強個人消費者和生產者的市場影響力，並使消費者直接擁有購買和銷售能源的高度自主權。這意味著，能源生產者不需要透過公共的電力公司（也就是提供電力的中央電網）就能完成電力能源交易。那些擁有能源生產資源（比如太陽能電池模組）的公司，也可能將能源出售給社區。而對於消費者，相比於從中央電網購買電力，P2P 能源銷售的優勢在於有更大的選擇權，價格可能更加便宜。另外值得一提的是，在能源網際網路中，即便使用者沒有生產能源的技術，也能選擇綠色可再生能源電力。

2. 利用智能合約實現電網分散式管理

對於分散式能源的管理只有一種辦法：把電網變成分散式的、高度靈活自治的網路，這與區塊鏈的結構是很匹配的。分散式能源可以增加電網靈活性，降低營運成本，提高可靠性。在區塊鏈技術和智能合約的幫助下，可以有效地控制能源網路。智能合約將基於預定義規則向系統發出訊號，制定如何啟動交易的規則，確保所有的能量和儲存流都是自動控制的。分散式能源正在緩慢改變配電系統與大容量電力系統的作用，這些變化可以改變電力傳輸和電網營運商對各種執行條件的響應。區塊鏈能將可再生能源和其他分散式能源新增到電力系統中，提高分散式能源的視覺化和控制性，以滿足日益複雜的電網營運需求。智能合約允許供應商和消費

者能夠透過建立基於價格、時間、地點和允許的能源型別等參數實現銷售自動化。理論上，基於區塊鏈的分散式電網控制管理可以建立更優質的電力供需平衡。

3.碳資產／新能源交易環節簡化及端對端透明化和防篡改

在碳跟蹤與註冊的應用情境中，區塊鏈的核心能力與圍繞開發、部署和管理排放跟蹤與交易系統的諸多挑戰保持一致。作為交易數據的可信資料庫，區塊鏈可用於簡化交易，加強驗證過程，並消除對集中管理的需求。區塊鏈用於碳跟蹤與註冊的另一個好處是有機會建立不可更改且透明的市場數據記錄，可以為全球的碳庫存和註冊管理機構提供清晰度、可信度和互操作性，有助於在碳捕捉、利用和儲存活動等方面跟蹤碳排放。

將新能源的生產交易數據分散地儲存在一個區塊鏈上將有可能保持所有能量流和業務活動的分散式安全記錄。由智能合約控制的能量和交易流可以防篡改的方式記錄在區塊鏈上。監管審計部門能夠從區塊鏈上獲得真實可靠的數據，防止「騙取補貼」的行為。

11.4　能源區塊鏈應用面臨的機遇和挑戰

目前對於絕大部分地區來說，相對於中央電網，點對點的電力交易在供電安全和穩定性上都還有欠缺。在缺乏規模效應的情況下，甚至於很多專案在價格上也不具備優勢。

其次，去中心化的區塊鏈只能省去電力交易的仲介費用，而能源公司對使用者進行的所有能源服務都是天然中心化的，這部分的費用並不能省去。

另外，由於電力是我們人類所有生產生活的基礎和動力，所以電力行業一直都會是一個政策強力監管行業。供電安全、供電品質、供電穩定對於整個國家的發展是重中之重。比如紐約政府不允許個人售電，所以供方和需方點對點直接交易的方式本身還依賴政策上的轉變。

11.5 │ 本章小結

　　能源這個傳統重型行業是一個涵蓋範圍十分廣闊的領域，區塊鏈技術具有深厚而實際的應用基礎，本章中所描述的應用情境也只是目前在該領域進行探索的一小部分，其他應用情境還包括新能源汽車充電、去中心化能源交易、能源代幣等。如同區塊鏈在各行各業慢慢深化一樣，中國在能源區塊鏈領域現在還是一片藍海，但近年來也有愈來愈多的開拓者加入了進來，在變革中尋找發展機會。在這一場變革中，從傳統巨頭到新興創業公司都沒有缺位，隨著愈來愈多的應用情境落實，必將對能源領域諸多方面產生廣泛而深遠的影響。

第 12 章

區塊鏈應用的判斷準則

經過前面章節的介紹，讀者對於區塊鏈自身具有的分散式、去中心化、去信任、不可篡改、可程式設計等特性都已經熟悉，並且經過對區塊鏈涉足的領域如金融行業、供應鏈／物流、政務服務、存證及版權、能源領域等進行的分析，相信讀者對區塊鏈的顛覆性價值以及應用趨勢都已經有了深入的瞭解。實際上區塊鏈的潛力和價值遠不止如此，還有很多其他的行業和應用迫切等待我們的挖掘和發現。此時，我們會發現前面介紹的行業和應用都是區塊鏈先驅們根據自己豐富的從業經驗，結合區塊鏈自身的價值特點進行發掘和提煉的，現在讓大家自己去判斷一個區塊鏈適用的情境，往往都會感到無從下手。本章就以此為出發點，給大家提供一個判斷區塊鏈應用簡單易行的思路和方法。

區塊鏈面對行業的解決方案，需要多方參與，建構行業聯盟，形成事實標準，搶占第一波市場。區塊鏈適用於多狀態、多環節，需要多參與方共同完成，多方相互不信任，無法使用可信第三方（Trusted Third Party, TTP）完美解決的事情。我們可以採用圖 12.1 所示的流程圖來判斷一個情境是否需要區塊鏈。

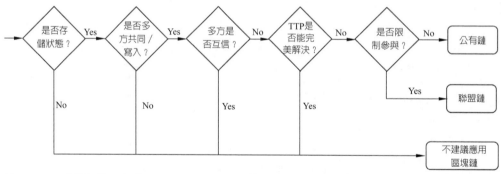

注：TTP—可信任第三方（Trusted Third Party，簡稱 TTP），比如中國數字證書認證中心

圖12.1　判斷某情境是否需要區塊鏈

圖 12.1 展示了一個較為嚴格的區塊鏈應用判斷流程，目的是給大家提供一個快速識別區塊鏈應用的方法，但很多情境下這些約束條件可以進一步放寬。下面將對流程中的每個步驟進行一下簡單的闡述，方便大家理解。

12.1 準則一：是否儲存狀態

　　我們可以將區塊鏈通俗地理解爲一個分散式的資料庫，使用資料庫的各方都可以儲存交易數據，我們把儲存的數據稱之爲「狀態」。區塊鏈又經常被稱爲「帳本」，既然是帳本，那麼最重要的用途就是記帳，記錄每筆交易的重要數據，以便將來以此作爲查帳和避免糾紛的依據。根據前面章節介紹的區塊鏈的結構也很好理解，區塊結構中最核心的部分就是用來儲存交易的資訊（狀態），因此可以說沒有狀態儲存就不會有區塊鏈。需要注意的是，這裡的交易指的是廣義的交易，並不限於貨幣和金融的交易，一切會產生數據狀態變化的事務都稱之爲交易，例如：帳戶的建立、商品資訊的變化，甚至對於一次查詢的審計資訊的記錄等都可以算作交易。

　　這裡有一個需要注意的問題是：業務需要儲存的數據很多，到底什麼樣的數據適合用區塊鏈來儲存？鑒於應用的多樣性以及使用者需求的不確定性，這個問題其實並不容易回答，但是我們仍然可以從兩個角度來試圖縮小考慮問題的範圍：什麼樣的數據不適合上鏈以及什麼樣的數據適合上鏈？

　　首先來看什麼樣的數據不適合上鏈從業務角度看，不需要共享的數據不適合上鏈。例如使用者的私鑰，是使用者絕對不想與其他人分享的資訊，如果上鏈就意味著私鑰會被每一個參與者獲取並存儲，即便是被加密也會有泄漏的風險，因此沒有必要上鏈從效能角度看，過於龐大的數據和更新過於頻繁的數據也不適合上鏈例如使用者上傳的一些二進位的媒介、音視訊、日誌檔案等。因爲區塊上儲存的數據作爲鏈的一部分是會被永久儲存並同步到每一個參與節點用來保證完整性的，如果儲存的數據過於龐大，則會嚴重影響同步效能，占用有限的儲存空間。另外由於目前區塊鏈的交易需要透過密碼學演算法進行雜湊和加解密的簽名運算，交易的最終數據也需要透過共識演算法進行排序才能最終落塊，在效能上還有一定的限制，因此過於頻繁的寫入操作還不太適用區塊鏈。

　　那麼什麼樣的數據適合上鏈？簡單來說就是需要共享的、需要具備可信度、不能被篡改並且需要可追溯的數據。例如保險行業的保單資訊，使用者簽署了什麼樣的保險協議，需要被妥善儲存，將來出險的時候必須以此爲依據進行理賠，因爲不

可篡改，保險公司無從抵賴，也因為可以共享和追溯，一旦產生糾紛也可以由監管部門追溯取證。再如能源行業，如果使用區塊鏈來記錄電量的交易，那麼擁有光伏（類似太陽能）發電的家庭就可以和需要用電的家庭進行自由交易，每一筆電量的產生和去向都有清晰的歷史被區塊鏈記錄在案，不能篡改，同時支援發電方和用電方進行查詢和追溯，哪家發了電，哪家用了電，交易清晰無法抵賴，避免了糾紛，是使用區塊鏈的合適情境。

此外說到狀態儲存，就不得不提及資訊安全，這也是目前區塊鏈大規模普及的障礙之一。我們都知道區塊鏈之所以難以篡改，就是因為每一個參與交易的節點都擁有完整的區塊鏈帳本數據，可以對任何交易或帳戶狀態進行驗證。但是這樣也帶來一個嚴重的安全問題，就是區塊鏈帳本數據對所有人公開了，而在很多情境下，這樣的做法是難以被接受的。拿貨幣轉帳的交易舉例來說：使用者 A 一開始在系統中存入了一定金額的貨幣，使用者 B 也存入了一定金額的貨幣，隨後使用者 A 向用戶 B 進行了一定金額的轉帳，因為使用者 A 和使用者 B 的餘額都儲存在區塊鏈上，智能合約的邏輯可以驗證使用者 A 的餘額大於轉帳金額，並且把交易結果寫回到區塊鏈上，對使用者 A 和使用者 B 的餘額進行更新，最終這筆交易寫入新產生的區塊中後，區塊會被同步到使用者 A 和使用者 B 相關的節點上，他們都可以查詢到這筆交易以及自己目前帳戶的餘額。但是很多情況下，作為使用者來說，並不希望自己的餘額被其他使用者看到，作為交易的雙方也不希望交易的詳細資訊被第三者讀取到，那麼這個問題如何解決呢？一般情況下我們可以使用前文提到的同態加密的技術來解決這個問題。

同態加密就是智能合約在儲存使用者的餘額狀態到區塊鏈上時，儲存的並不是明文，而是使用相應使用者非對稱金鑰的公鑰透過同態加密演算法加密之後的數據。在同態加密交易過程中，轉帳雙方的餘額都沒有經過解密，並且交易記錄儲存到區塊鏈上之後只能被交易雙方解密檢視，第三方只能看到密文，無法解密。這樣既達到了區塊鏈無法篡改、可以被追溯和監控的目的，又能保護使用者隱私不被泄露。同態加密技術細節前文已經有詳細介紹，就不在此贅述了。

12.2　準則二：是否多方共同寫入

是否儲存狀態只是判斷流程的第一步，其次還要依據是否多方共同寫入來進行判斷。前面一直提到區塊鏈一個突出的特點就是去中心化，而多方共同寫入才能夠將區塊鏈這種特點的優勢完美地發揮出來。有人曾經說，區塊鏈顛覆的核心就在於去中心化，我們現在的世界存在了太多的中心化系統，然而這些中心化的系統卻和使用者日益增長的去中心化需求產生了矛盾。中心化系統有如下弊端：

首先是權力過於集中。中心化系統的一切數據的來源都是數據中心，數據中心擁有至高無上的權力，數據的儲存邏輯全部由中心決定。正如人類社會中權力集中的地方必然存在腐敗一樣，數據許可權集中的地方也容易滋生「腐敗」，當然這個腐敗指的是對數據的篡改。由於只有一套中心化的系統，如果沒有額外的監督審查機制，數據可以很輕易地被篡改。但是建構一套監督審查機制也是十分複雜的，到底由誰來監督？監督的部門有沒有公信力，是否被信服？這些都是問題。

其次是集中的數據難以使用。數據中心化，意味著任何使用數據的單位或者個人都要從數據中心獲取數據，這種數據同步模式有兩個問題：其一，隨著使用數據的部門增多，給數據中心帶來極大的數據存取壓力，數據中心會形成數據存取的效能瓶頸，這對數據中心的效能和擴充套件性提出了極高的要求。其二，新的部門想使用數據必須和數據中心進行對接，無形中增加了數據使用的成本，給數據的擴散造成了障礙，極大地影響了數據價值。前些年中國正處於數位化轉型的初期，大量數據由紙本數位化轉換而來，但是各地又形成了一個個數位孤島，各省市之間的數據不能同步，給政府部門的工作造成了極大困擾。比如，小轎車跨省違章不能及時被追責，因為違章的資訊不能即時同步到其他省市。再比如，有些公民從一個省市移居到另外省市，重新辦理了新的身分證，有時候會出現一個實體個人有兩個合法身分證號的情況，也是因為各省市身分資訊不能即時同步的原因。其實並不是政府部門不作為，而是進行這樣的數據同步需要同時聯合各省市很多部門、調動很多資源、成本過高而已。

最後是集中的系統抗攻擊能力差。數據集中意味著駭客只要攻陷了一個數據中心，就得到了全部的數據許可權，可以為所欲為。而資安部門必定絞盡腦汁花費高

額成本進行防範。這樣做不僅提高了成本，還只能在一定程度上降低風險但又不能徹底消除。

　　以上這些中心化系統的弊端，我們都可以依靠區塊鏈技術來解決，如圖 12.2 所示，將數據中心化的帳本轉換爲區塊鏈的分散式帳本。這樣每個數據節點是對等的，擁有完整的數據鏈，駭客除非攻陷了大部分節點，否則不會影響數據的正確性。另外，各個節點之間也可以相互監督，眞正實現數據自治。

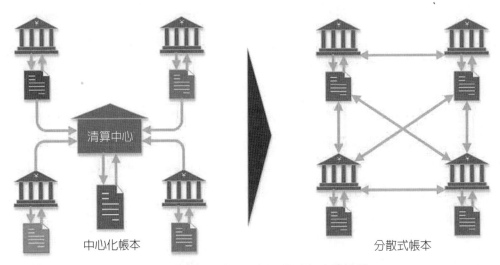

中心化帳本　　　　　　　　　　　　　　　　　　　　分散式帳本

圖12.2　從中心化帳本到分散式帳本的轉變

　　以電力系統爲例，目前中國的電力系統還是一個中心化的體制，以前購電並不像現在這樣簡單，只根據一個使用者編號就可以使用支付寶之類的網際網路應用購買。因爲只有電力部門才擁有對電卡讀寫的許可權，在當時沒有智慧電錶進行網上購電時，必須拿著電卡實物去電力部門排大隊購電，並且辦理過程十分冗長。後來出現的智慧電錶可以算是藉著網際網路將中心化系統進行了一次很好的升級，網際網路透過網路將電力系統延伸到各家各戶。但是，網際網路只改變了網路連通的現狀，將數據傳播到各家各戶，卻沒有改變系統的權力中心化狀況，將權力轉移到使用者手中，使用者依然需要使用電力系統對電卡進行讀寫，也就是電力部門壟斷了掌控權。而在上面的例子中，用電家庭和發電家庭使用區塊鏈來進行電能交易才算

實現了區塊鏈的真正價值。

由此我們不難理解，如果一個區塊鏈只有一個寫入者，那麼無論擁有多少共識節點都是沒有意義的，因為寫入者可以隨意寫入、隨意變更數據，本質上又變成了一個集中式的系統。因此，一個合理的區塊鏈應用是要求參與的各方都可以具備預先規定好的寫入許可權，並且相互制衡，從而達到去中心化的目的。

12.3　準則三：多方是否互信

首先我們來談談關於信任的問題。網際網路誕生之初，最先解決的核心問題是資訊製造和傳輸。隨著網際網路的大規模發展，我們使用 TCP/IP 協議建構出來一條條網狀的資訊「高速公路」。在這個高速公路網上，我們能夠將資訊快速產生，並複製到全世界每一個網路所能夠觸及的角落，並且這種資訊的傳遞是極為高效並且越來越廉價的。從此，我們進入了一個「資訊爆炸」的時代，整個網際網路上的資訊開始以幾何級速度增長。

然而，隨著網際網路進入我們生活的方方面面，我們卻發現有些資訊是無法傳播和複製的，或者說傳播無法很容易地進行。比如說貨幣支付，我們不能直接把要支付的錢複製到對方的帳戶上，必須要到銀行櫃檯花個把小時排隊進行辦理，後來有了 ATM 機，我們仍然要出門乘坐交通工具花費很長時間辦理。當然後來有了網上銀行，有了 U 盾，但我們仍然離不開中心化的銀行系統，依然有諸如轉帳需要花費不菲的手續費用、轉帳金額或許不能立即到帳等一系列問題。產生這些問題的根源都是因為我們的網際網路非常善於處理資訊分享，而不能解決「價值傳遞」或者說「信任」這個事情。

多方是否互信也是判斷應用是否適合區塊鏈的一個重要指標。區塊鏈的意義在於使得互不信任的各方可以透過區塊鏈傳遞和獲取信任，並且這種信任建立的成本是很低的，具有極高的 CP 值。如果參與寫塊、讀塊的各方是完全信任的，那麼即便各方在物理上分散，在邏輯上也是集中的，這種情境下區塊鏈的信任傳遞特性就失去了意義，因此並不適合使用區塊鏈技術。但是我們注意觀察就會發現，其實這些所謂各方的完全信任並不是天然具備的，大多數情境下是基於一定的信任機制

的，這種機制有可能是基於自建的一套訊息系統，也有可能是基於傳統的可信任第三方（Trusted Third Party, TTP）。而這種信任的根基並不牢固，並且都存在一定的弊端，因此，如果我們認真分析，這些應用和情境也都可以轉化為區塊鏈應用，並且能夠從中獲得很多好處。

綜上所述，如果說區塊鏈顛覆的核心在於去中心化，那麼區塊鏈與生俱來具備的互信特性就是去中心化的基礎。沒有互信作為基礎，談去中心化是毫無意義的。區塊鏈利用密碼學的雜湊演算法（Hash）和數位簽名（Digital Signature）來保證交易的發起人無法被冒充，而區塊的鏈式雜湊結構則保證了歷史交易被永久地記錄，無法被輕易地篡改。區塊鏈這一系列的特點給網際網路帶來了前所未有的互信的特性。如果說第一代網際網路解決的是數據傳遞的問題，那麼以區塊鏈為基礎的網際網路解決的就是信任傳遞的問題。

12.4　準則四：TTP是否能完美解決

可信任第三方是在第一代網際網路無法解決互信問題的前提下的產物。當時隨著網際網路的日益膨脹，人們迫切希望在虛擬和現實世界中建立一種信任的關係，如果缺乏這種聯繫，那麼虛擬的東西永遠是虛擬的，就不會出現今天百花齊放的電商和虛擬業務，也就不會有當今網際網路的蓬勃發展。但是建立這種信任的聯繫又是極其複雜和昂貴的，比如銀行的線上業務和應用是需要銀行以其強大的資金和政府公信力為其背書，提供對業務和糾紛的監管和決斷。很多電商也是依賴於強大的資本來提供公信力和背書。其他更多中小企業並沒有足夠的實力和公信力來自建這種公信的系統，它們只能依賴強大的第三方提供信任的服務。從中我們可以看到，TTP 的最大缺點在於昂貴的高門檻、接入營運的複雜度高以及權力過於集中等弊端。權力集中就意味著腐敗，就有被人為影響的可能，同時集中的系統普遍抗駭客攻擊的能力較弱。

而區塊鏈天生的去中心化和可信的特性，恰恰是解決上述問題的最完美手段。因此，判斷應用是否適用區塊鏈一個很重要的標準就是 TTP 是否能完美解決目前的信任問題。如果 TTP 能完美解決，那麼確實沒有上區塊鏈的必要。需要注

意的是，目前很多看似用 TTP 解決的信任問題其實解決得並不完美，例如電商和使用者之間的糾紛，公信部門系統自身故障以及受到攻擊產生當機的事情也時有發生。因此，我們在判斷應用是否適合使用區塊鏈的時候，並不是判斷 TTP 能否完美解決信任問題，而是 TTP 的缺陷我們能否接受，TTP 的成本能否接受。

12.5　準則五：是否限制參與

　　判斷流程至此其實已經基本確定應該適合使用區塊鏈了，是否限制參與這一指標只是用來判定我們的應用到底適合公鏈還是聯盟鏈。

　　公鏈對使用者的准入要求並不高，比如所有的虛擬貨幣，基本上任何人任何機構只要進行簡單的註冊，產生私鑰和證書即可參與。而聯盟鏈則不同，比如金融業各銀行之間的轉帳業務，並不希望未經授權的人參與，是建立在一定的信任基礎之上的，比如某幾家銀行形成了一個戰略聯盟，之間使用區塊鏈同步一些資訊。但是這些銀行之間又不是完全信任的，只是因為之間的利益關係聯繫在了一起。在這種前提下，聯盟鏈就比較合適。想加入的銀行需要透過一系列流程方可獲得參與區塊鏈的資格，同時聯盟區塊鏈中的信任各參與方都能透過區塊鏈不可偽造、不可篡改等特性進行相互監督。因此公鏈和聯盟鏈並無好與不好之分，各自有適應的情境。

　　上述流程給出了一個簡單易行的審視各類應用是否適用於區塊鏈的基本方法，避免讀者在面臨陌生領域或全新行業進行區塊鏈應用分析時無從下手。另外需要特別注意的是，本書中提到的五大判斷是作為判斷區塊鏈應用的充分不必要條件，也就是說，如果滿足五大判斷準則就基本可以肯定為區塊鏈應用，但沒有全部滿足的應用也很可能是區塊鏈應用。在初次嘗試使用這五大準則時，讀者常犯的一個錯誤是將需要分析的情境嚴格按照這五條準則一一對號入座，必須全部滿足準則才判定為適合區塊鏈的應用，這樣做是很不靈活的。在實行中，請讀者根據實際需要，結合業務自身的特點以及企業的實際經驗進行量身定製、靈活剪裁，方能發揮區塊鏈的最大價值。

12.6 | 本章小結

　　本章針對區塊鏈應用缺乏統一的判斷標準，同時業界也缺乏足夠的經驗累積的問題，創新性地總結出了一系列區塊鏈應用的判斷準則，並對準則進行了逐條分析講解和例證，非常適合新入區塊鏈領域的業務分析人員作為手邊工具對陌生新業務領域進行區塊鏈適用性分析，甚至對一些經驗豐富的區塊鏈老手也有一定的理論化指導意義。同時，我們也強調了這些區塊鏈準則和分析流程在使用時不必拘泥於準則的條條框框，要根據實際情況進行取捨補充、靈活運用，才能對業務是否適合應用區塊鏈進行更準確的判斷。

第 13 章

如何使用公有雲端區塊鏈服務

13.1 | 公有雲端是區塊鏈應用的最佳媒介

　　區塊鏈在近幾年非常火熱，也爲企業及各大機構在許多領域的關鍵提供了解決思路。眾多企業開始著手建構企業內、企業間的區塊鏈應用，政府部門也在主導建構行業、政府、公益等領域的區塊鏈應用。然而對於企業及政府部門來說，開發、建立一套區塊鏈系統並非容易，區塊鏈人才的缺乏、底層平臺建立的複雜及維運的繁瑣，使得企業無法聚焦於上層應用的開發與創新。

　　雲端的開放性和雲端資源的易獲得性，幫助公有雲端平臺成爲目前區塊鏈創新的最佳媒介。公有雲端是獲得彈性資源和快速實現新技術架構的最佳途徑。雲端環境中的區塊鏈服務可以簡化複雜元件的設定，而雲端基礎設施和雲端平臺服務也可以提升營運效率和降低早期投入門檻。

　　雖然從本質上來看，現在的公有雲端廠商提供的雲端計算資源，類似於傳統的中心化服務，由各個雲端服務廠商提供儲存、計算、網路等服務，看似與區塊鏈的去中心化有矛盾之處，但是目前公有雲端已經可以提供多組資源隔離、混合部署、跨雲端支撐等能力，足以達到客戶眞正的去中心化訴求。區塊鏈網路可以部署在不同可用區（AZ）之間，不同的聯盟方擁有獨立所屬權的資源控制。同時，雲端計算的彈性伸縮能力，可以更好地爲區塊鏈應用擴縮容帶來便利，按需使用，按量付費。

　　在公有雲端上建立區塊鏈網路，可以幫助企業節約投資、簡化流程。首先，使用者無須購買和維護 IT 基礎設施。IT 基礎設施投資往往會占用企業的很多開支，在機房選址、硬體採購、電力成本等方面都需要大量的投資，硬體的折舊也會不斷地消耗企業資金。其次，可以爲使用者節約區塊鏈應用的維護成本。目前企業使用主流的區塊鏈網路多來自開源社區，社區版本在可靠性、穩定性、滿足度等方面都還不能支撐企業級的業務，因此需要投入大量的人力進行維護與開發。當社區版本更新迭代時，版本的適配升級也會帶來大量的人力消耗，以及可能帶來業務不穩定的風險。再次，可以降低人員使用門檻，減少人力成本。隨著社區版本的不斷升級，底層程式碼量也日益龐大，如何部署、除錯需要專門的投入。當業務需要定製化功能時，很多時候社區版本無法滿足，導致需要開發複雜的上層業務。例如：Web/IoT 端爲了快速存取 Fabric 網路時，原生的 SDK 對系統的消耗比較高，設計

應用時需要考慮這部分效能消耗。而不少雲端平臺提供了基於 RESTful 的存取介面，將大大簡化設備業務開發。最後，使用者可以按需購買服務，隨用隨買。在上層業務建構初期，一般無法準確地估算底層資源的實際消耗。如果業務大規模增加，採購硬體、擴充環境的人力、物力、時間的消耗，都會阻礙業務快速發展。而使用公有雲端則無需關心這些細節，企業客戶按需購買資源，在業務初期可以購買少量的進行測試驗證，當業務量大後，可以迅速擴充，業務減少時，也可以彈性減少資源占用，從而節約成本。

13.2　華為雲端區塊鏈服務BCS初探

2018 年 2 月 1 日，華為雲端發布企業級區塊鏈開放平臺區塊鏈服務 BCS（Blockchain Service），是基於開源區塊鏈技術和華為在分散式並行計算、數據管理、安全加密等核心技術領域，於多年累積基礎上推出企業級區塊鏈雲端服務產品，幫助各行業、企業在華為雲端上快速、高效地建立企業級區塊鏈行業方案和應用。將企業從煩瑣耗時的區塊鏈基礎開發和部署中解放出來，使其聚焦有價值的上層應用，快速開發自身業務情境，不再讓技術限制自身業務的想像力。如表 13.1 所示，華為雲端區塊鏈服務 BCS 具備靈活高效、安全可靠、簡單易用等特性。

表13.1　華為BCS服務特性

特性	特性描述
靈活高效	支援多種高效共識演算法選擇 多角色節點和成員動態加入 / 退出 秒級共識（PBFT 5000TPS+/Kafka 10k+TPS） 採用容器化物理資源管理，極致彈性伸縮 支援線上線下混合部署 支援跨雲端（如華為雲端+SAP雲端）業務部署
安全可靠	20+全球權威認證，安全合規 完善的使用者、金鑰、許可權管理和隔離處理 多層加密保障和國密支援 零知識證明和同態加密等隱私處理 可靠的網路安全基礎能力，營運安全無憂

特性	特性描述
簡單易用	基於Hyperledger、kubernetes建立，配置簡單，數分鐘內即可完成部署，滿足一鍵式部署區塊鏈實例、一鍵式部署區塊鏈解決方案 提供全流程、多角度的自動化維運服務 支援鏈碼線上編譯 首創區塊鏈結合MySQL儲存，顯著提升帳本查詢效能 支援RESTful方式存取，滿足Web/IoT等瘦客戶端使用

　　華為雲端區塊鏈服務致力於打造區塊鏈生態，BCS 服務實現區塊鏈的底層技術支撐，包括共享帳本、安全隱私、智能合約等，同時提供區塊鏈部署、維運能力。由行業合作伙伴建構領域通用解決方案，並提供諮詢與開發服務，助力企業順利實施區塊鏈應用落實。

　　基於華為雲端，BCS 支援為企業客戶建構全球範圍的區塊鏈價值網路，支援跨雲端對接，支援與華為雲端運維監控、大數據服務對接，提供全棧技術能力。圖 13.1 為 BCS 服務在華為雲端上的整體架構，從圖中可以看到華為雲端提供了完整

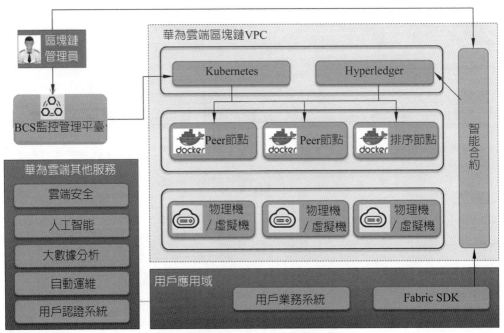

圖13.1　BCS服務在華為雲端的架構

的區塊鏈應用的技術棧：從最基層的計算、儲存、網路資源到中間的區塊鏈平臺的建構部署，以及最上層的使用者業務應用領域都進行了非常全面的覆蓋（區塊鏈平臺部分屬於華為雲端區塊鏈服務，業務應用部分由華為雲端其他服務提供支援，如雲端安全、人工智慧、大數據分析等）。目前華為自身以及與相關合作夥伴提供了幾大解決方案供企業選擇，其他行業的在不斷完善中，這些解決方案包括供應鏈金融、食品溯源、港口物流、積分交易（消費者積分管理）、行業數據共享、稅務票據、版權確權等。後面的章節對企業如何使用華為區塊鏈服務進行簡單介紹。

13.3　運用華為雲端區塊鏈服務建構企業應用

前面的章節中提到過，BCS 服務的誕生是為了幫助企業快速建構自身的區塊鏈應用，企業具體如何實現區塊鏈應用落實，如何判斷業務是否適用區塊鏈，如何進行區塊鏈開發及部署，後續如何維護，本章節將會逐一展開進行介紹。

從圖 13.2 所示的邏輯架構圖可以看到，一個完整的企業區塊鏈應用架構由上至下包含三層：業務應用層、合約層和底層區塊鏈平臺層，這三個層級決定了區塊鏈應用開發的成本，是企業在區塊鏈應用的決策、需求分析以及架構階段需要著重考量的方面。

• **業務應用層**

這一層是區塊鏈應用的對外表現層，主要功能是對外提供友好易用的介面，為企業使用者提供業務服務，形式可以為一個 Web 應用或者一個手機移動端的APP。這一層和傳統的 Web 應用以及移動端 APP 並無明顯差別，對終端使用者來說並不需要感知區塊鏈的存在，只需確保區塊鏈應用不要破壞使用者一貫的軟體使用習慣即可。在這一層次上，華為雲端區塊鏈服務能夠提供給企業的是一些工具類的幫助，例如：提供區塊鏈鏈碼的 RESTful 呼叫方式減輕應用層開發的難度和負擔等。關於更多的與應用開發相關的內容，企業可以諮詢華為雲端其他的服務，比如華為雲端雲端容器引擎、微服務引擎等，這些服務不在本書的討論內容之中，在此略過。

圖13.2　華為雲端區塊鏈服務邏輯架構

- **合約層**

　　合約層顧名思義是智能合約的部署層，是企業應用使用區塊鏈服務最重要的一層。智能合約封裝了企業對區塊鏈使用的全部業務邏輯，是企業業務精髓的體現，每個企業的智能合約都不盡相同，是需要每一個開發區塊鏈應用的企業用心設計，定製開發的部分。基於其重要性，華爲雲端也對合約的開發部署提供了有力的支援。首先，在智能合約程式碼的開發上提供了線上鏈碼編輯器，讓使用者可以線上開發、編譯及除錯。其次，華爲雲端提供了對鏈碼的完整的生命週期管理，使用者可以使用介面便捷地安裝部署鏈碼。最後，華爲雲端還提供了豐富的鏈碼樣例、範本供開發者參考，將來還會提供更爲通用的鏈程式碼類別庫以加速開發者開發鏈碼的過程。

- **區塊鏈底層平臺**

　　華爲雲端區塊鏈服務平臺 BCS 以華爲公有雲端服務爲基礎架構，除了爲使用者提供計算資源、通訊資源和儲存資源以外，更進一步封裝了區塊鏈底層平臺，將區塊鏈記帳能力、區塊鏈維運能力和區塊鏈配套設施能力轉換爲可程式設計介面，企業在開發時只需要關注應用層和合約層即可，極大地簡化了區塊鏈應用的開發過程，讓開發者專注業務邏輯，提升開發效率。

13.3.1　區塊鏈服務的交付模式

　　從交付的角度看，如何選擇合適的商業模式進行業務落實是客戶首先要考慮的問題。按照企業使用者的訴求，華爲雲端區塊鏈服務解決方案提供三種交付模型：

　　Turnkey 模式（合作伙伴＋華爲雲端 BCS）：Turnkey 就是所謂的交鑰匙模式，當企業有區塊鏈訴求時，可以自己指定或者選擇華爲提供的第三方合作伙伴，由華爲雲端解決方案專家參與，共同分析客戶的業務訴求，根據業務的情境制定區塊鏈解決方案，並由第三方合作伙伴完成業務的開發，交付最終的軟體給客戶。

　　企業＋合作伙伴＋華爲雲端 BCS 的模式：此方案適用於企業自身需要參與一部分業務系統開發的情形，根據 BCS 生態系統劃分，可由企業完成自身業務系統建構，由合作伙伴完成行業解決方案內的智能合約開發，由華爲雲端提供區塊鏈底層基礎設施，共同建立企業所需的業務系統，企業以最少的人力投入，快速建構區塊鏈應用。

　　企業＋華爲雲端 BCS 的模式：當企業有較雄厚的技術儲備、較強研發團隊時，可以選擇直接基於華爲雲端區塊鏈服務進行開發。華爲雲端爲企業提供諮詢與架構服務，幫助企業分析區塊鏈應用的解決方案，設計系統對接流程，並提供有力的技術支援和保障。

　　下面就帶領讀者體驗一下如何快速建構一個簡單的區塊鏈應用。

13.3.2　區塊鏈應用建構極速之旅

　　使用華爲雲端開發企業區塊鏈應用極爲簡單，只需六個步驟：業務情境分析、整理上鏈資訊、建立區塊鏈服務、編寫鏈碼並部署、業務整合、區塊鏈服務運維，

圖13.3　華為雲端建構企業區塊鏈步驟

如圖 13.3 所示。

　　1.業務情境分析：並非所有的應用都適合區塊鏈，判定企業應用是否適合區塊鏈應用至關重要。企業可以使用本書前面章節的區塊鏈應用的判斷準則進行判定。

　　2.整理上鏈資訊：當判定應用為區塊鏈應用後，也並非所有的數據都適合上鏈，企業還需要根據數據的業務特點和技術特性對上鏈數據進行選擇和建模。

　　3.建立區塊鏈服務：華為雲端 BCS 服務提供一鍵式的購買，幫助使用者降低儲存、網路、計算等相關資源的購買，系統自動完成大部分割槽塊鏈底層平臺所需配置。整體配置購買流程可以在 10 分鐘以內完成（包括計算、資源和儲存資源的建立時間）。

　　4.編寫鏈碼並部署：鏈程式碼作為企業業務和區塊鏈儲存的聯繫邏輯，是企業應用區塊鏈化的結晶，在整個區塊鏈應用開發過程中起著舉足輕重的作用。華為雲端考慮到這一點，對這一環節提供了輔助增強，企業使用者可以線上完成鏈程式碼的開發、部署與實例化，完成智能合約部分。

　　5.業務整合：業務系統透過整合 SDK、呼叫 RESTful 或者 JDBC 的方式操作區塊鏈，業務改動量小，簡潔高效。

　　6.區塊鏈服務運維：透過對接華為雲端 AOM/APM，完成區塊鏈實例、區塊鏈應用的即時監控，提供日誌、警告、效能指標的全方位監控，給業務的靈活變更提供依據。

　　下面將以一個完整的區塊鏈應用為例，帶領讀者使用上述簡單六步建立區塊鏈應用，體驗華為雲端區塊鏈開發的極速之旅。

1. 業務情境分析

　　Marbles 是一個簡單的資產轉移範例業務，旨在幫助客戶瞭解鏈碼的基礎知識以及如何使用華為 BCS 服務開發應用程式，幫助快速上手並體驗華為雲端區塊鏈服務。

　　圖 13.4 是 Marbles 應用成品的介面演示，應用支援多個帳戶，每個帳戶可以建立自己的資產——彈珠，每個彈珠的規格都是隨機並且獨特的（有各自的顏色、大小），因此每一個彈珠都是「唯一」的。彈珠建立出來即為建立者所有，成為其資產。資產可以在使用者之間互相轉移，資產轉移的動作稱為交易。下面，我們先用前一章的區塊鏈應用判斷準則來分析一下該應用是否為區塊鏈應用。

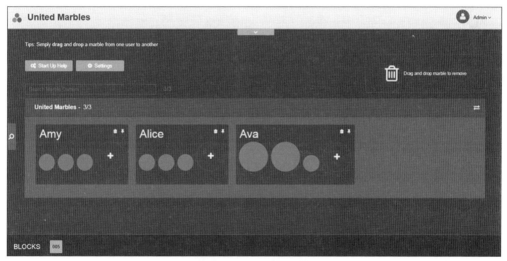

圖13.4　Marbles介面

• 是否儲存狀態

　　Marbles 應用需要儲存各種狀態，包括使用者的資訊、彈珠的規格還有彈珠的歸屬權等，由於彈珠可以轉移所屬權，轉移的交易也需要進行記錄，彈珠交易不能被任何一方隨意更改，並且這些交易要保證安全，帳戶 A 只能轉帳戶 A 的彈珠資產，這些狀態數據的保持正是區塊鏈所能提供的。

- 是否多方合作寫入

彈珠資產轉移是可以發生在任何兩個帳戶之間的，並且交易的結果和使用者的最終資產資訊是需要向其他使用者同步的，因此也符合區塊鏈的多方合作寫入的準則。

- 多方是否互信

顯然，彈珠資產的所有權帳戶之間並不存在完全互信的關係，因此區塊鏈所帶來的信任是應用必不可少的。

- TTP 是否能完美解決

為彈珠資產建構一個可信任的第三方消耗巨大，而且很難找到一個讓所有人都絕對信任的公信機構，即便能夠找到，這種公信機構提供公信力的成本也是非常昂貴的，因此對於 Marbles 應用來說，使用區塊鏈來代替仲介機構是不二之選。

- 是否限制參與

我們並不希望任何能夠接入網際網路的人都能使用 Marbles 應用，因此使用聯盟鏈建立一個准入門檻是必需的。

綜上所述，我們判定 Marbles 應用是一個區塊鏈應用，那麼接下來我們就要看看都有哪些數據需要上鏈。

2. 整理上鏈資訊

在 Marbles Demo 中，我們的業務可以整理為以下三條：

- 帳戶資訊的建立，包括帳戶的增刪改查。
- 彈珠資產的建立，包括彈珠的增加與刪除。
- 彈珠資產的轉移，資產轉移發生在任意兩個使用者之間。

由上所述，我們利用傳統的軟體分析能力不難分解出其中的名詞：帳戶、彈珠資產。這兩個實體將作為我們鏈上數據結構的實體模型。另外，我們還需要在彈珠模型上記錄彈珠的所有權，即彈珠與帳戶的關係，因此我們得出了如下的數據模型，如表 13.2、表 13.3 所示，模型的數據都將以鍵值對的形式儲存於區塊鏈上。

表13.2　彈珠實體數據模型表

Key	Value
ID	作為Key值使用，每一個Marbles資產的唯一標識
Color	資產的第一個屬性，顏色
Size	資產的第二個屬性，大小
Owner	資產的當前歸屬（至少包含帳戶的ID）

表13.3　帳戶實體數據模型表

Key	Value
ID	帳戶的唯一標示
Username	帳戶名稱
Company	帳戶所屬公司資訊

然需要注意的是，我們此處給出的範例應用比較簡單，大部分資訊都儲存在區塊鏈上，然而實際的應用可能會非常複雜，數據量也將十分龐大，因此需分析具體業務來確定數據是否希望得到區塊鏈的方便共享，安全寫入和不可篡改等特性，只將必要的數據記錄於區塊鏈上，對於成本的控制和效能的保證是很關鍵的。

3. 購買區塊鏈服務

在開發區塊鏈應用之前，我們需要確保有一個真正的區塊鏈平臺可以供我們進行測試，以及將來作為實際的生產執行平臺，從頭建立區塊鏈平臺是低效並且高風險的，選擇華為雲端區塊鏈服務可以為企業節省不少前期投入成本，以及後期維護成本，甚至降低對區塊鏈使用的學習曲線。具體購買步驟如下：

(1) 註冊華為雲端帳號：使用者可以登錄華為雲端官網 https://www.huawei-cloud.com，進行註冊並實名認證。進入 BCS 控制台：華為雲端 BCS 服務可以在首頁的產品清單中找到，位於「企業應用」子項目中，點選進入區塊鏈服務，或直接存取 https://www.huaweicloud.com/product/bcs.html，如圖 13.5 所示。

圖13.5　華為BCS服務首頁

(2) 點選「立即體驗」進入區塊鏈服務控制台，如圖 13.6。

圖13.6　區塊鏈服務控制台

(3)點選控制台中區塊鏈解決方案後側的「開始部署」進入一站式部署區塊鏈解決方案流程，按圖 13.7 所示表格進行配置。

参数名	参数值	备注
计费模式	按需计费	选择包年模式价格更优惠
区块链服务名称	bcs-marbles	
版本类型	专业版	专业版支持联盟链
区块链类型	联盟链	
共识策略	FBFT	
安全机制	ECDSA	可选国密算法
版本信息	2.1.17	
链代码管理初始密码	Test@123	可自行设定
peer节点组织	org1:1节点	可以根据联盟创建多组织
共识节点数量	4	FBFT最少4个共识节点
存储方式	goleveldb	可选MySQL体验
通道配置	c12345：org1加入通道	
选择集群	不勾选	创建新集群
云主机个数	1	
云主机规格	2核4GB	
高可用	不启动	测试可以选择非高可用
云主机登录方式	密码	
root密码	Test@123	可自行设定

圖13.7　配置範例

(4)進入配置確認頁面，對購買資訊進行確認，如圖 13.8，並點選提交進行購買。

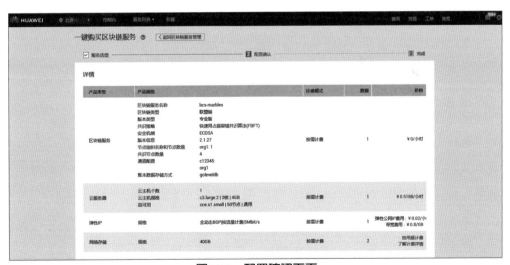

圖13.8　配置確認頁面

(5)購買過程會持續幾分鐘，主要用於虛機建立、CCE 容器集群建立、儲存、

EIP 的繫結，以及區塊鏈網路的建立。建立完成後如圖 13.9 所示提示建立成功。到這裡，區塊鏈實例就已經建立完畢，剩下的為鏈碼編寫與業務對接，以及後續的維運工作。

圖13.9 建立成功介面

現在我們已經有了一個底層的區塊鏈基礎設施，為了讓其能夠儲存 Marbles 的業務數據，接下來我們需要向區塊鏈服務編寫和部署鏈程式碼，即我們的區塊鏈業務邏輯。

4. 編寫鏈碼並部署

鏈程式碼也稱智能合約，是控制區塊鏈網路中相關方互動的業務邏輯。鏈程式碼將業務網路交易封裝在程式碼中，最終在一個 Docker 容器內執行。目前華為雲端區塊鏈服務暫時支援 Golang 語言編寫程式碼。鏈程式碼即一個 Go 檔案，建立好檔案後進行函數開發等操作。

鏈碼的開發主要是完成 Init 和 Invoke 兩個函數：Init 函數用於初始化區塊鏈的原始數據結構，按需編寫，也可以是一個空函數；Invoke 函數是主要的帳本互動途徑，可以完成追加帳本、查詢帳本等操作，支援增加業務邏輯，完成複雜功能。我們不在這裡贅述關於鏈碼編寫的詳細規範，如果需要可以連結 Hyperledger 官網

（https://hyperledger-fabric.readthedocs.io/en/latest/chaincode.html），或者諮詢華爲工程師進行了解（https://support.huaweicloud.com/devg-bcs/bcs_devg_0004.html）。

　　準備 Marbles Demo 所需鏈程式碼如下：完整的 Marbles Demo 鏈碼可以在華爲雲端官網獲取，此處貼出的不完整的範例程式碼只爲本書說明使用。

```go
func init_marble (stub shim.ChaincodeStubInterface, args [ ] string) (pb.
Response){
    var err error
    fmt.Println("starting init_marble")

    id:=args[0]
    color:=strings.ToLower(args[1])
    owner_id:=args[3]
    authed_by_company:=args[4]
    size, err:=strconv.Atoi(args[2])
    if err !=nil {
        return shim.Error("3rd argument must be a numeric string")
    }

    //check if new owner exists
    owner, err:=get_owner(stub, owner_id)
    if err !=nil {
        fmt.Println("Failed to find owner - " + owner_id)
        return shim.Error(err.Error())
    }

    //check if marble id already exists
    marble, err:=get_marble(stub, id)
    if err ==nil {
        fmt.Println("This marble already exists - " + id)
        fmt.Println(marble)
        return shim.Error("This marble already exists - " + id)  //all stop a
        marble by this id exists
    }

    //build the marble json string manually
    str:=`{
        "docType":"marble",
```

```
        "id": "` + id + `",
        "color": "` + color + `",
        "size": ` + strconv.Itoa(size) + `,
        "owner": {
            "id": "` + owner_id + `",
            "username": "` + owner.Username + `",
            "company": "` + owner.Company + `"
        }
    }`
    err = stub.PutState(id, []byte(str))      //store marble with id as key
    if err != nil {
        return shim.Error(err.Error())
    }

    fmt.Println(" - end init_marble")
    return shim.Success(nil)
}
```

前面的程式碼展示了建立彈珠資產的鏈程式碼，鏈碼邏輯首先獲取呼叫參數，進行了一系列業務邏輯合法性的檢查，例如所述使用者是否存在、彈珠 id 是否衝突等，然後產生新彈珠的資訊並呼叫 stub.PutState 方法將彈珠資訊儲存到區塊鏈。下面程式碼則是彈珠變更擁有者的鏈碼：

```
func set_owner (stub shim.ChaincodeStubInterface, args [] string) pb.
Response {
    var err error
    fmt.Println("starting set_owner")

    // input sanitation
    err = sanitize_arguments(args)
    if err != nil {
        return shim.Error(err.Error())
    }

    var marble_id = args[0]
    var new_owner_id = args[1]
    var authed_by_company = args[2]
    fmt.Println(marble_id + " - >" + new_owner_id + " - |" + authed_by_company)
```

```
// check if user already exists
owner, err : = get_owner(stub, new_owner_id)
if err ! = nil {
    return shim.Error("This owner does not exist - " + new_owner_id)
}

// get marble's current state
marbleAsBytes, err : = stub.GetState(marble_id)
if err ! = nil {
    return shim.Error("Failed to get marble")
}
res : = Marble{}
json.Unmarshal(marbleAsBytes, &res)   //un stringify it aka JSON.parse()

// check authorizing company
if res.Owner.Company ! = authed_by_company{
    return shim.Error("The company '" + authed_by_company + "' cannot
authorize transfers '")
}
// transfer the marble
res.Owner.Id = new_owner_id              //change the owner
res.Owner.Username = owner.Username
res.Owner.Company = owner.Company
jsonAsBytes, _ : = json.Marshal(res)   //convert to array of bytes
err = stub.PutState(args[0], jsonAsBytes)  //rewrite the marble with id as key
if err ! = nil {
    return shim.Error(err.Error())
}

fmt.Println(" - end set owner")
return shim.Success(nil)
}
```

　　與產生彈珠鏈碼類似，首先獲取參數資訊，進行業務校驗，然後最關鍵的部分則為更改彈珠擁有者的資訊以及將最新的彈珠資訊儲存到區塊鏈上。

　　通常情況下，使用者需要線上下建立鏈碼編寫環境，自行編寫與業務相關的區塊鏈程式碼，包括準備相應語言的編輯器 IDE，建立區塊鏈專案，引入和配置區塊鏈 SDK 等，相當煩瑣。華為雲端為了簡化這一過程，提供使用者線上的一鍵式體

驗，專門開發了適合編輯和除錯區塊鏈程式碼的線上編輯器，其特性如下：

- **語法高亮和自動補全提示**

華爲雲端鏈碼線上編輯器暫時只支援 Golang 語言，對於 Golang 的語法關鍵字有高亮顯示。類似大多數主 IDE，在使用者輸入關鍵詞或變數前幾個字母時會彈出關聯列表，並且在變數或結構體後敲入「.」時會自動彈出該變數或結構體所有的方法，如圖 13.10 所示，以節省程式設計者的時間。

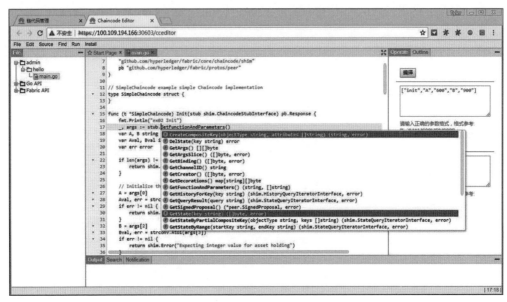

圖13.10　方法高亮和自動補全提示

- **查詢方法聲明**

大多數程式設計師不喜歡線上編輯器的原因是因爲線上編輯器有侷限性，對於瀏覽閱讀程式碼時查詢方法或型別的聲明和定義支援得不是很好。華爲區塊鏈編輯器可以讓使用者像使用本地 IDE 一樣閱讀程式碼，很方便地查詢方法和型別的聲明，如圖 13.11 所示。

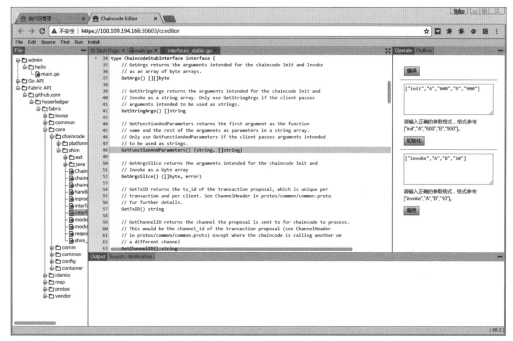

圖13.11　查詢方法聲明

- **鏈碼線上編譯和語法錯誤提示**

語法錯誤提示是任何一款IDE必不可缺的，很多輕量的編輯器只有語法檢查，缺失的是編譯部分。華為的線上鏈碼編輯器可以實現編輯中自動儲存和自動編譯，讓使用者可更及時準確地發現鏈碼編寫錯誤，及時更正，如圖13.12所示。

- **模擬鏈碼初始化和呼叫**

模擬鏈碼初始化和呼叫是普通程式語言IDE所不具備的，目前市面上幾乎所有的IDE都只是針對某一程式語言進行支援，很少有對區塊鏈鏈碼編輯的特殊支援。使用華為雲端線上鏈碼編輯器不但可以進行鏈碼編譯，更重要的是可以模擬鏈碼初始化和呼叫，方便使用者更早期地發現鏈程式碼中的問題，如圖13.13所示。

- 華為雲端區塊鏈服務是基於Hyperledger Fabric開發，鏈程式碼編寫完成後還要經過安裝和實例化的步驟才能夠供使用者進行呼叫。華為雲端同樣提供了非常便捷的鏈程式碼安裝和實例化過程，如圖13.14和圖13.15所示，只要給出足夠的資訊，這些步驟都可以線上完成。

圖13.12　鏈碼線上編譯和語法錯誤提示

圖13.13　模擬鏈碼初始化和呼叫

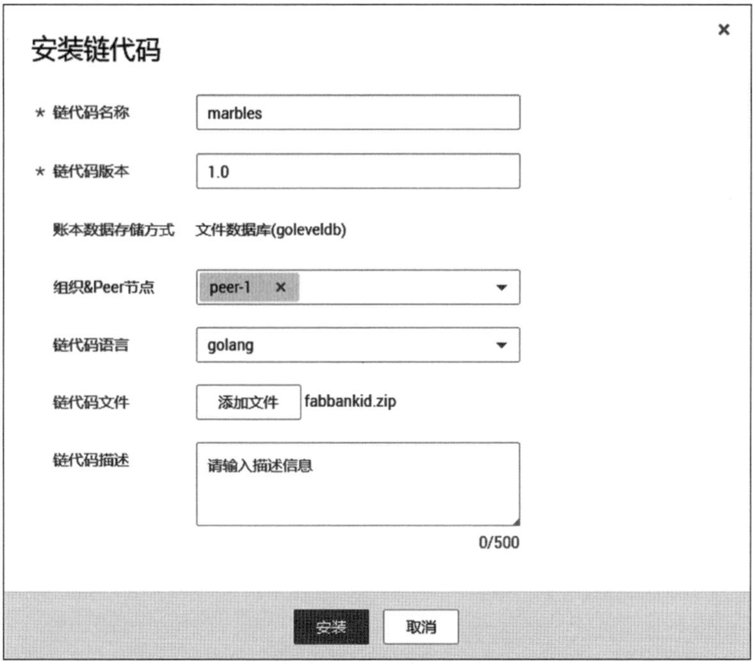

圖13.14　安裝鏈程式碼

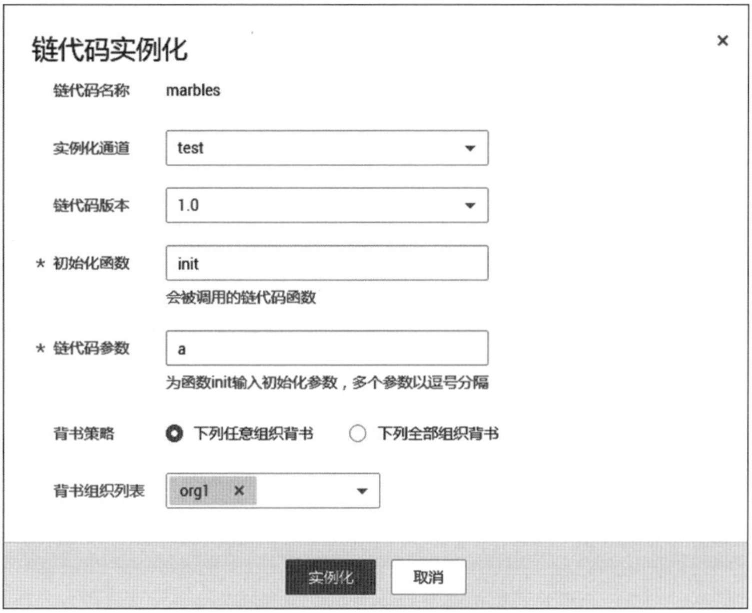

圖13.15　鏈程式碼實例化

至此，Marbles 應用中區塊鏈的部分已經開發和部署完畢，但僅有區塊鏈是沒有辦法讓終端使用者來使用的，區塊鏈的最終目的是服務於業務。接下來我們要將 Marbles 應用和剛剛建構的區塊鏈服務對接，由應用觸發業務數據在區塊鏈上的儲存和讀取，才能發揮區塊鏈的作用。

5. 業務系統整合

業務系統整合即對區塊鏈服務與區塊鏈應用進行整合對接，整合的速度和品質直接關係到應用開發人員的開發效率以及應用終端使用者的體驗，所以這一步是至關重要的。如圖 13.16，由 Marbles 應用程式發起對資產轉移鏈碼的呼叫，試圖將 user1 的彈珠資產 marble1 轉移給使用者 user2，呼叫觸發鏈碼邏輯先進行合法性校驗，最終將彈珠資產marble1的所有者屬性user2寫到區塊鏈上，完成資產的轉移。

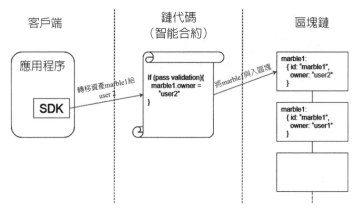

圖13.16　區塊鏈與業務系統整合

那麼在上述業務流程中，Marbles 應用程式具體需要如何跟區塊鏈的鏈程式碼互動呢？圖 13.17 闡述了互動的細節：

(1) 客戶端將呼叫塊鏈碼所需要的資訊進行打包，包括通道 ID、鏈碼 ID、呼叫參數、呼叫者資訊等。

(2) 客戶端將步驟 (1) 打包好的二進位用呼叫者私鑰進行簽名，此簽名除了擁有私鑰的使用者外，其他人無法偽造。

(3) 最後客戶端將前兩步產生的二進位及簽名分別發到需要背書的區塊鏈節點

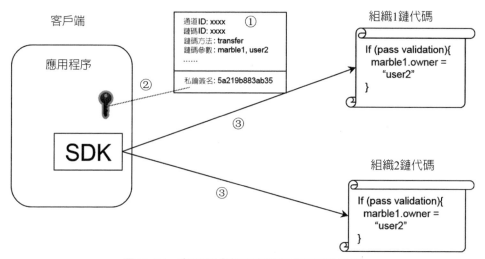

圖13.17　應用程式與區塊鏈程式碼互動步驟

進行背書，背書的過程即為鏈碼呼叫的過程。然後，客戶端將返回的背書資訊彙總發送到區塊鏈上進行寫入。

　　由此我們可以看到，應用程式和鏈碼的互動過程還是比較複雜的，這個過程不應該讓應用開發者自己來實現，因此就有了支援各種語言的客戶端 SDK 版本，例如 Golang、Node.js 等。但即便如此，使用客戶端 SDK 的成本還是很高，因此華為雲端提供了兩種呼叫方式：一種是剛才提到的使用語言相關的客戶端 SDK 進行呼叫；另外一種為創新的 RESTful 呼叫方式，如圖 13.18 所示。

　　接下來分別向讀者詳細介紹這兩種呼叫方式。

• SDK 對接方式：

　　開發業務應用時需要根據所使用的開發語言種類確定下載的 SDK，如 Marbles 應用使用 Node.js 作為開發語言，BCS 服務提供了相應的 SDK 配置檔案下載，見圖 13.19 和圖 13.20 所示。

　　SDK 配置檔案是為了讓區塊鏈 SDK 呼叫程式，瞭解已經完成部署的區塊鏈服務的架構，peer 和 orderer 的地址以及各種證書的位置等，這些資訊都是使用 SDK 所必需的。SDK 獲取之後，就可以使用 SDK 開發區塊鏈呼叫程式碼了。本例中建立彈珠的方法由 Node.js-SDK 實現，程式碼範例片段如下所示：

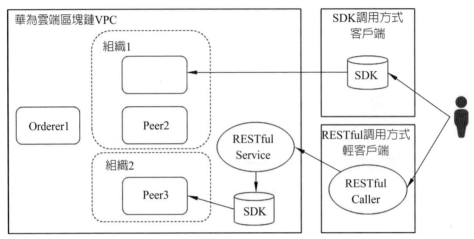

圖13.18　SDK和RESTful兩種區塊鏈服務呼叫方式

圖13.19　下載SDK配置

圖13.20　SDK配置資訊

```
marbles_chaincode.create_a_marble = function (options, cb) {
    console.log('');
    logger.info('Creating a marble...');

    var opts = {
        peer_urls: g_options.peer_urls,
        peer_tls_opts: g_options.peer_tls_opts,
        channel_id: g_options.channel_id,
        chaincode_id: g_options.chaincode_id,
        chaincode_version: g_options.chaincode_version,
        event_urls: g_options.event_urls,
        endorsed_hook: options.endorsed_hook,
        ordered_hook: options.ordered_hook,
        cc_function: 'init_marble',
        cc_args: [
            'm' + leftPad(Date.now() + randStr(5), 19),
            options.args.color,
            options.args.size,
            options.args.owner_id,
            options.args.auth_company
```

```
                ],
            };
            fcw.invoke_chaincode(enrollObj, opts, function (err, resp) {
                if (cb) {
                if (! resp) resp = {};
                resp.id = opts.cc_args[0]; //pass marble id back
                cb(err, resp);
            }
        });
    };
```

　　從程式碼片段我們可以看到，使用 SDK 進行鏈碼呼叫分為兩步：第一步構造呼叫參數，聲明要呼叫的區塊鏈通道和鏈碼 id 等，然後是鏈碼的業務參數，本例中根據已經部署好的 Marbles 鏈碼的要求傳入彈珠顏色、大小等參數即可；第二步是真正發起鏈碼呼叫的 SDK 方法，只有一行程式碼，呼叫 fcs.invoke_chaincode 即可實現鏈碼呼叫，剩餘的程式碼為錯誤處理通用程式碼。由此可見，SDK 的使用還是很簡單的。接下來的變更彈珠資產所有者的程式碼與剛才的建立彈珠程式碼類似，如下所示：

```
marbles_chaincode.set_marble_owner = function (options, cb) {
    console.log('');
    logger.info('Setting marble owner...');

    var opts = {
        peer_urls: g_options.peer_urls,
        peer_tls_opts: g_options.peer_tls_opts,
        channel_id: g_options.channel_id,
        chaincode_id: g_options.chaincode_id,
        chaincode_version: g_options.chaincode_version,
        event_urls: g_options.event_urls,
        endorsed_hook: options.endorsed_hook,
        ordered_hook: options.ordered_hook,
        cc_function: 'set_owner',
        cc_args: [
            options.args.marble_id,
```

```
                options.args.owner_id,
                options.args.auth_company
        ],
    };
    fcw.invoke_chaincode(enrollObj, opts, cb);
};
```

Node.js SDK 也是先構造參數，傳入彈珠 ID 和擁有者 ID，然後使用 fcw.in-voke_chaincode 發起實際的鏈碼呼叫，非常簡單。由於開發語言眾多，其他 SDK 的使用方法不在此贅述，請自行查閱相關文件。在此只探討一下 SDK 開發方式的優缺點。

優點：基於原生 Fabric SDK，沒有其他環節，呼叫響應速度較快。

缺點：

• **配置檔案書寫複雜**

雖然華爲雲端已經提供了 SDK 配置檔案下載功能，對於首次使用 SDK 的開發人員來說成本仍然很高。

• **SDK 與語言相關，並且學習成本略高**

雖然很多語言都提供了 Fabric SDK，SDK 呼叫起來也算是簡潔，但使用起來仍然有一定學習成本，並且不同語言的類別庫名稱、方法名稱呼叫方式都各不相同，切換不同語言時的學習成本成倍增加。

• **SDK 過於厚重**

應用程式在使用 SDK 的時候需要將 SDK 類別庫引入，雖然不用開發語言的 SDK 打包後大小各不相同，但對於一些輕客戶端（比如手機應用）來說就顯得十分厚重了。

• **RESTful 對接方式**

華爲雲端爲了方便開發者使用區塊鏈服務，在服務側提供了 RESTful 的 API 以克服上述直接使用 SDK 方式的不足。要使用 RESTful 對接方式，只需在訂購時選擇啓用 RESTful 介面即可，並且如果訂購時候沒有選擇，後續也可單獨進行安裝，安裝好 RESTful 介面的服務見圖 13.21 中的 RESTAPI 元件。

^ bcs-zmm	正常	联盟链	专业版	测试策略(SOLO)	2018/11/27 15:26:... 链代码&区块管理 更多 ▾
组织名称	组织状态	组织类型	实例数(正常/总数)	操作	
bcs-zmm-orderer	正常	共识	1/1	下载管理员证书	
organization1	正常	节点	2/2	伸缩 下载管理员证书 更多 ▾	
organization2	正常	节点	2/2	伸缩 下载管理员证书 更多 ▾	
baas-restapi	正常	RESTAPI	1/1	伸缩	
baas-agent	正常	代理	1/1		

圖13.21　訂購了RESTful元件的區塊鏈服務

一旦新增了 RESTful 服務，即可使用相關語言中的 RESTful 方式進行呼叫。因爲華爲雲端替使用者管理著區塊鏈的組織結構以及各種證書，所以天然具備了所需要的 SDK 的配置檔案，不需要使用者自己手動產生。在此先給出一個 RESTful 鏈碼呼叫請求的 Header 和 Body 的範例供讀者參考，如圖 13.22 所示。

```
HEADER:
x-bcs-signature-sign:
1f8b08000000000000ff14cbb11503510c02b081d260c098bfff6279d74bb90a5ca7384e3cae9b5825af7cb076b65e039be41da8e8b1e38700d599fa4aee37d6c159a9
4355ada783dbb4d66e17e967db39cef36bcd0b5adc8be3e178698ef9070000ffff

BODY:

{
  "channelId": "mychannel",
  "chaincodeId": "marbles",
  "chaincodeVersion": "1.0",
  "userId": "User1",
  "orgId": "7258adda1803f4137eff4813e7aba323018200c5",
  "opmethod": "invoke",
  "args": "[\"set_marbles\",\"marble1\",\"User2\"]",
  "timestamp": "2018-10-31T17:28:16+08:00",
  "cert": "-----BEGIN CERTIFICATE-----
\nMIIDBzCCAq2gAwIBAgIQEXPZ1MsReamxVtVNnKwCCzAKBggqhkjOPQQDAjCCAQQx\nDjAMBgNVBAYTBUNISU5BMRAwDgYDVQQIEwdCRU1KSU5HMRAwMwUQYD14eH+jTTBLMA
4GA1Ud\nDwEB/wQEAwIHgDAMBgNVHRMBAf8EAjAAMCsGA1UdIwQkMCKAIFBXQ5TC4acFeT1T\nJuDZg62XkXCdn0fvbejSeKI2TXoIMAoGCCqGSM49BAMCA0gAMEUCIQCadHIK
10Mk\nYn0WZizyDZYR4rT2q0nzjFaiW+YfV5FBjAIgNalKUe3rIwXJvXORV4ZXurEua2Ag\nQmhcjRnVwPTjpTE=\n-----END CERTIFICATE-----\n"
}
```

圖13.22　RESTful鏈碼呼叫請求

RESTful 已經作爲一種最基本的遠端呼叫形式在各大語言中都有非常良好的支援，在此就不做贅述了，比較特殊的地方是請求中 Header 的簽名欄位 x-bcs-signature-sign 和 Body 裡面的 cert 證書欄位。請讀者不要著急，下面先給大家詳細闡述華為區塊鏈服務的 RESTful 介面的機制，瞭解了原理後這兩個特殊欄位的含義就會清楚了。

根據本節一開始在圖 13.17 中所描述的應用程式與區塊鏈程式碼互動步驟中，客戶端所做的工作除了包裝方法呼叫參數之外，最重要的一項工作就是進行簽名，簽名可以保證交易不會被其他人冒充。那麼 RESTful 呼叫同樣也存在這個問題，RESTful 是基於 HTTP 協議的，更為通用，因此在安全上我們更要做好充足的工作以保證其不可被冒充，圖 13.23 闡述了華為 RESTful 鏈碼呼叫的機制。

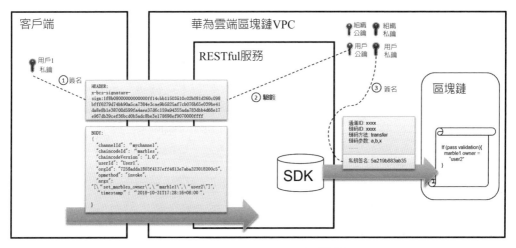

圖13.23　RESTful鏈碼呼叫機制

華為雲端利用開源區塊鏈已有的 MSP 功能所提供的安全架構，使用和 SDK 類似的方式對交易進行保障。在客戶端發起 RESTful 鏈碼呼叫時，首先使用使用者的私鑰對整個 RESTful 方法體進行簽名，如圖中①所示。簽名的結果放到 Header 的 x-bcs-signature-sign 欄位中。RESTful 伺服器端接收到請求後，會運用使用者的公鑰對請求進行驗簽，如圖中②所示。RESTful 服務內部封裝了對開源 SDK 的呼叫，SDK 會重新包裝鏈碼呼叫資訊，運用使用者私鑰對其進行再次簽名，如圖中③所示，以此完成對鏈程式碼的呼叫。

　　另外還有一種更為複雜的情境。當用戶自行管理證書的時候，我們的伺服器端是沒有使用者公私鑰對的，此時使用者用私鑰簽名之後，伺服器端無法進行驗證，所以這種情境就要求使用者將自己的公鑰隨著請求傳到伺服器端，如圖13.24所示：

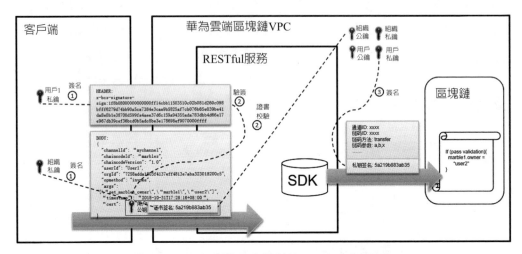

圖13.24　使用者管理金鑰對的RESTful呼叫過程

　　使用者自己管理的證書也不可以隨意產生，必須由組織的私鑰簽發才有效，因此在使用者發起 RESTful 請求時，如圖中①所示，要在請求體中放入證書，證書包含使用者的公鑰以及組織私鑰的簽名，然後再將整個請求體運用使用者私鑰進行簽名，將簽名結果放到 Header 的 x bcs signature sign 欄位。

　　請求到達伺服器端後，如圖中②所示，伺服器端首先使用組織的公鑰對上傳的證書進行合法性校驗，校驗透過則說明使用者上傳的證書確實是組織簽發，使用者公鑰合法有效，可以使用證書對 Header 中的簽名進行校驗。校驗的過程以及後續步驟跟之前的情境相同，在此就不贅述了。

　　至此，相信讀者已經對華為區塊鏈服務的 RESTful 鏈碼呼叫 API 機制有了深刻的瞭解，那麼這種呼叫方法和普通的 SDK 方式相比有什麼優勢呢？在此，我們進行簡單的歸納如下：

- 使用簡單方便，由華為雲端區塊鏈服務封裝 SDK 的複雜性。
- 由於絕大多數語言都已經擁有很成熟的 RESTful 呼叫類別庫，呼叫 RESTful

基本沒有學習成本。

- 不用引入 SDK 類別庫，適合更輕量的客戶端。

由上可以看出，RESTful 使用起來更加方便，但我們的 Marbles 範例為了展示更複雜的呼叫方式選擇了 SDK 對接，至此，我們的 Marbles 應用已經可以正常執行。

另外需要注意的是，上述兩種對接方式的優缺點只代表了普通的情境，真實情境如何選擇還需要結合實際情況進行分析。例如使用者購買了足夠的頻寬，RESTful 呼叫開銷和延時已經不是瓶頸，並且 RESTful 服務內部對 SDK 也進行了快取，此時在大規模呼叫的情況下使用 RESTful 對接方式的效能可能更好。

6. 區塊鏈服務維運

我們知道，任何 IT 系統都離不開維運，區塊鏈應用也一樣，維運的內容包括對軟體服務的管理、對系統底層資源的監控以及對應用日誌的蒐集等。下面就針對一些華為區塊鏈服務運維中的典型情境進行介紹。

- 服務擴充

華為區塊鏈服務基於開源的 Hyperledger Fabric，每個組織有一些數量的節點（Peer）用來對交易做背書，當交易量增大時，為了保證背書效率，就需要對節點數量進行擴充。華為雲端提供了以下簡單易行的擴充方式。

首先，進入區塊鏈服務控制台，選擇「服務管理」，點開 marbles 左側的下拉箭頭，見圖 13.25 所示：

圖13.25　服務列表

　　然後點選 org1 欄最後的「伸縮」，調整實例個數為 3，點選確認，提示節點擴充成功，見圖 13.26 所示。

圖13.26　節點伸縮

　　重新整理頁面，可以看到 org1 的實例個數已經擴充套件到 3 個，見圖 13.27 所示。

圖13:27　節點伸縮成功

· 資源監控

　　我們需要一個整體的視覺化監控介面，可以檢視節點（虛機）、peer、orderer 效能指標：進入區塊鏈服務控制台，點選「運維中心」，跳轉到應用維運管理控制台，如圖 13.28 所示。

圖13.28　運維管理控制台

　　選擇左側的「主機監控」，可以看到我們的虛機節點的效能指標，如圖 13.29 所示。

圖13.29　主機效能指標

　　選擇左側「容器監控」→「工作負載」，可以看到所有應用的效能指標，如圖 13.30 所示，包括虛機上的 orderer、peer、系統執行所需的代理等幾個服務，我們重點關注 peer 和 orderer 兩個。

圖13.30　區塊鏈應用各元件效能指標

　　點選 Peer，跳轉到應用監控，可以看到 peer 應用整體和每個 peer 實例的效能指標，如圖 13.31 所示。

圖13.31　Peer實例效能指標

　　再點選某一個 peer 實例，即可看到實例詳細的效能指標，點選瀏覽器的返回，或者左上角的返回箭頭，可以返回上一級。

- 主機擴充

　　虛機節點的擴充我們需要使用到雲端容器引擎（CCE）如圖 13.32 所示。選擇產品→計算→CCE 服務，點選立即使用，進入 CCE 控制台後，也可以看到集群、

節點、容器的效能指標。

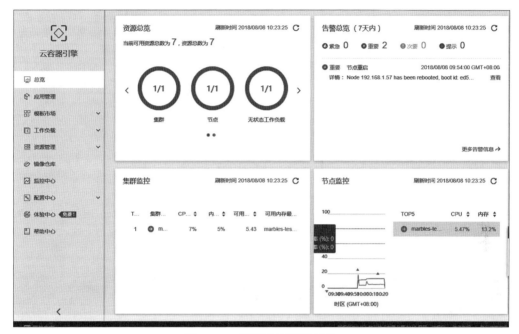

圖13.32　雲端容器引擎總覽

選擇左側的資源管理→集群管理，點選新增節點→購買節點，跳轉到節點購買頁面，全部可以選擇預設，在登錄上新增密碼，點選立即購買，跳轉到規格確認頁面，點選提交，隨後虛擬機器就開始建立。大約幾分鐘後，到 CCE 集群管理介面可以看到目前集群中已經有兩個節點可以使用，如圖 13.33 所示。

- **檢視容器日誌**

華為雲端大部分服務都是容器化的，區塊鏈服務也不例外。區塊鏈的容器日誌也可以同時在 CCE 和運維中心看到，我們這裡推薦在運維中心檢視。進入區塊鏈控制台，點選運維中心，進入應用監控頁面（指標→應用→ peer →選擇一個 peer 實例），點選執行日誌，即可看到容器執行的相關日誌，如圖 13.34 所示。

至此，我們的區塊鏈服務極速之旅圓滿結束。相信讀者已經可以感受到華為雲端為開發者所想，盡心提供一站式服務的理念。相比開源平臺，華為雲端的區塊鏈

圖13.33　主機擴充成功

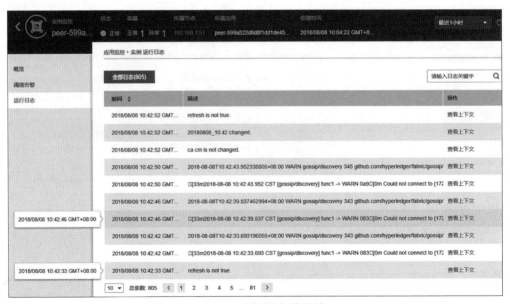

圖13.34　區塊鏈容器日誌

服務不僅在前期降低了企業使用區塊鏈的難度，更提供了一整套後期的運維保障服務，這也正好符合華為雲端的服務理念：讓企業上雲端更容易。

13.4　區塊鏈服務的跨雲端部署和雲端上雲端下混合部署方案

隨著客戶業務規模擴充套件到全國乃至世界範圍內，基於當地的政策法規將當地業務部署到雲端平臺時，為了和現有的業務打通，需要使用跨雲端部署的解決方案。在某些情境中，政府客戶或者一些對數據隱私性保護嚴密的客戶，既需要公有雲端平臺提供的服務，又需要本地的數據私密性的需要，本地需要自己的數據中心，在這種情況下就需要依賴雲端上雲端下混合部署方案。如圖 13.35 所示，就是三種部署方案的大體架構，第一種是全公有雲端部署，第二種是線上線下混合部署，最後一種是以 SAP 雲端作為例子打通 BCS 和 SAP 的混合雲端部署方案。本章會重點描述如何在華為雲端上進行線上線下和跨雲端打通的基本步驟。

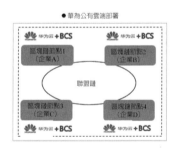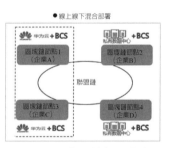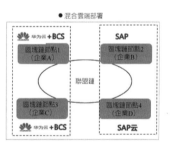

圖13.35　混合雲端部署方案圖

不論線上線下還是混合雲端的方案，他們的區別在於是客戶本地私有數據中心集群還是一個雲端上的私有集群，都需要有對外連線的地址和相關節點存在。因此，打通他們之間的步驟都是類似的，可以分為下面的三步。這裡以一個客戶 B 希望將自己的節點和另一個網路內部的客戶 A 的節點加入共同通道為例。

13.4.1　將節點加入區塊鏈網路

如圖 13.36 所示，是客戶 B 將一個節點加入客戶 A 的網路中的過程。完成這

個過程需要五步驟：

1 客戶 B 從雲端提供商 B 那裡獲取所有相關的節點資訊，並產生加入請求的 json 檔案；

2.將這個請求 json 檔案發送給客戶 A；

3.客戶 A 收到客戶 B 發送的加入網路的請求後，將其節點資訊更新到自身的系統通道內部，並將自身網路資訊產生響應 json 檔案；

4.客戶 A 將響應 json 檔案發回到客戶 B 處；

5.客戶 B 將響應 json 檔案中的客戶 A 網路配置匯入自身網路中，完成節點加入網路流程。

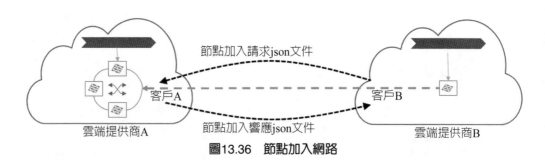

圖13.36　節點加入網路

13.4.2 加入區塊鏈網路通道

如圖 13.37 所示，客戶 B 和客戶 A 已經是在同一個區塊鏈網路中後，發起請求並加入通道的流程。由於在區塊鏈網路中可以支援加入多個通道，所以這個操作可以重複執行。完成下面的加入通道的過程也需要五步驟。

1.客戶 A 告訴客戶 B 哪些通道可以加入後，客戶 B 產生加入這個通道的請求 json 檔案；

2.客戶 B 將加入通道請求的 json 檔案發送給客戶 A；

3.客戶 A 收到請求檔案後匯入自己的雲端網路中，然後產生通道加入的響應 json 檔案；

4.客戶 A 將響應 json 檔案發送給客戶 B；

5.客戶 B 將響應 json 匯入自己的雲端網路，完成加入通道、更新錨點等操作

的整體過程。

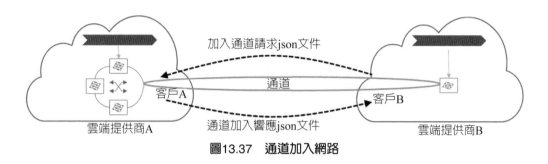

圖13.37　通道加入網路

13.4.3　部署鏈碼到區塊鏈網路通道中

　　如圖 13.38 所示，客戶 A 和客戶 B 都可以部署和實例化鏈碼到上一步加入的通道內。客戶和不同的合作伙伴之間可以共享它們的鏈程式碼，但是鏈碼原始檔在不同操作系統拷貝相當脆弱，因此可以使用簽名鏈碼規範的標準格式產生二進位鏈碼檔案。這一步如能妥善處理程式碼傳輸，同樣可以支援使用原始碼檔案。

1. 客戶 A 產生鏈碼的二進位檔案；

2. 客戶 A 將二進位檔案發送給客戶 B；

3. 客戶 B 將二進位檔案上傳進行安裝部署。

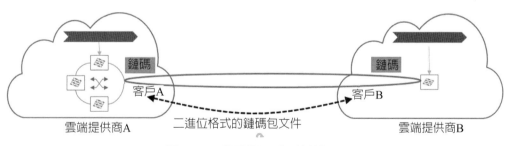

圖13.38　部署鏈碼到區塊鏈網路

13.5 | 本章小結

本章主要是面對開發人員，介紹華為公有雲端上的區塊鏈服務。本章首先分析了基於公有雲端的區塊鏈系統的優勢所在，而後開始介紹華為雲端區塊鏈服務的上手和建構。整個區塊鏈的應用建構是從計畫部署開始，到購買區塊鏈服務進行開發，最後對整個系統進行維運。本章還擴充套件介紹了區塊鏈的跨雲端部署和雲端上雲端下結合的模式，使讀者能更加系統地瞭解區塊鏈雲端服務的開發思路。

第三部分

區塊鏈未來

　　任何技術的快速發展都離不開社會的持續關注以及資本的持續投入，從這個角度來看，區塊鏈是幸運的。目前，區塊鏈技術正處於快速發展演進期，基於區塊鏈的大量應用正處於孕育階段，區塊鏈的未來無疑一片光明。然而，區塊鏈也不是萬能的靈藥，並不是所有的業務難題都可以在區塊鏈領域找到答案，區塊鏈相關從業人員在面對誘惑時仍需保持理智，謹守行業道德，為區塊鏈的長期良性發展貢獻力量。

第 14 章

區塊鏈的價值及前景

「這是最好的時代，也是最壞的時代；這是智慧的年代，也是愚昧的年代；這是信仰的紀元，也是懷疑的紀元；這是光明的季節，也是黑暗的季節；這是希望之春，也是失望之冬；我們面前應有盡有，我們面前一無所有；我們正走向天堂，我們正直下地獄。」

—— 狄更斯《雙城記》

14.1 ｜ 區塊鏈技術的發展環境

18 世紀 60 年代，隨著牛頓力學的創立和發展，以瓦特改良蒸汽機為標誌，人類進入「蒸汽時代」，開始以機器代替人力，以大規模的工業生產代替個體手工業生產。

19 世紀 70 年代，電磁學從理論走向實行，發電機、內燃機、電燈等重要發明相繼問世，人類進入「電氣時代」，生產力得到進一步飛躍。

20 世紀中期，原子能、電腦、航空太空、生物工程等學科得到深入發展，進而帶動其他高新科技的發展，人類進入「資訊時代」，生產生活水準得到前所未有的提高。

第三次科技革命正如火如荼，第四次科技革命已悄然來臨，以網際網路產業化、工業智慧化為標誌，物聯網、大數據、雲端計算、人工智慧、區塊鏈、機器人等技術得到飛速發展。第四次科技革命吸引了各國政府和科技巨頭們的極大關注，各組織團體分別開展各自相關領域的基礎和應用研究。谷歌、Facebook、亞馬遜、蘋果、華為、BAT 等巨頭競相投入機器人、無人機、無人駕駛、醫療大腦、智慧音響、城市大腦、區塊鏈等領域。小規模應用已經初見成效，大規模應用如潛伏在海平面下的冰山，正待浮出水面。

這些技術到底是將照亮人類未來的普羅米修斯的火種，還是將會把人類推向萬劫不復的深淵的潘多拉魔盒？回想一下當年人類對原子能的開發和利用，一方面創造了核武器，讓人類命運一度被冷戰的核陰影所籠罩，另一方面建造了核電站，為人類提供了大量的能源。一面天使、一面魔鬼，完全取決於人類如何應用。

在第四次科技革命中，區塊鏈具有什麼價值呢？我們需要從區塊鏈解決的問

題——社會關係說起。

　　人是社會關係的總和，有人的地方就有江湖，有江湖的地方就有紛爭。紛爭的本質是利益糾紛，而爲了解決利益糾紛問題，人類發明了各種仲介機構，也就是引入一個「公正」的第三方來解決人們之間相互不信任的問題。於是各類商業平臺、支付第三方、P2P 理財、房屋仲介、婚介中心等中心化的仲介機構應運而生，也在一定程度上發揮了其作爲一個中立第三方的作用，成就了更高效的物質或資訊資源交易或交換。然而，隨著市場的發展和日趨激烈的競爭，中心化仲介機構的一些弊端逐漸顯露。由於整個系統都依賴一個中心化的第三方來進行維護，因此當中心因爲利益原因開始作惡，整個系統的公平性甚至安全性都會遭到破壞。中心作惡導致參與者蒙受損失的事件層出不窮，如 P2P 暴雷、多平臺用戶數據隱私泄露甚至被惡意兜售、商業平臺與商家勾結欺騙消費者、婚介詐騙等，本來爲了解決信任問題而引入的中心現在成了最大的信任問題。

　　第四次科技革命本質上是生產力的革命，生產力決定生產關係，生產關係反過來影響生產力的發展，落後的生產關係阻礙生產力的發展，先進的生產關係促進生產力的發展。第四次科技革命影響的廣泛性和深刻性決定了它必然需要人人參與、人人受益，而不只是少數中心巨頭們的狂歡。從人類發展的歷史趨勢來看，中心化的生產關係和組織方式已經不能適應生產力的飛速發展，必將越來越成爲生產力發展的障礙，去中心化勢在必行。

　　區塊鏈是人類迄今爲止去中心化和解決信任問題最具革命性的一次探索，天然具備去中心化、透明、防篡改、高效率、低成本特性，區塊鏈從一開始就致力於解決人類信任問題，將人與人的信任轉變爲人與機器的信任。如果說現代社會處在契約時代，區塊鏈將使我們進入自動契約時代，透過程式讓機器代替第三方仲介委託監管各種契約履約情況，既提高了效率，又避免了第三方作惡。

　　以人工智慧爲代表的第四次科技革命正獲得飛速發展，如何確保它走在正確的道路上呢？人工智慧還沒有得到普遍應用，卻已經開始暴露出各種問題，如種族歧視、性別歧視、大數據殺熟（老客戶的價格反而高）、隱私泄露等。可以想像，當物聯網的觸角延伸到人類活動的各個角落，人工智慧演算法深度參與到醫療、法律、服務，甚至立法、行政、警察、軍事等領域後，這些問題只會更加嚴重。我們

不得不及早準備，防患於未然。應用區塊鏈技術打造可信計算及可信資訊傳遞或許是解決這些問題的一種途徑，甚至是目前為止最有希望成功的一條路。因為問題的根源是信任問題，而區塊鏈正是為解決信任問題而生。

我們不妨想像：未來的某一天清晨，你家的機器人助理根據你以往的作息規律輕聲喚醒了你，它說已經準備好早餐並擺好餐桌。你吃早餐的時候，大螢幕上傳來奶奶急切的呼喚，你知道一定又是催婚，你嘆口氣卻無可奈何。而機器人助理已經根據你的性格愛好篩選了幾個合適的對象，並且從學歷區塊鏈、誠信區塊鏈證實了資訊的真實性。你讓機器人助理幫你約了其中一個中午 12 點一起吃午餐。大螢幕閃動兩下，老闆光頭強正衝著你大吼大叫，叫你趕緊把一份絕密檔案發到客戶熊二的信箱，你透過公司內部區塊鏈確定這條訊息是真實未被篡改的，公司通訊軟體已經自動將光頭強的這條指令附加上指紋和電子簽名上鏈。你走在各種智慧體匆匆忙碌的第五大街上，享受溫暖明媚的陽光，感嘆科技真好，因為你知道一切都是安全的、可追溯的，底層的區塊鏈系統正記錄並分析整個世界的流動，這是一個智慧又安全的世界，全民參與，全民見證。

第四次科技革命將推動人類進入「智慧時代」、「可信時代」，未來已來！

14.2　區塊鏈縮短了信任的距離

縱觀人類近代生活方式的改變與進步，無不與科學技術的發展有著直接的關係。巧合的是，每一次變革都伴隨著某種意義上的「距離」坍塌，而這些變革正在一定程度上縮短了某種「距離」，為人們帶來了便利。

如圖 14.1 所示，交通工具的出現，縮短了人們在地理上的距離。俗話說要致富、先修

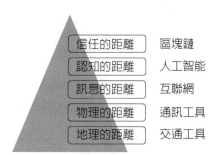

圖14.1　科技變革縮短了距離

路，就說明了交通的便利與生活水準的提高之間的必然關係。當地理的距離縮短之後，人們的需求又上升到了資訊的層次。一開始我們使用信件、電報交換文字資訊，然後發展到使用電話交換語音資訊，緊接著隨著網際網路的興起，數位資訊的

壁壘被徹底打破，我們不再畏懼資訊的形式，有網際網路作為媒介，我們可以便利地以各種形式交換資訊數據，生活的便利性大大提高。然而，便利的網際網路也帶來了資訊量的高速膨脹，人們在面對大量的資訊時，很容易陷入迷茫，難以獲取真正需要的資訊。人工智慧的出現解決了人們面對大量資訊的困惑，大量數據非但沒有成為負擔，反而為人們認知世界提供了新的契機，這恰恰縮短了認知的距離。不過，此時人們獲得有效資訊依然要依賴各類中間機構對資訊的蒐集和整理，單純的人與人之間往往難以有效、可信地獲取資訊。在這樣的背景下，區塊鏈技術應運而生，因為中心化架構存在著天然的不平等性，這一定程度上限制了人們得到公平對待的權利。區塊鏈技術正是以解決人們信任的距離為目標，在區塊鏈網路裡，人人平等，所有資訊開放、透明、可追溯、不可篡改，人們可以在沒有任何中心機構存在的前提下實現價值交換，人與人之間的互動得以進一步簡化。

14.3　區塊鏈的價值及前景

基於中心化的組織或機構建構的信用體系是傳統商業社會的基礎。區塊鏈技術出現之前，人們無法建構一個行之有效的去中心化大規模信用系統。以比特幣為代表之區塊鏈技術的社會化實驗，首次實現了真正去中心化的價值交換系統，保證了虛擬貨幣交易系統安全、穩定地長期執行。隨著區塊鏈技術的快速發展，其必將在更多領域、更深層次地影響和改變商業社會的發展。區塊鏈技術對商業社會的影響具體展現在以下三個方面。

1. 降低社會交易成本

區塊鏈系統的去中心化特徵，決定了所有的交易均由參與方透過共識機制建立分散式共享帳本，參與方透過區塊鏈網路對交易內容進行提交、確認、追溯等操作。換言之，區塊鏈網路中的所有資訊都是經過多方共識、可信、不可篡改的。這將極大簡化傳統交易模型中所要面對的冗長的交易審查、確認等流程，甚至不再需要重複的帳目覆對、價值結算、交易結算等操作，從而實現社會交易成本的大幅降低。

傳統的社會交易往往依賴人與人之間的信任或人對第三方機構的信任，然而這種信任是不安全的，因為即便是正規的法律合約，在執行過程中也難免存在灰色地帶，可能會導致交易參與方的權利和義務不能得到充分的保障。區塊鏈技術中智能合約的提出，是這一問題的特效解藥，透過在交易協商過程中將合約內容「程式碼化」，區塊鏈系統將為整個合約的執行負責，保證交易執行的有效性和參與方的合法權益。

2. 提升社會效率

隨著區塊鏈技術應用於經濟社會的各個領域，必將優化各領域內的業務流程，降低營運成本，提高共同效率。以金融領域內的情境為例：目前金融系統是一個複雜龐大的系統，跨行交易、跨國匯兌往往需要依賴各類「仲介」組織來實現。漫長的交易鏈條，加上缺乏統一的監管方式，使得交易效率低下，大量資產在交易過程中被鎖定或延遲凍結。而藉助區塊鏈系統實現的去中心化體系，社會中的投資和交易將可以實現即時結算，這將有助於大幅提升投資和交易效率。擴充套件情境到其他領域，各類需要依賴「仲介」來解決信任問題的情境，或者依賴來回覆對來解決資訊一致的情境，都可以使用區塊鏈技術作為其解決方案，可以大大減少操作步驟以及人力投入，降低對中心化機構的依賴，提升效率。

3. 交易透明可監管

資訊的即時性及有效性是監管效率的關鍵。除了涉及個人隱私或商業機密等情況外，區塊鏈技術可以實現有效的交易透明、不可篡改特性，監管機構還可以實現即時的透明監管，甚至可以透過智能合約對交易實現自動化的合規檢查、欺詐鑑別等能力。

網際網路技術一直以來均處於高速發展狀態，為人們帶來了巨大的便利，也給人們的生活方式帶來了巨大的革新。而細觀區塊鏈技術的發展歷程，又與網際網路何其相似！

從表 14.1 可以看出區塊鏈的更新與發展和網際網路呈現出極其相似的週期性變化規律。不同的是，區塊鏈的週期更小，換代更快。

表14.1　區塊鏈與網際網路發展歷程對比

網際網路（10年尺度）	區塊鏈（5年尺度）
1974～1983年	2009～2014年
• ARPANet試驗網路	• 比特幣試驗網路
1984～1993年	2014～2019年
• TCP/IP基礎協議確立	• 超級帳本、以太坊等
• 可擴充套件基礎架構完成	• 基礎協議和框架探索
1990～2000年	2018～2023年
• HTTP開始被應用	• 核心協議探索中
• 正式向商用領域開放	• 商業應用加速
2000～	？
• 網際網路普及	• 商業共同網路

　　網際網路的發展歷程是科學技術飛速發展的歷程，也是生產力和生活水準急速提高的歷程，科學技術是第一生產力的論斷在科學技術和生產實行中得到了充分檢驗。從技術發展的角度看，區塊鏈是網際網路技術的發展和延續，如果把網際網路比作資訊之路，那麼區塊鏈的目的就是為它加上紅綠燈、照明設施、訊號標誌等，讓資訊之路更安全更可信賴。網際網路技術實現的是資訊流通，而區塊鏈實現的是價值流通，資訊流通透過半自動化提升了生產生活效率，而價值流通則將和機器智慧、IoT 等技術一起實現全自動化，必將進一步推動生產力發展。從發展趨勢看，網際網路將向著高速、可信、萬物互聯、智慧化的方向發展，其代表性的技術方向分別是 5G、區塊鏈、IoT、機器智慧。網際網路是區塊鏈的基礎，作為實行多方可信計算的區塊鏈是網際網路的發展和延伸，是網際網路從資訊高速公路向價值高速公路升級的必然結果。

　　我們目前正處於 2018～2023 年這一時間跨度之內，從業人員正在積極探索核心協議，並且加速落實商業應用。在這一階段，區塊鏈技術將會日益成熟，而區塊鏈可以應用的行業領域將有更多的探索，屆時區塊鏈也將如網際網路一樣深入人們的生活，改變人們的生活習慣。而未來，「萬物互聯」將不再是一個口號，區塊鏈以其去中心化、傳遞信任的特性和能力，將作為最底層的通訊協議撐起未來的網路通訊，區塊鏈終將成為人們生活中不可或缺的一部分。

14.4 本章小結

本章從未來發展角度分析區塊鏈的核心價值。如果說 20 世紀末半導體、網際網路和核能等技術是第三次工業革命的話，那麼在不遠的未來，很有可能區塊鏈技術將與人工智慧、物聯網和量子計算等一起，成為第四次工業革命的中堅力量。如果社會的進步帶來的是社會分工的不斷細化，那麼區塊鏈技術在這個需要大規模合作的社會將重構原有的信任關係，拉近信任的距離。最後，本章從交易成本、合作效率和監管等方面分析了區塊鏈的價值，使讀者對於區塊鏈的核心價值有更深刻的理解。

第 15 章

區塊鏈的其他聲音

隨著區塊鏈技術的發展與眾多區塊鏈系統的上線，區塊鏈正在越來越多的領域被應用。然而，目前大眾對區塊鏈技術的理解存在一定誤會，可能認為區塊鏈技術對溯源一無用處，又或是將這一技術神化，認為其無所不能。因此，對區塊鏈技術的認識還是應該趨於理性，客觀地認識到其突破性和侷限性。本章將社會上對區塊鏈技術的一些認識和應用趨勢進行介紹，使讀者能更客觀理智地瞭解區塊鏈技術的應用前景。

15.1 區塊鏈能否完全解決溯源問題的爭議

目前區塊鏈溯源已經被認為是區塊鏈技術的一大應用。區塊鏈技術的確可以很好地應用於溯源，在一定程度上保證資料來源和變動歷史的可信性，但它解決不了源頭資訊造假的問題，即業界常說的，鏈上數據不可篡改，但上鏈原始數據是需要人來進行輸入，即由人控制的。

15.1.1 區塊鏈溯源技術的應用

區區塊鏈溯源是利用區塊鏈技術，透過其獨特的不可篡改的分散式帳本特性，對物品實現從源頭的資訊蒐集記錄、原料來源追溯、生產過程、加工環節、倉儲資訊、檢驗批次、物流週轉到第三方檢驗、海關出入境、防偽鑑證的全程可追溯。其基本功能結構如圖 15.1 所示。

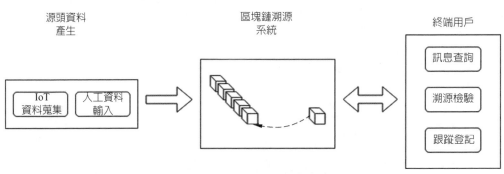

圖15.1 區塊鏈溯源系統框架

區塊鏈溯源系統流程包括：

1.首先透過溯源數據產生系統，從真實貨物產生原始數據，一般使用 IoT 數據蒐集方式或人工輸入方式；

2.將原始數據進行處理後，傳入區塊鏈溯源系統，一旦數據進入此系統，整個系統使用區塊鏈技術來保護數據，資訊得到保證，不可竄改；

3.包括供應鏈、終端使用者等的終端使用者對數據更新及使用。

其中步驟 (2) 和步驟 (3) 會對數據進行更新操作，能透過區塊鏈技術實現去中心化的、不可竄改的資訊儲存，從而解決信任問題。但是，步驟 (1) 作為數據入口，如何保證資訊蒐集或者數據輸入正確還有待解決。接下來我們看兩個典型的應用案例。

1. 區塊鏈食品

目前市面上出現了不少以區塊鏈命名的商品，這類商品通常是想借助區塊鏈技術來為自身商品作背書，其主要目的是讓使用者可以透過區塊鏈技術對商品進行溯源，從而瞭解商品生產加工過程中每個步驟的關鍵資訊，並透過此技術來對商品進行防偽。然而實際上，商品生產商想讓使用者看到的商品相關數據，仍可進行一定程度的造假。舉一個例子，A 產地的黃桃很出名，銷售商透過區塊鏈技術為其背書，將該批次的黃桃資訊，如產地、大小尺寸、保鮮期及相關資訊上傳到區塊鏈，中間二次加工等過程資訊也上傳鏈，宣稱透過區塊鏈技術實現溯源以保證品質，但該批次的黃桃真是 A 產地的嗎？還是從 B 產地調往 A 產地？這些私下操作，完全由人為參與控制，上傳到鏈上的數據有真有假，對於使用者來說，根本無法分辨這些數據的真假，也就實現不了真實的溯源。

2. 區塊鏈鑽石

某鑽石生產商聲稱正在試驗使用區塊鏈技術追蹤鑽石從開採到零售的整個流透過程。在剛結束的試驗中，該公司成功追蹤了上百顆高價值寶石在切割、拋光和製造等各個環節中的流通情況，並使這批寶石的品質管控取得了顯著的效果。

此類商品，從毛坯開採、切割、批發和零售到加工後流通到消費者手中，這其中還需要透過鑑定開具證書、跨國交易報關進出口、外匯結算等環節，過程相當複雜，交易過程中的規則和監管環節多，也容易出現問題，因此區塊鏈的應用對

物品追溯、自證清白就顯得相當重要，消費者對自己購買商品的瞭解和後續服務操作等，都可以透過區塊鏈技術獲得更好的服務；總體來講，主要是想透過區塊鏈技術的特點來實現商品在整個供應鏈上的跟蹤與溯源，以起到「打擊假貨」、品質保證、品牌保護等效果。

15.1.2 區塊鏈溯源面臨的挑戰

溯源技術主要是指用於跟蹤產品在供應鏈自上游至下游的生命週期狀態，及可以從產品的某個下游狀態回溯至其來源處的技術。我們可以總結溯源系統是利用物聯網、大數據建立的一套完整體系，使得產品從生產過程到流通環節的資訊都能追溯可查。

早在二十世紀九〇年代，「溯源系統」就被歐盟提出並建立，當時主要用於應對「狂牛症」，透過此舉逐步建立並完善其食品安全管理制度。最早的溯源系統是為了解決農產品等食品安全問題，試圖從源頭控制好食品品質。同時，溯源系統不僅僅可用於追溯源頭，它還實現了對物品流轉過程進行全程的跟蹤。例如對各類藝術品、古蹟、奢侈品在全世界流轉的過程進行追蹤，或對商品在流通環節的處理過程進行記錄等。

目前，傳統的溯源系統還存在一些問題，主要表現在：

1.為商品產生防偽碼時，如何鑒別商品本身的資訊？很多商品從源頭開始追蹤，跟蹤資訊等都靠人工記錄，不只浪費時間，同時這過程中很難保證資訊的真實性，從而產生信用問題。其次，儘管現在有較多防偽形式，如條碼、二維條碼、射頻識別等，但其仍存在可能被複製、盜用的風險。

2.溯源訊息系統的數據管理中心，有可能存在人為作惡修改數據的可能性、駭客攻擊等問題，資訊同樣無法得到保障，最終還是面臨著一定程度的信任問題。

綜上所述，區塊鏈在溯源技術中的應用能夠使溯源過程中的資訊整合、流通、共享更加便捷和透明，能夠在一定程度上助力溯源技術。然而，源頭數據「上鏈」過程中之真實性和正確性的保證與區塊鏈技術本身無關。可以說，區塊鏈技術能夠限制資訊流透過程中的造假行為，提高造假成本。但若要完全解決資訊源頭造

假問題，還需要結合區塊鏈技術以外的防僞手段。例如，可在資訊上鏈之前增加專業機構的驗證環節，對上鏈資訊進行認證，或透過物聯網進行自動化的資訊蒐集，從而排除資訊上鍊過程中人工干預的可能。透過這些額外的防僞手段，可對資訊源頭造假問題進行一定程度的控制和防止，進而打造更可靠和完善的溯源解決方案。

15.2　加密虛擬貨幣及ICO所帶來的影響

加密虛擬貨幣，有時簡稱加密貨幣，是一種使用密碼學原理來確保交易安全及控制交易單位的交易媒介。加密虛擬貨幣是虛擬貨幣（或稱虛擬貨幣）的一種。其中，比特幣在 2009 年成爲第一個去中心化的加密虛擬貨幣，這之後加密虛擬貨幣一詞多指此類設計。加密虛擬貨幣運用去中心化的共識機制，與依賴中心化監管體系的銀行金融系統相對應。

ICO 意爲首次加密虛擬貨幣發行，源自於股票市場的首次公開發行 IPO 概念，是區塊鏈專案首次發行代幣、募集比特幣或以太坊等通用加密虛擬貨幣的行爲。原本 ICO 概念限於對區塊鏈技術應用專案開發，發行的代幣主要用於對技術開發人員獎勵，本質上更接近於技術開發專案的早期群衆募資。國際上，ICO 的專案發行形式主要是以慈善基金的形式，購買代幣可以理解爲一種「捐贈」行爲，以此來「資助」相關專案的早期研發，全球 ICO 專案 TOP 如表 15.1 所示。

表15.1　全球ICO專案TOP7占比

United States	15.98%	Switzerland	6.60%
United Kingdom	9.53%	Estonia	4.11%
Singapore	8.36%	Australia	3.37%
Russian Federation	7.04%		

註：數據來源於 https://icowatchlist.com/statistics/geo

由於基於區塊鏈的加密虛擬貨幣不受政府等相關機構的嚴格管控，近年來 ICO 現象迅速升溫，新型網路群衆募資模式更是在中國急速發展。不過，新增專案大多與區塊鏈技術關係不大，一些唯利是圖的非法組織也乘虛而入，僅是希望藉著概念

發行代幣獲利，迅速催生了泡沫。

2017 年 9 月 4 日下午，中國人民銀行、中央網信辦、工業和資訊化部，工商總局、銀監會、證監會和保監會聯合發布了《關於防範代幣發行融資風險的公告》。該《公告》宣布了取締 ICO 的決定，明確指出，包括 ICO 的代幣發行融資「本質上是一種未經批准的融資行為，涉嫌非法發售代幣票券、非法發行證券以及非法集資、金融詐騙、傳銷等違法犯罪活動」。

在央行發布公告後，各大代幣全線崩跌，一天蒸發數億。目前 ICO 發行方多數在清退代幣，但也有部分發行團隊或不法分子已將資產、資金轉移，可能造成 ICO 投資人的巨大損失。

近幾年，隨著區塊鏈技術的全球性興起，加密虛擬貨幣作為區塊鏈技術的典型應用專案，充斥著各個行業每個角落。據粗略統計，目前市場上已經有接近千種加密虛擬貨幣，如比特幣、萊特幣、以太幣、瑞波幣等。比特幣、以太幣等較為成熟的，並具有一定技術累積的專案，已經有了深厚的使用者基礎，然而一些後發行的幣，幾乎瀕臨死亡，其中不乏以撈錢為目的的劣質幣。

根據中國國家網際網路金融安全技術專家委員會發布的報告，僅 2017 年上半年，ICO 累計融資達到 26.16 億元人民幣，累計參加人次約 10.5 萬。相比火紅的交易活動，關於 ICO 的管理制度則幾乎為空白，由此也導致市場亂象頻現，投機活動氾濫。大多數非法 ICO 為私人公司或者個人對公開的區塊鏈程式進行修改後，以新發代幣的形式上市，達到吸引民眾投資的目的。這些非法 ICO 跟以往所有的龐氏騙局一樣，在經歷過初期價格快速上漲之後，到最後就要看擊鼓傳花誰接最後一棒，泡沫很快破裂，投資者往往血本無歸。

由於非法 ICO 由私人發行，私人平臺進行交易，獨立執行於國家監管體系之外，會大量滋生洗錢、逃稅等非法金融行為。主要的影響歸結為以下兩方面，一方面，受到比特幣等不少熱門區塊鏈代幣的影響，眾多進行非法 ICO 的私人公司和私人平臺，在短時間內撈錢後就跑路，最終受傷的大多是普通老百姓，進而產生不少的社會問題；另一方面資金大量參與 ICO，對實體經濟和金融體系形成抽血，並影響貨幣政策傳導，使宏觀調控效果失真，影響宏觀決策。

加密虛擬貨幣市場是一個面對全球、尚未納入嚴格監管的另類金融市場，其規

模雖然仍然較小，但其破壞性生長和缺乏全球監管協調的現實，給全球金融市場帶來了新的風險因素。有必要就加密資產和虛擬貨幣問題加強政策協調。不過需要說明的是，加密虛擬貨幣僅是區塊鏈技術的一類應用，不應因加密虛擬貨幣市場所帶來的混亂而對區塊鏈技術本身持懷疑態度。實際上，各國政府對加密虛擬貨幣和區塊鏈技術本身的態度往往是完全不同的。

15.3　各國政府對待加密虛擬貨幣及區塊鏈的態度

隨著比特幣、以太幣等加密虛擬貨幣的大熱，各種加密虛擬貨幣如雨後春筍般蓬勃發展。儘管各國政府對區塊鏈技術都持正面態度，積極鼓勵並推動其技術發展，但對待加密虛擬貨幣的態度卻截然不同，有些國家將其視為未來發展不可或缺的一部分，而設立相關法規進行保護、鼓勵，但有些國家視其為非法而立法禁止，也有部分國家對此持中立態度。總體來說大部分國家對加密虛擬貨幣持樂觀態度，下面讓我們看看幾個代表性國家的態度是怎樣的。

1. 中國

中國對加密虛擬貨幣整體持慎重態度，相關法律法規的發展時間表如下。

- 2016 年 3 月 10 日，中國人民銀行行長表示，加密虛擬貨幣均非法定虛擬貨幣，建議各位投資者不要購買。
- 2017 年 9 月 4 日，央行等七部門聯合推出嚴令，以 ICO 融資為代表的代幣發行融資被叫停。
- 2017 年 9 月 15 日，監管部門全面叫停加密虛擬貨幣交易平臺，要求各平臺於 9 月 30 日關閉所有交易功能。
- 2018 年 2 月 5 日，中國銀行表示：「我們不接受任何關於加密虛擬貨幣的交易，中國將不會打開加密虛擬貨幣的市場。」
- 2018 年 3 月 9 日，原央行行長周小川表示，加密虛擬貨幣還處在摸索階段，加密虛擬貨幣未來監管取決於技術成熟程度及測試評估情況，還有待觀察。同時他坦言，中國對加密虛擬貨幣仍持開放態度，但前提是它不會破壞金融系統，實施動態監管。由此，中國加密虛擬貨幣仍處於嚴監管狀態。

　　然而對於區塊鏈技術，我國政府與企業則表現出濃厚興趣並且支援發展區塊鏈技術。目前，各地政府紛紛啓動區塊鏈創新專案，以期將區塊鏈技術應用在政府公共管理和企業創新中，提高政府、企業效率。

2. 美國

　　美國政府對加密虛擬貨幣持積極態度，同時也加強了對加密虛擬貨幣交易的監管，遏制與之相關的洗錢和恐怖主義融資活動。其相關法律法規的發展時間表如下。

- 2013 年 8 月，美國德州聯邦法官 Hirsh 把比特幣裁定爲合法貨幣，受《聯邦證券法》監管。
- 2014 年 6 月，加州州長簽署的 AB129 法案指出，包括加密虛擬貨幣、積分、優惠券在內的美元替代品爲合法貨幣。
- 2014 年 12 月，紐約將加密虛擬貨幣管理和比特幣牌照相關法規納入《紐約金融服務法律法規》，啓動對比特幣的監管。
- 2015 年 1 月，紐交所入股的 Coinbase，獲批成立比特幣交易所，美國以紐約州爲代表的比特幣監管立法程序初步完成。
- 2017 年 2 月，美國亞利桑那州透過區塊鏈簽名和智能合約合法性法案。
- 2018 年 3 月 9 日，南卡羅萊納州發布停止令，暫停雲端採礦服務公司 Genesis Mining 以及 Swiss Gold Global 公司在美國南卡羅萊納州的營運。
- 2018 年 3 月，美國國會發布《2018 年聯合經濟報告》，報告專門有一個章節討論加密虛擬貨幣和區塊鏈。

　　對於區塊鏈技術，美國也表現出了濃厚的興趣和支援態度，在 2018 年 2 月 14日，美國眾議院召開第二次區塊鏈聽證會，將區塊鏈上升到「變革性技術」，探討的應用情境涵蓋了金融、商業和政府效率提升等方向。

3. 韓國

　　韓國對加密虛擬貨幣的態度由最初的禁止交易逐漸轉變爲積極支援，其相關法律法規的發展時間表如下。

- 2017 年 9 月，韓國政府制定了全面禁止 ICO 的禁令。
- 2018 年 1 月 12 日，韓國準備立法禁止虛擬貨幣交易，4 萬民眾請願罷免金

融監管局主席。

- 2018 年 1 月 23 日，韓國信用卡禁止向海外加密虛擬貨幣平臺兌換交易。
- 2018 年 1 月 31 日，韓國法院裁定比特幣可以透過交易所兌換成貨幣，它可以作為一種透過商家支付的手段，因此它應該被視為具有經濟價值。
- 2018 年 2 月，韓國金融監督管理局再次發出積極訊號，強烈呼籲韓國加密虛擬貨幣的發展和「正常化」。
- 2018 年 3 月 13 日，據《韓國時報》報道，韓國政府或很快取消對 ICO 的禁令，允許一定條件下的代幣銷售。
- 2018 年 7 月 30 日，韓國政府發表《2018 年稅務法律改政案》，在對於初創公司和中小型公司減免稅務對象中不包括加密資產買賣與仲介行業（虛擬貨幣交易所）。韓國政府希望透過此次決定降低虛擬貨幣熱潮，並將交易更加透明化。

4 日本

日本對加密虛擬貨幣的態度比較積極、開放，日本是較早將比特幣等加密虛擬貨幣合法化的國家之一。但自 2018 年 1 月 CoinCheck 被駭客盜取價值 5.23 億美元的加密虛擬貨幣後監管趨嚴，對待 ICO 是默許的態度。其相關法律法規的發展時間線如下。

- 2016 年 5 月 25 日，日本國會透過《資金結演算法》修正案（已於 2017 年 4 月 1 日正式實施），正式承認加密虛擬貨幣為合法支付手段並將其納入法律規制體系之內，從而成為第一個為加密虛擬貨幣所提供法律保障的國家。
- 2017 年 3 月，日本透過了《關於加密虛擬貨幣交換業者的內閣府令》，宣布正式承認比特幣作為法定支付方式的地位。
- 2017 年 4 月 1 日，日本政府宣布，承認加密虛擬貨幣的合法支付地位，所有投資者將會受到法律保護。
- 2017 年 7 月，在日本兌換比特幣將不再徵收 8% 的消費稅。
- 2017 年 11 月，日本政府發起 ICO，振興地方經濟。
- 2018 年 3 月 8 日，日本金融廳連發 8 道「肅清令」，成立「加密虛擬貨幣交易從業者研究會」，整頓加密虛擬貨幣市場。

5. 俄羅斯

與其他對加密虛擬貨幣接受程度較高的國家相比，俄羅斯對加密虛擬貨幣的態度經歷了由消極到謹慎之轉變。俄羅斯將加密虛擬貨幣定義爲非法貨幣，並因此成爲比特幣最大的受限市場之一。

- 2017 年 9 月，俄羅斯央行以「風險高、時機不成熟」爲由，發布對加密虛擬貨幣的警告。
- 2017 年 11 月，俄羅斯正式宣布關閉比特幣交易網站。
- 2018 年 1 月 12 日，俄羅斯開始起草加密虛擬貨幣交易合法化草案。
- 2018 年 2 月 3 日，俄羅斯敦促歐亞聯盟（EAEU）共同應對加密虛擬貨幣。
- 2018 年 3 月 11 日，俄羅斯完成《數字金融資產》（On Digital Financial Assets）聯邦法律的初稿，旨在對加密虛擬貨幣和 ICO 進行監管。

儘管俄羅斯政府加密虛擬貨幣整體持謹慎態度，但其對區塊鏈技術充滿熱情。目前，俄羅斯中央銀行稱將建立工作小組，旨在分析金融市場中的先進技術和創新技術，首要研究對象包括區塊鏈技術，移動技術和支付技術等。

總而言之，各國對於虛擬貨幣的態度各有不同，然而對於區塊鏈技術則都呈熱情擁抱和積極發展的態度，均在積極引導國內區塊鏈技術的研究和產業化。

15.4　應用安全事故頻發帶來對區塊鏈技術的質疑

截至目前，部分虛擬貨幣平臺或交易所發生過若干起安全事故，由此引起了部分使用者對區塊鏈技術安全性的質疑，比如 The DAO 事件、Bitfinex 遭駭客攻擊事件、Parity 多重簽名錢包被盜事件、Youbite 交易所被入侵事件等，然而這些事件大多是由於部分交易所、交易平臺、區塊鏈應用及周邊工具或部分劣質幣開發者在開發過程中不夠謹慎，引入了較多漏洞導致的，實際多數區塊鏈平臺以及區塊鏈技術的安全性還是具有一定保證的，很少發生事故。區塊鏈技術的安全性有理論保證。下面我們對幾個較爲著名的與虛擬貨幣相關的安全事件進行簡單的介紹。

1. The DAO 事件

DAO 是 Decentralized Autonomous Organization（分散式自治組織）的簡稱，The DAO 是一個基於以太坊區塊鏈平臺的、當時世界上最大的群眾募資專案，其目的是讓持有 The DAO 代幣的參與者透過投票的方式共同決定被投資專案。整個社區完全自治，並且透過程式碼編寫的智能合約來實現。2016 年 5 月初，以太坊社區的一些成員宣布了「The DAO」的誕生，該專案於 2016 年 5 月 28 日完成群眾募資，共募集 1,150 萬以太幣，當時的價值達到 1.49 億美元。

The DAO 事件是指由於 The DAO 的部分智能合約程式碼，在編寫時不夠謹慎存在漏洞，而在 2016 年 6 月 17 日，駭客利用該漏洞盜取了 The DAO 專案的 360 多萬個 ETH，按照當時的以太幣價格，損失達到了 6,000 萬美元。

被駭客攻擊後，為了找回被盜的巨額數量以太幣，以太坊社區對解決方案進行了商討。首個提議方案為進行一次軟分叉，不會有還原，不會有任何交易或者區塊被撤銷，但將從塊高度 1,760,000 開始把任何與 The DAO 和 Child DAO 相關的交易認作無效交易，以此阻止攻擊者在 27 天之後提現被盜的以太幣。但由於軟分叉產生的爭議與負面影響，並沒有實施。最終透過一次硬分叉找回了被盜的以太幣，但也導致以太坊分裂出 ETH 和 ETC（舊版）。The DAO 事件在幣圈引起了巨大爭議，其影響延續至今。

本質上講，The DAO 是運用以太坊平臺開發的眾多應用之一，而其被攻擊的事件是由於其本身的智能合約程式碼編寫出現了漏洞，這是典型的應用開發漏洞。

2. Bitfinex 遭駭客攻擊事件

Bitfinex 是交易比特幣、以太幣和萊特幣等加密虛擬貨幣的最大交易所之一。根據 Bitfinex 在 2016 年 8 月 2 日凌晨發布的公告，該交易所發現了自身的一個安全漏洞，並暫停了其平臺上的交易。實際上，Bitfinex 負責社區和產品開發的主管塔克特（Zane Tackett）證實，該安全漏洞已導致 119,756 個比特幣遭竊。以當時的價格計算，失竊的比特幣價值約 6,500 萬美元，可以說是一筆巨大的損失。受此訊息影響，全球比特幣價格應聲下跌 25%。隨後 Bitfinex 官網發布公告稱，這次損失將由平臺上所有使用者共同承擔，這將導致 Bitfinex 交易所內的每位使用者平均蒙受約 36% 的損失。

3. Parity 多重簽名錢包被盜事件

Parity 是一款多重簽名錢包，是目前使用最廣泛的以太坊錢包之一，其創始人兼 CTO 是以太坊前 CTO 暨黃皮書作者 Gavin Wood。在 2017 年 7 月 19 日，Parity 發布安全警報，稱其錢包軟體 1.5 版本及之後的版本存在一個漏洞。據該公司的報告，截至安全漏洞被發現，已確認有 150,000 ETH（當時大約價值 3,000 萬美元）被盜。據 Parity 公告所述，該安全漏洞是由一種叫作 wallet.sol 的多重簽名合約出現問題導致的。後來，白帽駭客找回了大約 377,000 個受影響的 ETH，然而剩餘的 ETH 也造成了平臺和使用者的巨大損失。同時，本次攻擊導致了以太幣價格的震盪，Coindesk 的數據顯示，該事件曝光後，以太幣價格一度從 235 美元下跌至 196 美元左右。此次事件主要是由於合約程式碼不嚴謹導致的，受到影響的合約程式碼均為 Parity 的創始人 Gavin Wood 寫的 Multi-Sig 庫程式碼。透過分析程式碼可以確定核心問題在於越權的函數呼叫。實際上，區塊鏈平臺的智能合約介面必須經過精心設計，明確定義其存取許可權。或者更進一步說，合約的設計必須符合某種成熟的模式或標準，合約程式碼部署前最好交由專業的機構進行評審。否則很容易導致各類漏洞，從而造成巨額損失。

4. Youbite 交易所被入侵事件

在 2017 年 12 月 19 日，韓國虛擬貨幣交易所 Youbite 宣布在當天下午 4 時（北京時間 3 時）左右，交易平臺遭受駭客的入侵，造成的損失相當於平臺內總資產的 17%。此家平臺是韓國一家市場份額較小的虛擬貨幣交易平臺，在當年 4 月，這家平臺就已經遭受過駭客的攻擊，並且損失了近 4,000 個比特幣。Youbite 表示，在 4 月份遭遇駭客攻擊之後，平臺加強了安全策略，並將剩餘的 83% 交易所資金都安全地存放在冷錢包裡。儘管如此，營運該交易所的公司 Yaipan 還是於不久之後申請了破產，並停止了平臺交易。

綜上所述，即使目前多數區塊鏈平臺本身的執行都十分穩定，底層技術足夠可靠，但是並不能保證交易所自行開發的交易程式和使用者基於區塊鏈執行平臺開發的智能合約程式的安全性。針對該現狀，業界已開始針對智能合約的安全性提出各類解決方案，例如在智能合約真實部署執行前，進行安全漏洞掃描及檢測，儘可能地將問題提前找到並解決。

　　實際上，任何技術的發展必須接受市場的檢驗，特別是區塊鏈這類涉及金融等相關產業的技術，必須提供更加安全及有效的解決方案，才能更大地發揮技術本身的作用，對相關行業產生更為深遠的影響。

15.5　本章小結

　　硬幣有正反兩面，所有事物也都具有相應的優勢和潛在的風險。當有人宣揚區塊鏈的顛覆性的時候，就必然有質疑和反對區塊鏈的聲音。本章對目前社會上一些較有爭議的區塊鏈應用方向進行了介紹，如區塊鏈在溯源領域的應用、虛擬貨幣相關的 ICO 亂象等，分析了其產生的根本原因；同時本章也對各國政府對於虛擬貨幣及區塊鏈的態度進行了介紹。總而言之，儘管各國政府對於加密虛擬貨幣的態度並不相同，拋開加密虛擬貨幣，各國政府對於區塊鏈技術均是大力支援並積極發展的。在本章的最後，我們對加密虛擬貨幣領域發生的各種安全事故，比如 The DAO 漏洞和加密虛擬貨幣被盜等進行了介紹，同時分析了這些漏洞與區塊鏈技術本身的關係，幫助讀者更好地辯證看待區塊鏈技術。

第 16 章

區塊鏈發展趨勢

16.1 趨勢一：區塊鏈已從探索階段進入應用階段

　　2018 年 8 月，德勤公司發布了一份題為「2018 年全球區塊鏈調查」的報告（如圖 16.1 所示），指出區塊鏈正處於轉折點，正從「區塊鏈測試」轉向建構真實的業務應用。該報告對加拿大、中國、法國、德國、墨西哥、英國和美國七個國家，十個行業年收入超過五億美元的企業中的一千多名熟悉區塊鏈的高級管理人員進行存取調查。

問：您的組織是否已將區塊鏈用於生產或計畫在未來的某個時間點用於生產？

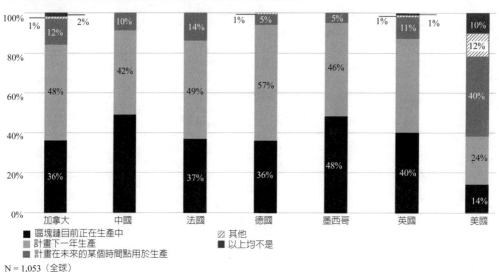

N = 1,053（全球）

圖16.1　2018年全球區塊鏈調查（一）

資料來源：Deloitte（德勤）《2018 年全球區塊鏈調查報告》

　　其中，34% 的受訪者表示他們的組織已經「正在生產」區塊鏈專案，而另有 41% 的受訪者預計 2019 年將部署區塊鏈應用程式。

　　如圖 16.2 所示，近 40% 的受訪者預計他們的組織 2019 年將在區塊鏈技術上花費 500 萬美元或更多。74% 的受訪者已經參加或很可能會參加某個區塊鏈聯盟。

問：在區塊鏈領域，您的組織明年將會投入多大的投資規模？

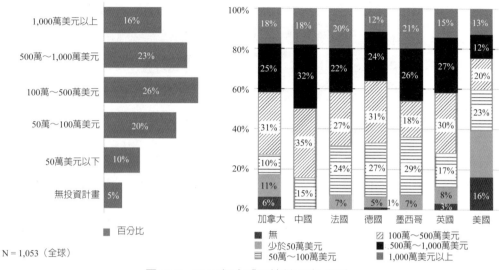

圖16.2　2018年全球區塊鏈調查（二）

資料來源：Deloitte（德勤）《2018 年全球區塊鏈調查報告》

　　報告顯示，越來越多的企業正在考慮或已經將業務系統與區塊鏈結合，如圖16.3 所示，區塊鏈正在金融、供應鏈、物聯網等眾多傳統或新型行業中得到應用。

　　德勤報告中指出，雖然新技術企業採用區塊鏈更為常見，但這一變化無疑表明區塊鏈正在獲得更廣泛的認可，企業正在應用區塊鏈，而非僅是探索。同時，區塊鏈應用正在金融、供應鏈、公共部門等傳統的行業成為設想或已經有實際使用案例。

　　除此之外，科技巨頭們紛紛加大對區塊鏈應用落實的布局力度，從商業應用輻射到 IoT 裝置。IBM、Intel 等傳統科技企業透過 Hyperledger 區塊鏈聯盟不斷擴大在區塊鏈領域的影響力與應用範圍。Microsoft 透過與以太坊合作提供了區塊鏈服務平臺，Amazon 在 AWS 上推出了區塊鏈模板業務。

　　在中國，由工信部帶頭成立的可信區塊鏈聯盟，吸納了行業數以百計的單位參與，旨在推進區塊鏈基礎核心技術和行業應用落實（見圖 16.4 所示）。華為、BAT 等行業巨頭不僅致力於區塊鏈服務平臺，而且還在稅務、金融、供應鏈、通

問：您的公司正在研究哪些區塊應用情境？

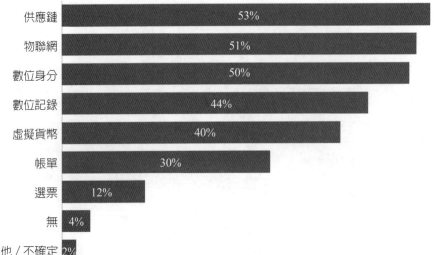

N = 1,053（全球）

圖16.3　2018年全球區塊鏈調查（三）

資料來源：Deloitte（德勤）《2018 年全球區塊鏈調查報告》

圖16.4　工信部帶頭成立可信區塊鏈聯盟

資料來源：工業和資訊化部官網

訊等諸多領域，積極引導並參與區塊鏈與行業業務的融合與落實。

16.2 ｜趨勢二：企業應用成為區塊鏈的主戰場

區塊鏈起源於比特幣，並隨著以比特幣為代表的加密虛擬貨幣興起而家喻戶曉。然而，伴隨著加密虛擬貨幣泡沫的逐步消退，人們愈發清醒地認識到，比特幣等加密虛擬貨幣並不等於區塊鏈。區塊鏈自身的去中心化、多方共同、防篡改等技術特徵所發揮的作用逐漸突顯出來，成為企業關注的重點。以虛擬貨幣為核心的公有鏈，無論在效率方面，還是在擴充套件上，均遠遠無法滿足真正的企業業務的需求。與之相對應的，面對企業應用的聯盟鏈、私有鏈，正逐漸成為區塊鏈蓬勃發展的中堅力量。

以 Hyperledger 為代表的區塊鏈聯盟，參與企業成員已超過 250 家（截至 2018年 8 月），其面對企業提供聯盟鏈、私有鏈的核心技術，被眾多科技巨頭利用，正在向數以百計的企業提供區塊鏈應用服務，服務客戶遍布政府、金融、能源、供應商等多個領域。

而區塊鏈的另一巨頭以太坊，則聯合了多個領域 300 餘家企業（啟動成員如圖16.5 所示，包括微軟、英特爾、摩根大通等），正在雄心勃勃地推進企業級以太坊聯盟（Enterprise Ethereum Alliance）的建立，旨在透過聯盟鏈／私有鏈技術，降低企業成本，實現成員間的高效互通。

因此，我們可以看到，隨著區塊鏈技術的逐步發展，企業應用正在成為區塊鏈發展的主戰場，而企業應用與區塊鏈技術的深度結合，也成為區塊鏈未來發展的一個必然趨勢。

16.3 ｜趨勢三：區塊鏈將是一種改變商業模式的基礎設施

我們正面臨著區塊鏈和去中心化技術帶來的一場新的技術革命。正如被譽為「數位經濟之父」、《區塊鏈革命》的作者 Don Tapscott 講到的：「區塊鏈代表著網際網路的第二個時代，它將深刻改變行業。」

圖16.5 以太坊聯盟

資料來源：企業級以太坊聯盟官網

　　在資訊網際網路時代，人們透過網際網路傳遞資訊，網際網路公司透過重新組織資訊創造價值（比如廣告競價排名、電商商品推薦等）。與此同時，這些具有仲介性質的行業巨頭位於網路頂端，承擔著信任的創造與維護工作，並形成了一個網際網路壟斷時代。

　　然而在網際網路的第二個時代，人們更多地希望透過網際網路傳遞價值（例如：金錢、股票、身分資訊等），但是價值傳遞的核心是信任，人們希望信任不再由這些強大的仲介機構創造，而是透過一種共同參與的、公平可見的、安全的機制和技術完成。區塊鏈使得信任的創造不再依賴於某一個組織或者機構，而是成為一種透過技術手段、共同合作完成的共識結果。無論是政務領域的區塊鏈發票，還是金融領域的區塊鏈跨國匯款，區塊鏈技術的引入，使得資訊傳遞不再僅僅是一組記錄數據的拷貝，而是一種經過多方共識認可、具備法律效應、能夠具體量化的價值體現。在 ICT 基礎設施領域，區塊鏈技術潛在地改變著 CDN 的生態，重構著漫遊結算模式。可以說，區塊鏈讓網際網路傳遞的不再只是資訊，而是可以信任的價值。

　　基於區塊鏈的價值網際網路，正在以前所未有的速度擴充套件並影響著我們

的生活，並且與網際網路通信技術越來越緊密地耦合在一起，改變著目前的商業模式。未來隨著價值網際網路的不斷發展，區塊鏈無疑將成為承擔價值交換的基礎網路設施，而與之伴隨的，是基於價值的可程式設計社會或將成為現實。

16.4 ｜ 趨勢四：區塊鏈技術體系逐漸清晰，應用正在加速落實

中國資訊通訊研究院發布的《區塊鏈白皮書》指出，近年來隨著區塊鏈技術的發展，區塊鏈技術體系正逐漸清晰。各區塊鏈平臺在具體實現上雖然有所不同，但是在架構方面存在一定的共性，均包括共識、帳本、智能合約等關鍵技術，各項關鍵技術不斷向前演化。《區塊鏈白皮書》中還提到，聯盟鏈是區塊鏈現階段重要的落實方式，未來公有鏈和聯盟鏈的架構模式將開始融合，並出現公有鏈與聯盟鏈互相結合的混合架構模式，並利用錢包等入口，形成一種新的技術生態。同時，區塊鏈服務以雲端計算平臺為依託，使開發者可以專注於將區塊鏈技術應用到不同的業務情境，幫助使用者更低門檻、更高效地建構區塊鏈服務，為企業、政府等客戶創造全新的產品和商業模式。

隨著區塊鏈技術的革新升級，與雲端計算、大數據、人工智慧等前端技術的深度融合與整合創新，其技術體系架構逐步走向成熟，區塊鏈將融入金融、司法、工業、媒體、遊戲等多個領域的商業應用，服務於實體經濟和數位經濟社會建設。

未來，隨著區塊鏈應用情境的日趨複雜，區塊鏈與各個產業結合的日益緊密，跨鏈共同、線上線下互動，安全與數據隱私保護等區塊鏈相關技術的重要性不斷增強，將為區塊鏈的技術體系帶來新的機遇與挑戰。

16.5 ｜ 趨勢五：區塊鏈智慧財產權保護的競爭愈發激烈

隨著參與區塊鏈技術的企業逐漸增多，各主體間的競爭將會越來越激烈，競爭的範圍也將不斷擴大，企業對於區塊鏈的技術、產品、商業模式等的需求，將會逐步擴充套件到對區塊鏈相關專利的競爭與保護，未來企業將在專利保護方面加強布局。

　　目前，各大公司和組織機構已經開始紛紛加碼智慧財產權競爭，力圖在區塊鏈競爭中跑馬圈地。在全球領先的智慧財產權專業媒體 IPRdaily 正式對外發布的「2018 年全球區塊鏈專利企業排行榜」顯示，區塊鏈專利技術數量進入快速增長階段。從地域角度來看，目前區塊鏈專利主要分布在北美洲的美國、歐洲的英國、亞洲的中國和韓國，以中國和美國最為突出，中美兩國企業在區塊鏈專利的申請數量上，幾乎各占半壁江山。從行業角度看，中國的網際網路巨頭百度、阿里巴巴、騰訊，通訊巨頭華為等高科技公司悉數入榜，金融領域的巨頭中國人民銀行、Bank of America 也出現在榜單中，能源領域的中國國家電網、大眾消費領域的沃爾瑪等機構也紛紛登上榜單。

　　可以預見，未來區塊鏈專利申請仍然以企業為主導，專利爭奪將不斷加劇，內容涵蓋的範圍將遍布金融、供應鏈等眾多應用領域，呈現多元化態勢，區塊鏈智慧財產權保護的競爭將愈演愈烈。

16.6　趨勢六：區塊鏈標準規範的重要性日趨突顯

　　目前區塊鏈專案日益增多，專案的品質與標準差別很大、良莠不齊，難以形成統一的規範體系，導致區塊鏈專案興起快、消亡也快。因此，亟待形成一套規範的標準體系，用於指導區塊鏈技術與監管的規範工作，降低區塊鏈技術與產品、產業之間的銜接成本。

　　全球區塊鏈標準制定權已經在激烈的爭奪之中，美國、歐洲國家和亞太區國家紛紛發力，中國也在積極參與。2016 年 7 月，工信部資訊化和軟體服務業司印發了《關於組織開展區塊鏈技術和應用發展趨勢研究的函》（工信軟函 \[2016\]840 號），委託工信部電子標準院聯合多家國內重點企業開展區塊鏈技術和應用發展趨勢研究工作。2016 年 8 月，工信部電子標準院在北京組織召開了區塊鏈技術和產業發展論壇籌備會暨白皮書編寫啟動會，對中國區塊鏈技術和應用面臨的機遇和挑戰進行了討論。2016 年 10 月，工信部發布《中國區塊鏈技術和應用發展白皮書》，書中分析了中國內外區塊鏈發展現狀及典型的應用情境，提出了描繪中國區塊鏈技術發展路線圖的建議，並首次提出建構區塊鏈標準體系框架的建議，如圖

16.6 所示。

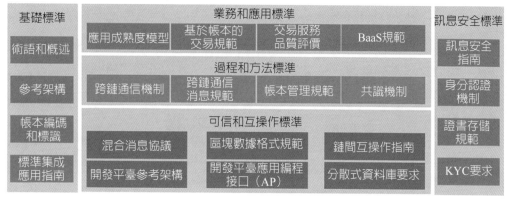

圖16.6　區塊鏈標準體系框架

資料來源：《中國區塊鏈技術和應用發展白皮書》

　　2018 年 6 月，工信部公布《全國區塊鏈和分散式記帳技術標準化技術委員會籌建方案公示》，提出了基礎、業務和應用、過程和方法、可信和互操作、資訊保安 5 類標準，並初步明確了二十一個標準化重點方向和未來一段時間內的標準化方案。

　　未來，區塊鏈的標準將結合各個產業的需求，以突顯區塊鏈價值為導向，圍繞扶持政策、技術攻關、平臺建設、應用示範等多個層次與角度，不斷規範區塊鏈的技術體系和治理能力，指導區塊鏈相關產業發展。

16.7　趨勢七：區塊鏈和新技術結合帶來新的產品與服務

　　區塊鏈的影響力，不侷限於區塊鏈自身的技術領域和相關的產業生態圈，它還不斷與雲端計算、大數據、人工智慧等最火熱的新技術結合，碰撞出新的火花。

　　在與雲端計算結合方面，各大雲端廠商們將區塊鏈技術與雲端服務深度結合，將區塊鏈作為雲端的重量級服務。國外的亞馬遜 AWS 雲端服務平臺、微軟 Azure 雲端平臺等均推出了區塊鏈服務產品，國內的華為、百度、阿里巴巴、騰訊等高科技巨頭企業，同樣將區塊鏈技術與雲端結合，推出多款「雲端＋區塊鏈」的

產品及解決方案，滿足各領域企業對於區塊鏈服務的訴求。

在與大數據結合方面，區塊鏈的可信任性、安全性和不可篡改性，保證了數據的品質，並打破了資訊孤島的障礙，增強了數據間的流動。區塊鏈新的分散式帳本數據儲存方式，也在影響著傳統資料庫和儲存系統等大數據基礎技術的形態。星際檔案系統 IPFS，基於區塊鏈技術實現了一種去中心化的分散式儲存與存取方式，降低了異構數據的儲存成本。BigchainDB 利用區塊鏈技術實現了一種去中心化的資料庫系統，使數據真正被掌握在使用者手中。亞馬遜公司基於區塊鏈的技術特點，推出了一款新的量子帳本資料庫 QLDB，實現了對數據更改歷史的準確記錄與追蹤。

在與人工智慧結合方面，區塊鏈重建生產關係，人工智慧可以提高生產力，二者優勢互補，具有很大的應用潛力。部分公司正在嘗試透過區塊鏈建構去中心化的機器學習系統，從而達到建構安全可信、能夠保護用戶數據隱私性的高效機器學習平臺的目的；另外，也有公司在嘗試透過區塊鏈建構機器學習模型和運算能力的交易平臺，使得機器學習從業者可以透過這些平臺進行模型和運算能力的共享。

16.8 本章小結

本章作為本書正文的最後一章，對區塊鏈技術的發展趨勢進行了前瞻性的展望。隨著區塊鏈技術的不斷發展，區塊鏈已逐漸進入應用階段，而企業應用將成為區塊鏈下一步的主戰場。或許，區塊鏈最終會像網際網路一樣，成為一種基礎設施。研究調查也顯示，區塊鏈技術在各個領域應用的落實將越來越迅速。由於區塊鏈還處於前期發展階段，智慧財產權布局和保護顯得尤為重要，各大機構都在爭相搶佔。區塊鏈作為一種基礎設施，制定標準規範也成為各大機構競爭的重要方向。至此，相信讀者透過本書已經對區塊鏈有了全方位、多層次的瞭解和感悟。

區塊鏈常見問題解答

1. 什麼是硬分叉和軟分叉？

由於區塊鏈是一個鏈表結構，當把不同的新區塊連線到同一個舊區塊後就會出現分叉。一般來說，經過一段時間，由於不同的人選擇不同的分叉出塊，而且速度會有差異，這不同分叉的區塊鏈長度就會有所不同。按照以比特幣為代表的區塊鏈的規則，一般是選擇最長的分叉作為主鏈而捨棄其他較短的分叉，這時分叉便會被消除了。

但如果有一部分人堅持選擇某一條較短的分叉，這時就會與主鏈分道揚鑣，成為了兩個不同的區塊鏈系統。這時我們就說，這個新的區塊鏈系統是從原有的系統中硬分叉出來的。如果區塊鏈系統出現比較大的升級，一般也會進行硬分叉，一部分礦工會用新的規則挖礦，另一部分會遵循舊的規則。最後的結果，可能是舊的礦工逐漸放棄舊規則，又或是繼續分叉出現兩個系統。例如，比特幣和位元現金，以及 ETH 和 ETC 均是硬分叉的產物。

所以我們看到，透過硬分叉實現的升級是不向上相容的，而如果這個升級是向上相容的，即新的規則可以接受舊的規則下產生的區塊，此時稱為軟分叉。

2. 量子電腦會不會對區塊鏈造成威脅？

量子電腦是一種運用量子力學的特性使得電腦完成傳統電腦無法完成的演算法。它在某些演算法上的效能遠遠超過傳統電腦，比如大數分解演算法。傳統電腦分解一個大數的複雜度是呈指數級增長的，而量子電腦只需要多項式時間複雜度。現在主流的 RSA 加密演算法就是運用大數分解的指數複雜度保證安全，顯然，在量子電腦面前 RSA 加密演算法將不再安全。雖然現在量子電腦還處於研究階段，但在不遠的將來，量子電腦實現商用是可以預見的。

因此，有可能發現一種演算法使得量子電腦能夠以極高的效率運算 SHA-256 雜湊值，這無疑對那些運用 PoW 共識演算法的區塊鏈專案產生威脅。它還可能破解橢圓曲線演算法，從根本上破解區塊鏈的安全性。然而，先不說量子電腦到底能不能真的破解這些演算法，就算真的可以，對於區塊鏈來說也沒什麼必要太擔心。人們必然還能發明出許多量子電腦破解不了的密碼學演算法，到時候只需要進行一次演算法升級的硬分叉，區塊鏈網路還是可以正常執行。

3. 區塊鏈對於鏈上資產的描述、記錄能力是怎樣的？支援哪些類型的資產？資產的生命週期怎麼管理？

早期像比特幣這樣的專案僅能記錄對應加密虛擬貨幣的交易歷史，現在主流的區塊鏈系統都是透過智能合約來承載資產，使用者可以自由定義自己的資產。合約中的資產可以理解為一個會被持久儲存的變數，變數類型可以是一個複雜的結構，所以可以描述豐富的資訊。至於資產類型以及生命週期管理均由智能合約編寫者來決定，這個是開放給智能合約編寫者的。

4. 鏈上交易記錄的內容，可以包括哪些資訊？

鏈上交易記錄的內容同樣取決於智能合約是怎麼編寫的。一筆交易可以記錄很多資訊，資訊的多少取決於智能合約的用途，比如，可以做轉帳、投票、存證等。

5. 誰負責記帳？記帳節點有多少個？節點的所有者是誰？

區塊鏈是一個複式記帳的模型，所有的記帳節點都會記錄同一本帳，記帳節點數量沒有限制，節點間依靠 P2P 網路實現最終一致性。

通常在公鏈裡（比如比特幣、以太坊），每個節點對應一對公私鑰，誰擁有這對公私鑰就擁有該節點。一個組織或個人也可能擁有很多節點，各個組織自行治理自己的節點，組織之間互相同步、互相鑑別數據。

6. 作為非專業人員如何使用區塊鏈？

很多非開發人員提到區塊鏈的時候，一般指的是加密虛擬貨幣，他們與區塊鏈會產生的交集一般也是買賣加密虛擬貨幣。擁有以太幣等加密虛擬貨幣可以參與以太坊等平臺上面的許多 DApp 專案。如果非專業的開發人員想使用區塊鏈技術，那麼根據不同情境會有不同的選擇。如果個人想要開發一些簡單的區塊鏈應用，可以選擇以太坊等支援智能合約的公有鏈，這些大型的公有鏈一般都有很詳細的教學。如果是小型組織想要發行自己的代幣，同樣可以學習使用以太坊上面的智能合約。如果企業使用者想要透過區塊鏈技術來創造一些更為通用的區塊鏈應用，不再受限於與公有鏈繫結的加密虛擬貨幣的束縛，那麼，可以選擇一些企業級的區塊鏈平臺，比如 Quorum、Corda 以及華為 BCS 等。

其中，華為 BCS 是面對企業及開發者的高效能、高可用和高安全的區塊鏈技術平臺服務，可以幫助企業和開發人員在華為雲端上快速、低成本的建立、部署和

管理區塊鏈應用。

7. 聯盟鏈相比公有鏈是否失去了去中心化的特性？

在區塊鏈技術發展的最初階段，區塊鏈和「去中心化」是繫結在一起的，人們認爲去中心化是區塊鏈的最大特點。然而近年來，隨著區塊鏈技術的發展和人們對於區塊鏈理解的深入，人們發現區塊鏈的許多特性並不需要完全地去中心化。適當地降低去中心化程度可以提高共識效率，或者更加適配特定的應用情境。聯盟鏈就是對這種思想的有效實行。聯盟鏈中的各個節點都是經過審批加入的，所以可以放寬它們的許可權來提高效率。從這種意義上講，聯盟鏈確實不夠去中心化，只能說是「弱中心化」或「多中心化」。但實際上，這並沒有減少其作爲區塊鏈的種種特性，比如可追溯性、不可篡改性等。

8. 區塊鏈是不是「割韭菜」的工具？

「割韭菜」常用於股票市場，指的是大型機構透過提高股價、吸引大量散戶買入股票，然後在股價達到高點的時候賣出股票，將散戶的錢收入囊中的做法。加密虛擬貨幣的交易市場出現以後，由於加密虛擬貨幣的資本基數小、加入門檻低、監管不完善等特點，使得「割韭菜」在加密虛擬貨幣領域遠遠比股市容易。金融機構們必然不會眼睜睜地放棄。所以，在虛擬貨幣市場泡沫巨大以及 ICO 比較瘋狂的時期，區塊鏈的確被當作「割韭菜」的工具。正如槍炮可以殺人，亦可保家衛國，區塊鏈在有些人手裡是騙錢的工具，在有些人手裡是變革社會的武器。從另外角度來講，那些被割的「韭菜」通常是那些盲目跟風、不理性、貪婪、妄圖一夜暴富的人，而那些謹慎理性的投資者則不會輕易地被割。可見，他們遭受的損失，根源並非區塊鏈。

9. 區塊鏈是不是分散式資料庫？

區塊鏈最重要的特點就是每個節點都儲存一份完整的帳本，很多人都管區塊鏈叫分散式帳本，所以它是不是就是一個分散式的資料庫呢？區塊鏈儲存交易資訊的確是運用某種資料庫結構（比如 LevelDB、SQLite 等），而且它的節點又的確是分散式的。但是當我們把這兩個詞合起來的時候，分散式資料庫在現實工程中是有特定的特性和要求的。分散式資料庫和區塊鏈的共同點不再贅述，它們的區別點還是有很多的。首先，區塊鏈是去中心化的分散式系統，而分散式資料庫則具有明顯

的中心化特徵。進而，區塊鏈需要處理由去中心化而帶來的拜占庭將軍問題，而分散式資料庫則無需關心拜占庭將軍問題。其次，區塊鏈不單單如分散式資料庫一般只是負責承載數據本身，而是通常需要與智能合約結合起來作爲一個功能完整的應用，可以處理複雜的業務邏輯。其他還有一些區別點，諸如：分散式資料庫有管理員許可權，有單一管理入口，區塊鏈所有節點都可按需配置許可權，存在多個管理入口；資料庫可以刪除歷史內容，區塊鏈不可以刪除歷史內容等。區別還有很多，不再一一列舉。

10. 加密虛擬貨幣真的有價值嗎？

　　貨幣的本質是一般等價物。我們傳統意義上的貨幣之所以有價值是因爲大家都認可它有價值，大家都願意用實際的商品與它作交換。麵包有吃的內在價值，車有出行的內在價值，而紙幣只不過是一張紙，黃金只不過是一塊金屬而已。由於比特幣和黃金一樣具有稀缺性、防偽性、可分割性等特點，可以被用作一般等價物。從當年 10,000 比特幣購買了兩個比薩開始，比特幣就已經可以用來買東西了。如今，比特幣、以太幣、門羅幣等加密虛擬貨幣都可以用來購買商品，而其他加密虛擬貨幣在一些交易所也可以交換成法定貨幣，因此可以認爲它現在是有價值的。法定貨幣也可以變得沒有價值，同樣的，當人們對於某個加密虛擬貨幣失去信任的時候，它的價值也會隨之消失。

　　2013 年 12 月，中國人民銀行等五部委發布了《關於防範比特幣風險的通知》，發文中明確定義比特幣是一種特定的虛擬商品，不具有與貨幣等同的法律地位，不能作爲貨幣在市場上流通使用。可見，加密虛擬貨幣在某種意義上確實存在價值，但其並非法律認可的貨幣。

11. 加密虛擬貨幣的轉帳是匿名的嗎？

　　區塊鏈的帳戶本質上是一個公私鑰對，不需要和現實身分掛鉤，從這個意義上講它是匿名的。不法分子利用比特幣來洗錢，或者在暗網上做非法交易。但不能說它是完全匿名的，因爲每個人手裡都有一份完整的帳本，所有的交易都是公開可查的。如果將區塊鏈的帳戶和現實身分對應起來就會暴露這個人的交易歷史。有一些加密虛擬貨幣專門爲此創造了解決方案，比如門羅幣、達世幣、Zcash 等。這些加密虛擬貨幣用一些加密演算法使得轉帳記錄可以被驗證但不可被瀏覽，所以可以實

現匿名。

12. Hyperledger Fabric 系統中，使用者在區塊鏈上的帳戶是什麼樣的，帳戶資訊可以包括哪些？

　　區塊鏈上的帳戶是用智能合約來承載的，所以，Hyperledger Fabric 系統中的帳戶均由智能合約來定義，可以由智能合約中的多種數據結構來儲存；帳戶可以包含豐富的資訊，我們可以建立一個複雜結構來承載豐富的資訊，因此技術上可以包括現有系統的各類資訊，如使用者名稱、帳戶建立時間、地址資訊、餘額、歷史交易等。

13. 區塊鏈和去仲介的關係是什麼？

　　由於區塊鏈網路沒有一個中心節點，所有的價值交換都是點對點進行的，不需要第三方仲介的認證或背書，所以很多人將區塊鏈視爲一種去仲介化的工具。而金融領域的主要工作是資產權益的發放和流通，比如股票和債券的發行和交易。從這個角度來看，大型金融機構的主要角色其實是仲介。那麼，區塊鏈是否能夠取代這些作爲仲介的金融機構呢？這裡我們可以看一下 ATM 的例子。ATM 發明之前，銀行櫃員每天絕大部分的工作就是存錢和取錢。後來，絕大多數的存取款工作被 ATM 代替，銀行櫃員的職位並沒有消失，他們有更多的時間來處理存取款以外的業務，工作效率大大提高。區塊鏈對於仲介的作用其實也是類似的，它不會完全取代仲介，而是解放仲介的生產力，提高仲介的效率。比如金融業務的三大流程：資產權益的評估，資產權益證明的發放和資產權益證明的流通，其中評估這個過程是無法以區塊鏈代替的，而權益證明可以用區塊鏈的 Token 來代替，但將其與實際價值物聯繫起來的仍然是仲介機構。而區塊鏈最顯著的作用，是大大提高資產權益證明流通的效率。因此，區塊鏈並不一定是完全去仲介化的。

14. 加密虛擬貨幣和虛擬貨幣以及法定虛擬貨幣的關係是什麼？

　　虛擬貨幣在很多情況下就是指加密虛擬貨幣，但是也很容易想到虛擬貨幣的形式不止加密虛擬貨幣。但實際上，目前的電子支付中所交換的並不是真正意義上的數字「貨幣」，而是銀行的資產證明，你只能透過銀行才能把它換成法定貨幣。而真正意義上的虛擬貨幣必須是由央行發行的法定虛擬貨幣，這種虛擬貨幣無須由銀行兌換，其本身就是法定貨幣。

　　加密虛擬貨幣是否可以稱為「貨幣」眾說紛紜，由於加密虛擬貨幣沒有國家信用背書，很多專家認為只有法定貨幣才能被視為眞正的貨幣。事實上，如今的比特幣等少數幾個加密虛擬貨幣已經被大量用作支付和購買商品，部分符合貨幣的價值尺度、流通手段、儲藏手段和支付手段四種職能。但正如問題 10 最後所述，目前在我國，加密虛擬貨幣並非法律上認可的幣。

　　而加密虛擬貨幣之所以能夠有這麼良好的貨幣性質正是區塊鏈技術所保證的。所以人們會理所當然地認為法定虛擬貨幣就是央行發行的加密虛擬貨幣。但事實上，區塊鏈對於法定虛擬貨幣的研究有一定的借鏡意義，但必須得結合具體的需求來選擇具體的技術。因此，加密虛擬貨幣是法定虛擬貨幣的重要參考，但不是必然的形式。

15. 區塊鏈技術都很耗電嗎？

　　談及區塊鏈技術，很多人都會將其與高能耗聯想到一起，正如第一章所介紹的，比特幣對能源的消耗程度已經達到了可以用「恐怖」一詞來形容的地步。然而，區塊鏈並不等於比特幣，目前的區塊鏈系統從公有鏈，聯盟鏈到私有鏈不一而足，而不同的區塊鏈系統，其能耗情況其實也千差萬別。比如以 Hyperledger Fabric 為代表的聯盟鏈系統是可以執行在一般伺服器上的，並不需要高能耗的礦機來進行共識。所以，說區塊鏈技術都很耗電是片面的。

16. 區塊鏈不可篡改是指不可以做任何修改了嗎？

　　「修改」可以從兩個方面來解讀：其一是對當前數據的增量修改；其二是對歷史數據的直接修改。針對前者，區塊鏈保證帳本歷史的不可篡改性，即帳本數據的歷史變動軌跡是不可修改的，但仍然支援對當前數據按照智能合約提供的介面進行增量修改。而後者才與區塊鏈的不可篡改特性直接相關。

　　區塊鏈的不可篡改特性是區塊鏈最基本的優秀特性之一，然而不可篡改並不意味著在任何時候都不可修改。首先，可以將區塊鏈系統所使用的共識演算法分為強一致共識和弱一致共識。針對強一致共識（如 PBFT），一旦某一個區塊透過了共識過程，那麼這個區塊就是確定了的，不可篡改。而針對弱一致共識（如 PoW），雖然某一時刻已經產生了一個區塊，但是這個區塊仍有可能在後續共識過程中由於全網的主鏈選擇而被拋棄，也就是「分叉」過程。而更特別的，以 PoW

爲例甚至會受到 51% 運算能力攻擊的威脅，也就是說，一旦某一方掌握了超過 51% 的運算能力，他可以在系統里爲所欲爲，任意修改。所以，針對弱一致共識，通常需要更長的時間來保證某一筆交易被確認的機率，如比特幣需要再產生 6 個區塊才能在很大機率上保證目前區塊不會被篡改，但仍然不能免於 51% 運算能力攻擊（雖然這極難做到）。另外，不可篡改是說我們不能修改所有節點的數據，但我們依然可以修改本地節點的數據，只不過儘管我們可以修改自己的數據，但是其他未被修改的節點不會相信我們修改了的數據，我們「自欺欺人」其實是無效的。所以，我們需要辯證地來看待「不可篡改」這一特性。

17. 區塊鏈可監管嗎？

區塊鏈系統的可監管性需要結合具體情況來看。公有鏈系統對所有參與方都是交易透明的，但是其隱私特性一定程度上爲監管帶來了不便。而聯盟鏈和私有鏈則加入了准入機制和許可權控制的特性，這爲監管帶來了極大的便利，我們可以透過加入監管方，並爲監管方設定一定查詢許可權達到監管目的。

18. 區塊鏈系統的「不可能三角」是指什麼？

區塊鏈系統的「不可能三角」是指衡量區塊鏈系統的三個指標不可能同時達到最優，這三個指標分別指：可擴充套件性、安全性和去中心化程度。可擴充套件性其實包含了兩個方面的含義：一是系統性能表現良好（吞吐量高，交易確認時間延遲短）；二是指系統需要支援節點擴充套件能力，並且節點擴充套件時系統整體效能不會下降。安全性是指區塊鏈系統要保障整體安全可靠，在一定假設條件下系統不會被攻破。去中心化程度就是指整個系統是不是去中心化的，是否存在具有一些特權的特殊節點等。雖然，「不可能三角」並不像分散式系統裡的 FLP 或者是 CAP 定理一樣有著嚴格之證明，但是目前的區塊鏈系統確實只能在這三個指標中的兩個中表現優秀。

19. 區塊鏈技術目前面臨什麼挑戰？

區塊鏈技術目前所面臨的主要挑戰包括：處理交易的效能需要持續提升，使用者隱私需要進一步保護，應用情境需要進一步拓展等。華爲區塊鏈服務（BCS）在面對這些挑戰時均做了一定有意義的工作：針對處理交易的效能，BCS 現已達到單通道 5000+tps 的吞吐量水準，處於業界領先水準；針對使用者隱私保護能力，

BCS 正在積極建構運用零知識證明和同態加密的解決方案；而針對應用情境，BCS 一直在積極尋求各行各業的合作伙伴，期待可以打造「爆紅」應用，尤其希望能夠結合區塊鏈技術產生模式創新的應用，充分利用區塊鏈技術的幾大特性，發揮區塊鏈的最大價值，進而助力區塊鏈被更多的人所認知，吸引更多優秀人才進入區塊鏈領域，推動區塊鏈技術本身的發展。

20. 中本聰身分之謎

2008 年 10 月 31 日，一個化名爲中本聰（Satoshi Nakamoto）的神祕人（或神祕組織）在一個密碼學郵件列表中發表了比特幣白皮書。2009 年 1 月 3 日，中本聰開發出比特幣的程式並挖出了創世區塊，獲得了 50 個比特幣。這個開創了區塊鏈時代的天才，其身分卻一直都是一個謎團。他在 P2P Foundation 網站的個人資料裡自稱是一名日本人，且跟外界交流只透過郵件列表的形式。但他從來沒有用日語進行過任何交流，而且他的英語之流利程度與英語母語者無異。他常常切換英式英語和美式英語，而且在一天中選擇隨機的時間來發送郵件，讓人無法猜測他所在的時區。他在該密碼學郵件列表中地位非常顯赫，而該列表中的成員不乏密碼學界的大師。後來他將比特幣的官網 bitcoin.org 交由其他人掌管，並逐漸銷聲匿跡。

2010 年末，維基解密準備接受比特幣捐款，此時中本聰突然發郵件表示不建議這樣做，認爲比特幣尚不成熟。後來，中本聰便不再在郵件列表中露面。但中本聰的神祕引起了媒體的狂熱興趣，各種報導紛紛猜測中本聰的眞實身分，媒體所報導的候選人愈來愈多。但後來被認爲最有可能的，是美國《新聞週刊》在 2014 年 3 月 6 日所報道的 Dorian Nakamoto。他出生時的名字正是 Satoshi Nakamoto，且曾在軍方從事保密性工作，另外還有很多其他的證據。但他本人極力否認自己是中本聰。就在報導當天，中本聰再次現身發文稱自己不是 Dorian Nakamoto，這件事才逐漸平息下來。而後，中本聰再也沒有出現過。2018 年 11 月 30 日，中本聰在 P2P Foundation 網站上的狀態中新增了一個單詞「nour」，並關注了一個密碼圈的博主。由於該帳號在 2014 年曾遭受過攻擊，所以本次操作是否中本聰個人所爲不得而知。

現在更多人則堅信中本聰並非一個人，而是一個團體組織，因爲像比特幣這種具有跨時代意義且設計如此精良的工作很難由一個人完成。還有人猜測中本聰匿名

是為了躲避有關當局的追查，因為在 2007 年的時候，曾有虛擬貨幣 Liberty Dollar 和 e-Gold 被追查和對有關人員判刑。但後來加密虛擬貨幣大行其道的時候，出現了無數個其他加密虛擬貨幣的創始人，這些人都沒有被抓，而中本聰也沒有必要因為這個原因匿名了。但就有沒有創始人而言，比特幣相對於其他加密虛擬貨幣更能體現「去中心化」的思想，因為其他加密虛擬貨幣的創始人可能直接能夠影響公眾對該加密虛擬貨幣的信任程度，比如萊特幣的創始人每次發 Twitter，或者賣出萊特幣，都會或多或少影響到萊特幣的價格。而比特幣沒有一個具體的人作為領袖，使得大家對它的信任更加放在這個貨幣本身。所以，中本聰的身分保持神祕對比特幣也是具有重要意義的。

21. 智能合約到底「智慧」嗎？

這裡首先要澄清一個概念，智能合約是「smart contract」，並不是「intelligent contract」，所以，智能合約本身並不包含類似人工智慧中的「智慧」概念。

智能合約其實是一個很早出現的概念，但直到區塊鏈技術得到廣泛認可，智能合約才在與區塊鏈技術進行結合的前提下再次走進公眾視野。然而，區塊鏈技術的火熱讓很多人盲目地認為區塊鏈可以解決任何事情，尤其是很多區塊鏈系統支援圖靈完備的智能合約開發環境，這讓人們誤以為智能合約達到了真正的智慧。現實是智能合約依然要求我們在規則下做事，這裡的規則是指智能合約開發環境所限定的規則（比如只能支援固定的操作碼等），不是我們用智能合約開發環境編寫出來的規則。因此，我們在區塊鏈系統上寫智能合約依然是比較受限的，比如不能存取對不同節點呈現出隨機特性的數據，不能存取不可信源的數據，不能存取系統資源等。不過，雖然智能合約開發環境是一個受限環境，但是我們依然可以寫出很多完整、豐富的邏輯。所以，儘管「智慧化」只是智能合約持續追求的目標，但目前智能合約只能說是在一定程度上達到了智慧，但不能盲目樂觀地認為智能合約可以完成我們需要的任何智慧邏輯。

附 2 錄

常見區塊鏈產品及平臺介紹

目前，區塊鏈應用蓬勃發展，各類區塊鏈平臺層出不窮。儘管其中不乏許多盲目跟風且並無實際應用價值的「割韭菜」專案，撇去浮沫，仍有許多十分優秀的區塊鏈專案和區塊鏈平臺值得瞭解和借鏡。本章將對部分主流的區塊鏈專案及平臺進行介紹，爲讀者提供一些參考。

一、比特幣及其拓展

圖 1 比特幣 logo 比特幣的巨大成功帶動了區塊鏈的整體發展，然而，比特幣區塊鏈也存在著一些較爲嚴重的問題，比如對計算資源有著極大浪費的 PoW 共識以及極爲有限的指令碼執行能力。因此，在比特幣出現後，也有不少拓展專案及「山寨」專案緊隨其後被推出，試圖對比特幣的一些缺陷進行彌補。本節將對比特幣以及與其相關的幾個專案進行介紹。

1. 比特幣

正如本書前面章節所介紹的，比特幣（見圖 1）是一種去中心化的數字加密貨幣，它的設計思路在 2008 年由化名爲「中本聰」的人或機構提出，並在 2009 年 1 月被正式發行。

圖1　比特幣logo

比特幣的出現，可以說是對集中式貨幣政策、交易管理的挑戰。透過比特幣這樣一個完全去中心化的加密虛擬貨幣，使用者可以自由地進行交易，一方面跨越了現實世界中存在的許多壁壘，另一方面也給一些非法交易提供了平臺。然而隨著比特幣價值的不斷上漲，逐漸出現了許多使用專用挖礦硬體、集中大量運算能力的「礦場」，這無疑削弱了比特幣的去中心化特性。

比特幣原生的區塊鏈設計具有十足的開創性，引領了一系列區塊鏈平臺的產生和發展。然而，其本身由於節點完成工作量證明所需的大量計算形成資源的浪費以及隨之帶來的緩慢的交易確認時間和低下的吞吐量，爲區塊鏈研究者所詬病。後續的許多區塊鏈相關工作都是致力於改進比特幣原生區塊鏈的這些問題。儘管如此，比特幣區塊鏈系統仍是爲數不多的（甚至可能是唯一的）從建立至今未發生過大規模的系統設計上的漏洞的區塊鏈系統，其中的緣由還是很值得思考的。

比特幣的官方網站是 https://bitcoin.org，其發展歷程及主要大事件見圖 2。

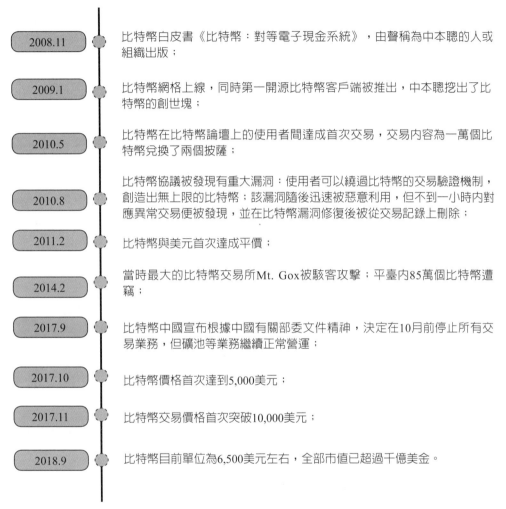

2008.11	比特幣白皮書《比特幣：對等電子現金系統》，由聲稱為中本聰的人或組織出版；
2009.1	比特幣網格上線，同時第一開源比特幣客戶端被推出，中本聰挖出了比特幣的創世塊；
2010.5	比特幣在比特幣論壇上的使用者間達成首次交易，交易內容為一萬個比特幣兌換了兩個披薩；
2010.8	比特幣協議被發現有重大漏洞：使用者可以繞過比特幣的交易驗證機制，創造出無上限的比特幣；該漏洞隨後迅速被惡意利用，但不到一小時內對應異常交易便被發現，並在比特幣漏洞修復後被從交易記錄上刪除；
2011.2	比特幣與美元首次達成平價；
2014.2	當時最大的比特幣交易所Mt. Gox被駭客攻擊；平臺內85萬個比特幣遭竊；
2017.9	比特幣中國宣布根據中國有關部委文件精神，決定在10月前停止所有交易業務，但礦池等業務繼續正常營運；
2017.10	比特幣價格首次達到5,000美元；
2017.11	比特幣交易價格首次突破10,000美元；
2018.9	比特幣目前單位為6,500美元左右，全部市值已超過千億美金。

圖2　比特幣發展歷程

2. 閃電網路

　　隨著比特幣的不斷發展，其緩慢的交易確認時間（等待 6 個塊的可信確認大致需要一個小時）、遠不能滿足需求的交易吞吐量（每秒 7 筆左右）愈來愈不能滿足急劇增長的交易需求。首先引起比特幣社區討論的是比特幣區塊鏈的擴充問題。由

於初始比特幣區塊鏈的單個區塊體積有著 1MB 的限制，而逐漸增長的交易數目使得這部分空間逐漸被填滿，因此需要對區塊進行擴充。然而由於比特幣區塊鏈的去中心化特性，進行全球性的擴充並非易事。比特幣社區針對這個問題提出了多種擴充方案，但至今仍沒有達成關於何時擴充、擴充規模的一致意見。

2015 年 2 月被提出的閃電網路（Lightning Network）便起源於比特幣擴充問題。簡單來說，它透過將大量交易放置於比特幣區塊鏈之外進行，僅將關鍵環節放置於鏈上確認的方法，從另一個角度在一定程度上解決了比特幣擴充問題。

閃電網路主要透過引入兩種型別的交易合約：序列到期可撤銷合約（Revocable Sequence Maturity Contract, RSMC）及雜湊時間鎖定合約（Hashed Timelock Contract, HTLC）。其中，RSMC 解決了鏈外交易通道中幣單向流動的問題，HTLC 則解決了幣跨節點傳遞的問題。兩者結合，便構成了閃電網路，使得使用者可以直接一對一進行交易，從而避免向整個區塊鏈網路廣播自己的業務，一方面能夠在避免支付昂貴的交易費用，同時達到較快的交易速度，另一方面也可以對交易細節進行隱藏。

3. 側鏈

側鏈（Sidechain）概念上屬於比特幣區塊鏈的一個拓展協議，該協議允許資產在比特幣區塊鏈與其他區塊鏈之間流通。側鏈主要是比特幣區塊鏈社區在面對眾多「山寨幣」以及以太坊等新興區塊鏈平臺對比特幣區塊鏈的衝擊時，為擴充比特幣區塊鏈底層協議而提出的。透過側鏈，可以在不影響主鏈的主要功能的基礎上，拓展交易隱私保護、智能合約等新功能。

簡單來說，側鏈可以是一個獨立的區塊鏈，即有自己的帳本、底層的共識機制，可以支援各種交易類型、合約類型。側鏈需要與比特幣區塊鏈掛鉤來引入和流通一定數量的比特幣作為自己的代幣，當這部分比特幣在側鏈中流通時，主鏈上的比特幣會被鎖定，直到側鏈比特幣回流。類似閃電網路，側鏈機制也可以將一些高頻的交易放到比特幣區塊鏈之外進行，從而提高比特幣區塊鏈的吞吐量。

二、萊特幣

萊特幣（Litecoin，見圖3）是一種對等電子加密虛擬貨幣，使用者可以以低廉的交易費向其他人進行付款或轉帳。萊特幣從推出起便與比特幣對標，在各個方面與比特幣都十分相似。儘管如此，萊特幣也有部分與比特幣不同的設計，以期達到改進比特幣的目的。兩者的對比可以見表1。

圖3　萊特幣logo

萊特幣的總量是比特幣的四倍，同時其每個幣的出塊時間是比特幣的1/4，從而使交易確認的時間相對更短；同時，萊特幣也率先於比特幣採取了隔離見證及閃電網路的拓展；共識協議方面，萊特幣使用了與比特幣類似的工作量證明的機制。然而，為了削弱大規模礦池的影響，使萊特幣更加「去中心化」，萊特幣採用了不同的挖礦演算法：用Scrypt代替了比特幣使用的SHA-256；這是由於在比特幣原生的SHA-256挖礦演算法下，挖礦的速度是與機器的運算能力成正比的，這就催生了專門的「挖礦專用積體電路」（晶片），即礦機。礦機的挖礦效率相比普通的GPU高數個數量級，從而導致運算能力越發集中於專用礦場，使得普通使用者難以入場，降低了區塊鏈的「去中心化」程度。而Scrypt是一種「記憶體難題演算法」，其求解速度主要取決於電腦記憶體大小，因此Scrypt演算法使得並行化的大規模礦場在萊特幣中不再占優勢，保證了萊特幣的去中心化程度。

表1　比特幣與萊特幣對比

	比特幣	萊特幣		比特幣	萊特幣
貨幣總量	2,100	8,400	難度	調整每2,016個塊	每2,016個塊
加密演算法	SHA-256	Scrypt	初始獎勵	50btc	50ltc
出塊時間	10分鐘	2.5分鐘	目前區塊獎勵	25btc	50ltc

萊特幣的官網為 https://litecoin.org，其發展歷程及主要大事件見圖4所示。

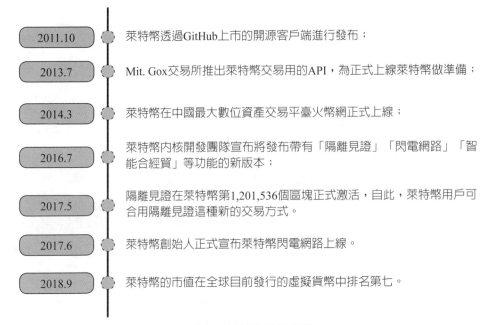

圖4　萊特幣發展歷程

三、以太坊

　　以太坊（見圖5）由 Vitalik Buterin 在 2013 年受比特幣啓發提出，並於 2015 年 7 月 30 日正式發布，其定位是「下一代加密虛擬貨幣與去中心化應用平臺」。它是一個具有智能合約功能的公共區塊鏈平臺，是創造運用區塊鏈的各種去中心化應用的基礎。以太坊透過圖靈完備的去中心化虛擬機器「以太坊虛擬機器」（Ethereum Virtual Machine, EVM）來處理點對點合約。爲了量化 EVM 執行操作的開銷，防止某些惡意合約無限消

圖5　以太坊logo

耗以太坊系統計運算能力，以太坊引入了「汽油」（gas）的概念，即 EVM 處理點對點合約需要消耗「汽油」（gas），而汽油可以用以太幣（Ether）進行購買。

　　以太坊的出塊速度很快，基本維持在 15 秒出一個塊的速率。這樣相對來說較快（與網路同步時間相比）的出塊速度，將產生大量由於網路同步不及時所產生的未被收入到主鏈中的區塊，即比特幣中所謂「孤塊」。在比特幣系統中，由於出塊

速度被控制在 10 分鐘一個塊，相比於現有網路狀況來說出塊時間延遲遠大於傳播時間延遲，因此很少會出現孤塊的情況，比特幣系統便直接廢棄掉這類區塊。然而，以太坊允許主鏈上的區塊頭結構中包含對這些區塊的引用，並稱這些區塊為「叔塊」，挖出叔塊的礦工也將會得到獎勵，而挖出主區塊的礦工也會因為包含叔塊而得到額外的獎勵。對叔塊的引用進一步驗證了其父塊的有效性，增加了網路的安全性。對叔塊的引用可以增加主區塊的「重量」，在以太坊的共識機制中最重的鏈是主鏈。

相對於比特幣小心翼翼儘量避免硬分叉（hard fork），以太坊的理念是大膽實驗，遇到問題勇於使用硬分叉，其規劃的不同版本就需要用硬分叉實現。2016 年 6 月，以太坊上的一個去中心化自治組織專案 The DAO 被駭客攻擊，造成市值 5,000 萬美元的以太幣被轉移。最後在 2016 年 7 月 20 日，以太坊進行硬分叉，做出一個向下不相容的改變，讓所有的以太幣（包括被移動的）回歸原處，但是有部分人不接受此改變，他們在沒有更改的區塊鏈上繼續挖礦，成為以太坊經典（Ethereum Classic）。這是第一次有主流區塊鏈為了補償投資人，而透過分叉來更改交易紀錄，引起了一定的爭議。

以太坊的缺點在於，其應用程式碼本身及應用產生的數據都存在同一個區塊鏈中，造成了區塊鏈的快速膨脹，容易引起交易擁堵。目前以太坊正在研發不同的側鏈（Sidechain）和離鏈（Off-Chain）技術以緩解主鏈的擁堵狀況。此外，為了解決惡意合約造成節點無限循環執行，每個合約執行都有 gas 限制，導致它無法支撐大規模的應用。

以太坊目前採用的是工作量證明方式挖礦，採用的演算法是 Ethash。該演算法與萊特幣使用的挖礦演算法相似，都需要較大的記憶體，所以難以製造針對性的 ASIC 礦機，大眾可以用相對不高的投入參與進來。在以太坊的規劃中最後的階段將會採用權益證明來對交易進行驗證，即權益人透過繳納一定數量的以太幣作為保證金來參與驗證工作，如果權益人做出不誠實的行為，其保證金會被沒收。相較於工作量證明，權益證明可節省大量在挖礦時浪費的硬體與電力資源，並避免礦池引起的中心化。

以太坊的官網為 https://www.ethereum.org，其發展歷程及主要大事件見圖 6。

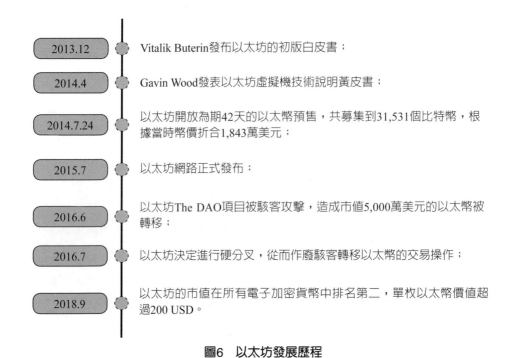

2013.12　Vitalik Buterin發布以太坊的初版白皮書；

2014.4　Gavin Wood發表以太坊虛擬機技術說明黃皮書；

2014.7.24　以太坊開放為期42天的以太幣預售，共募集到31,531個比特幣，根據當時幣價折合1,843萬美元；

2015.7　以太坊網路正式發布；

2016.6　以太坊The DAO項目被駭客攻擊，造成市值5,000萬美元的以太幣被轉移；

2016.7　以太坊決定進行硬分叉，從而作廢駭客轉移以太幣的交易操作；

2018.9　以太坊的市值在所有電子加密貨幣中排名第二，單枚以太幣價值超過200 USD。

圖6　以太坊發展歷程

四、EOS

EOS（Enterprise Operation System），是由 Block.one 團隊主導研發的一個區塊鏈操作系統。Block.one 的技術長 Daniel Larimer 是 Bitshares、Steem 和 EOS 的聯合創始人。

EOS 可用於開發、託管及執行商用的分散式應用程式（DApp），它主要致力於解決現有區塊鏈應用效能低、開發難度高、對手續費依賴較為嚴重的問題，從而實現分散式應用程式的規模性擴充套件，是「區塊鏈 3.0」的代表性專案。

EOS 生態系統包括兩個主要元件：EOS.IO 及 EOS 代幣。其中，EOS.IO 在概念上等價於電腦的作業系統，它的主要作用是控制和管理整個區塊鏈網路，並支援使用者在其上進行分散式應用程式的開發和部署。EOS 代幣則是 EOS 網路的加密虛擬貨幣。一個在 EOS 上進行分散式應用程式開發的使用者需要持有一定的 EOS 代幣，從而才能利用 EOS 網路的資源，但 EOS 本身並不對其上的應用收取手續

費。同時，EOS 網路的使用者也可以將自己持有的 EOS 代幣所對應的資源分配或租賃給其他人使用。

　　EOS 網路官方聲稱透過使用多鏈並行技術，使得其目前可支援上千個商用級別的分散式應用程式正常執行。

　　EOS 網路在剛發布的時候採用了 DPoS 的共識機制——委託股權證明（Deligated Proof of Stake）。這種共識機制的基本原理是：網路中的所有節點依據他們所擁有的代幣的量（Stake），分配對應的投票權重；網路中的所有節點進行投票，選出一定數量的（EOS 使用的是 21 個）區塊生產者進行新區塊的生產與協商；區塊生產者透過某種方式（隨機或順序）進行出塊，且每個區塊生產者透過出塊來對之前的塊進行確認。總而言之，由於區塊生產者之間可建立直接連線從而保證通訊的可靠及快速，DPoS 能在較快的時間裡達成共識。

　　EOS 最新的白皮書中已將共識機制由 DPoS 升級為了帶有拜占庭容錯的委託股權證明（Byzantine Fault Tolerance - Deligated Proof of Stake），簡單來說，即是將之前的「每個區塊生產者透過出塊來對之前的塊進行確認」的機制修改為每個生產者出塊後即廣播該塊，收到廣播的區塊生產者回復自己的確認訊息，原區塊生產者收到 2/3 以上的確認訊息即將該塊設定為不可逆狀態。透過進行這樣的修改，EOS 中區塊確認時間能夠進一步縮短。

　　EOS 的官網為 https://eos.io，其發展歷程及主要大事件見圖 7。

五、瑞波網路

　　瑞波（Ripple）網路是一個開放的支付網路，主要用於全球範圍的貨幣兌換及匯款。瑞波網路的提出主要是為了解決現有集中化的國際金融交易之結算和交割，其存在的緩慢、交易費昂貴之問題。依賴在瑞波網路的閘道器中共享的帳本以及其底層的共識技術，瑞波網路能夠做到即時、成本低廉的全球支付及結算，每筆交易的確認時間可以被降低至幾秒的級別。

　　嚴格來說，瑞波網路並不能算是去中心化的加密虛擬貨幣。使用者在交易時，需要透過瑞波網路中的瑞波閘道器來「代理」自己的交易。各個閘道器之間透

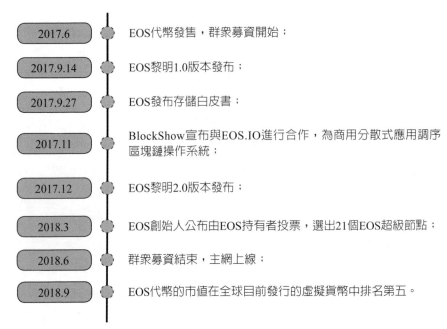

2017.6	EOS代幣發售，群眾募資開始；
2017.9.14	EOS黎明1.0版本發布；
2017.9.27	EOS發布存儲白皮書；
2017.11	BlockShow宣布與EOS.IO進行合作，為商用分散式應用調序區塊鏈操作系統；
2017.12	EOS黎明2.0版本發布；
2018.3	EOS創始人公布由EOS持有者投票，選出21個EOS超級節點；
2018.6	群眾募資結束，主網上線；
2018.9	EOS代幣的市值在全球目前發行的虛擬貨幣中排名第五。

圖7　EOS發展歷程

過點對點通訊來對整個網路中的交易達成共識，共同維護一份交易帳本。瑞波網路中的每個參與記帳的節點都預先配置了一份可信任節點名單（Unique Node List，UNL），並與名單中的每個節點維護著點對點的網路連線。每間隔一段時間，瑞波網路的驗證節點之間會互相交換和確認彼此的交易資訊，並確認能被一定比例的驗證節點承認的交易，從而達成共識。由於參與記帳的節點是事先確定的，且節點間的通訊很快，因此其記帳效率很高，且沒有 PoW 類挖礦演算法的額外計算開銷。當然，這也使得瑞波網路只適合於聯盟鏈的情境。

實際上，可以將瑞波閘道器理解為傳統意義上的銀行，只是瑞波網路中的閘道器可以由任何可以存取瑞波網路的實體擔任，包括但不限於銀行、貨幣兌換商、交易所等。

瑞波網路理論上可以支援全球任何貨幣（包括各類法幣以及加密虛擬貨幣）、貴金屬、各類商品的交易，只需有支援這種交易的商家作為閘道器存在於瑞波網路之中即可。為了拓寬使用者利用瑞波網路進行交易的種類及範圍，瑞波網路為使用

者提供兩種型別的交易：使用法幣進行交易（xCurrent），即各銀行直接透過瑞波網路進行交易；交易中使用瑞波幣 XRP 作爲橋樑貨幣（xRapid），即首先透過瑞波閘道器將待交易法幣轉換爲 XRP 代幣，在瑞波網路中進行 XRP 的轉帳，交易接收方再將代幣透過對應的閘道器轉換爲法幣。

由於瑞波網路在跨境支付、結算方面所表現出的優勢，越來越多的銀行選擇開展與瑞波網路的合作。截至目前，全球 Top50 的銀行集團有不少已加入了瑞波網路。上海華瑞銀行於 2017 年 2 月宣布正在與瑞波聯合開發跨境匯款創新產品。

需要說明的一點是，瑞波網路對應的代幣 XRP 與其他大部分加密虛擬貨幣不同，並沒有「挖礦」的發行機制，而是採用派送和購買的方式進行對使用者的分配。這與 XRP 在瑞波網路中的作用有關，XRP 本身的價值與瑞波網路的運轉是解耦的，類似於以太坊中的「燃料」，瑞波網路中的每筆交易的開展是需要消耗十萬分之一 XRP 作爲手續費的，且這部分 XRP 一經消耗就徹底銷燬。瑞波網路希望透過這種方式防止惡意使用者在其中發布大量惡意交易。從這個角度講，由於被賦予了實際的使用價值，XRP 的價格實際上是存在潛在上限的，即「十萬分之一」的 XRP 的價格是不能超過原有銀行體系中境外匯款或交易的手續費的，否則使用者便不會選擇瑞波網路進行支付，XRP 也隨之失去了作用。

瑞波網路的官網爲 https://ripple.com，其發展歷程及主要大事件見圖 8。

六、IOTA

IOTA 是一種適用於物聯網情境下的小額支付的開源分散式帳本，由 David Sønstebø、Sergey Ivancheglo、Dominik Schiener 及 Dr. Serguei Popov 在 2015 年推出。IOTA 主要致力於提供物聯網中各個機器之間的安全通訊及付款，應用情境包括支付停車費、感測器向太陽能電網購買少量電力、支付一次掃地機器人的清掃費等。

爲了適應物聯網節點種類數量繁多，存在的交易種類較多、交易量大、單筆交易額度較小的特點，IOTA 採取瞭如下的設計思路：

1.系統中幣的數目是在創世區塊就已確認的 $(3^{33} - 1)/2$ 個，總數不變，不需開

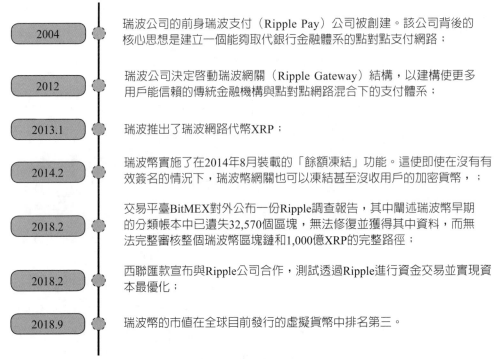

圖8　瑞波網路發展歷程

採，參與節點沒有挖礦的過程，從而避免了挖礦過程中不必要的能耗損失；

2.底層選用的共識協議 Tangle 將傳統區塊鏈中的區塊組織成為有向無環圖（DAG），其好處在於區塊間互相驗證，確認交易時間快，每秒鐘能夠處理的交易量較大，且網路中參與共識的節點愈多，交易量愈大，交易的確認速度及確認度愈高。

然而，IOTA 所採用的對區塊 DAG 形式之組織也存在著一些問題，如交易量不足導致的區塊確認度低、容易被攻擊者透過產生大量交易的手段而控制等弱點。目前，IOTA 官方透過放置一個封閉的 coordinator 的方式來對上述問題進行暫時的解決。該中心化的 coordinator 定期發送 milestone 交易，從而對系統中的一些交易進行確認。這在一定程度上解決了節點數目較少的時候，共識容易被惡意節點群掌控的問題，然而，coordinator 的存在就有中心化的意味。如何有效地移除該中心化

的 coordinator，並建立一個具有良性激勵機制的去中心化 coordinator 群體，仍是 IOTA 需要解決的問題。

IOTA 的官網為 https://www.iota.org，其發展歷程及主要大事件見圖 9。

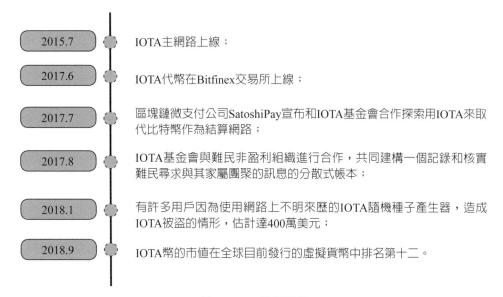

2015.7	IOTA主網路上線；
2017.6	IOTA代幣在Bitfinex交易所上線；
2017.7	區塊鏈微支付公司SatoshiPay宣布和IOTA基金會合作探索用IOTA來取代比特幣作為結算網路；
2017.8	IOTA基金會與難民非盈利組織進行合作，共同建構一個記錄和核實難民尋求與其家屬團聚的訊息的分散式帳本；
2018.1	有許多用戶因為使用網路上不明來歷的IOTA隨機種子產生器，造成IOTA被盜的情形，估計達400萬美元；
2018.9	IOTA幣的市值在全球目前發行的虛擬貨幣中排名第十二。

圖9　IOTA發展歷程

七、超級帳本

超級帳本（Hyperledger）是首個面對企業應用情境的開源分散式帳本平臺。該專案於 2015 年 12 月由 Linux 基金會帶頭並聯合 30 家初始成員（包括 IBM、Accenture、Intel、J.P.Morgan、R3、DAH、DTCC、FUJITSU、HITACHI、SWIFT、Cisco 等）宣布成立。超級帳本專案首次提出和實現的完備許可權管理、創新的一致性演算法和可插接的框架，對於區塊鏈相關技術和產業的發展都將產生深遠的影響。

目前，超級帳本專案的主要頂級專案如下：

1. Fabric：區塊鏈的基礎核心平臺，支援可插接的共識選擇和許可權管理，使使用者可以根據應用情境和錯誤模型、通訊模型自由地對平臺進行配置。該專案最早由 IBM 和 DAH 發起。

2.Sawtooth Lake：是 Intel 主導的區塊鏈平臺，利用 Intel 晶片所提供的可信執行環境的特性，支援全新的共識機制 Proof of Elapsed Time（PoET）。

3 Iroha：主要面對 Web 和 Moblie 的帳本平臺專案，由 Soramitsu 發起。

4.Blockchain Explorer：由 DTCC、IBM、Intel 等開發支援，提供一個可以快速檢視繫結區塊鏈的狀態資訊（如區塊個數、交易歷史）的 Web 操作介面。

5.Cello：由 IBM 團隊發起，提供區塊鏈平臺的部署和執行時管理功能。

6.Indy：提供運用分散式帳本技術的數位身分管理機制，由 Sovrin 基金會發起。

7.Composer：由 IBM 團隊發起並維護，提供面對鏈碼開發的高級語言支援，自動產生鏈碼程式碼等功能。

8.Burrow：由 Monax 公司發起，提供以太坊虛擬機器的支援，以實現支援高效交易的具許可權的區塊鏈平臺；

Hyperledger 的官網爲 https://www.hyperledger.org，其發展歷程及主要大事件見圖 10。

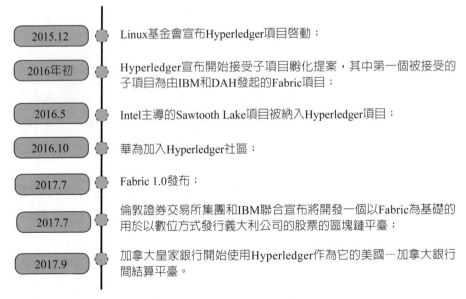

2015.12	Linux基金會宣布Hyperledger項目啓動；
2016年初	Hyperledger宣布開始接受子項目孵化提案，其中第一個被接受的子項目為由IBM和DAH發起的Fabric項目；
2016.5	Intel主導的Sawtooth Lake項目被納入Hyperledger項目；
2016.10	華為加入Hyperledger社區；
2017.7	Fabric 1.0發布；
2017.7	倫敦證券交易所集團和IBM聯合宣布將開發一個以Fabric為基礎的用於以數位方式發行義大利公司的股票的區塊鏈平臺；
2017.9	加拿大皇家銀行開始使用Hyperledger作為它的美國—加拿大銀行間結算平臺。

圖10　Hyperledger發展歷程

國家圖書館出版品預行編目資料

區塊鏈技術與應用／華為區塊鏈技術開發
團隊編著. -- 初版. -- 臺北市：五南，
2020.08
　　面；　公分
　ISBN 978-986-522-127-0（平裝）

1.電子商務　2.電子貨幣

490.29　　　　　　　109009416

5R32

區塊鏈技術與應用

作　　　者 ― 華為區塊鏈技術開發團隊

審　　　定 ― 陳恭

發 行 人 ― 楊榮川

總 經 理 ― 楊士清

總 編 輯 ― 楊秀麗

主　　　編 ― 王正華

責任編輯 ― 金明芬

封面設計 ― 王麗娟

出 版 者 ― 五南圖書出版股份有限公司

地　　　址：106台北市大安區和平東路二段339號4樓

電　　　話：(02)2705-5066　　傳　　真：(02)2706-6100

網　　　址：http://www.wunan.com.tw

電子郵件：wunan@wunan.com.tw

劃撥帳號：01068953

戶　　　名：五南圖書出版股份有限公司

法律顧問　林勝安律師事務所　林勝安律師

出版日期　2020年8月初版一刷

定　　　價　新臺幣420元

本書由清華大學出版社獨家授權出版發行，原書名為
《区块链技术及应用》。

經典永恆·名著常在

五十週年的獻禮——經典名著文庫

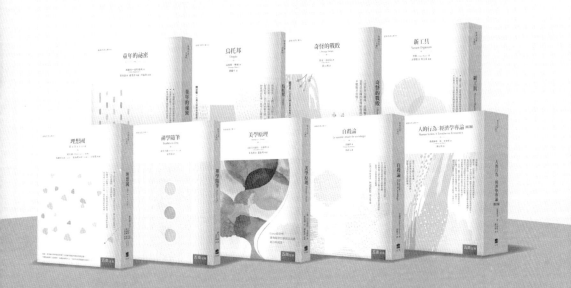

五南，五十年了，半個世紀，人生旅程的一大半，走過來了。
思索著，邁向百年的未來歷程，能為知識界、文化學術界作些什麼？
在速食文化的生態下，有什麼值得讓人雋永品味的？

歷代經典·當今名著，經過時間的洗禮，千錘百鍊，流傳至今，光芒耀人；
不僅使我們能領悟前人的智慧，同時也增深加廣我們思考的深度與視野。
我們決心投入巨資，有計畫的系統梳選，成立「經典名著文庫」，
希望收入古今中外思想性的、充滿睿智與獨見的經典、名著。
這是一項理想性的、永續性的巨大出版工程。
不在意讀者的眾寡，只考慮它的學術價值，力求完整展現先哲思想的軌跡；
為知識界開啟一片智慧之窗，營造一座百花綻放的世界文明公園，
任君遨遊、取菁吸蜜、嘉惠學子！